轨道交通装备制造业职业技能鉴定指导丛书

铣　工

中国北车股份有限公司　编写

中国铁道出版社

2015年·北京

图书在版编目(CIP)数据

铣工/中国北车股份有限公司编写. —北京:中国铁道出版社,2015.2

(轨道交通装备制造业职业技能鉴定指导丛书)

ISBN 978-7-113-19306-5

Ⅰ.①铣… Ⅱ.①中… Ⅲ.①铣削-职业技能-鉴定-教材 Ⅳ.①TG54

中国版本图书馆CIP数据核字(2014)第226081号

书　名:轨道交通装备制造业职业技能鉴定指导丛书
铣工

作　者:中国北车股份有限公司

策　划:江新锡　钱士明　徐　艳

责任编辑:陈小刚　　**编辑部电话:**010-51873193

封面设计:郑春鹏

责任校对:龚长江

责任印制:郭向伟

出版发行:中国铁道出版社(100054,北京市西城区右安门西街8号)

网　址:http://www.tdpress.com

印　刷:北京大兴县新魏印刷厂

版　次:2015年2月第1版　2015年2月第1次印刷

开　本:787 mm×1 092 mm　1/16　**印张:**15.75　**字数:**390千

书　号:ISBN 978-7-113-19306-5

定　价:48.00元

中国北车职业技能鉴定教材修订、开发编审委员会

主　任：赵光兴

副主任：郭法娥

委　员：（按姓氏笔画为序）

于帮会　王　华　尹成文　孔　军　史治国

朱智勇　刘继斌　闫建华　安忠义　孙　勇

沈立德　张晓海　张海涛　姜　冬　姜海洋

耿　刚　韩志坚　詹余斌

本《丛书》总　编：赵光兴

副总编：郭法娥　刘继斌

本《丛书》总　审：刘继斌

副总审：杨永刚　娄树国

编审委员会办公室：

主　任：刘继斌

成　员：杨永刚　娄树国　尹志强　胡大伟

序

在党中央、国务院的正确决策和大力支持下，中国高铁事业迅猛发展。中国已成为全球高铁技术最全、集成能力最强、运营里程最长、运行速度最高的国家。高铁已成为中国外交的新名片，成为中国高端装备"走出国门"的排头兵。

中国北车作为高铁事业的积极参与者和主要推动者，在大力推动产品、技术创新的同时，始终站在人才队伍建设的重要战略高度，把高技能人才作为创新资源的重要组成部分，不断加大培养力度。广大技术工人立足本职岗位，用自己的聪明才智，为中国高铁事业的创新、发展做出了重要贡献，被李克强同志亲切地赞誉为"中国第一代高铁工人"。如今在这支近5万人的队伍中，持证率已超过96%，高技能人才占比已超过60%，3人荣获"中华技能大奖"，24人荣获国务院"政府特殊津贴"，44人荣获"全国技术能手"称号。

高技能人才队伍的发展，得益于国家的政策环境，得益于企业的发展，也得益于扎实的基础工作。自2002年起，中国北车作为国家首批职业技能鉴定试点企业，积极开展工作，编制鉴定教材，在构建企业技能人才评价体系、推动企业高技能人才队伍建设方面取得明显成效。为适应国家职业技能鉴定工作的不断深入，以及中国高端装备制造技术的快速发展，我们又组织修订、开发了覆盖所有职业(工种)的新教材。

在这次教材修订、开发中，编者们基于对多年鉴定工作规律的认识，提出了"核心技能要素"等概念，创造性地开发了《职业技能鉴定技能操作考核框架》。该《框架》作为技能人才评价的新标尺，填补了以往鉴定实操考试中缺乏命题水平评估标准的空白，很好地统一了不同鉴定机构的鉴定标准，大大提高了职业技能鉴定的公信力，具有广泛的适用性。

相信《轨道交通装备制造业职业技能鉴定指导丛书》的出版发行，对于促进我国职业技能鉴定工作的发展，对于推动高技能人才队伍的建设，对于振兴中国高端装备制造业，必将发挥积极的作用。

中国北车股份有限公司总裁：

2015.2.7

前　言

鉴定教材是职业技能鉴定工作的重要基础。2002 年，经原劳动保障部批准，中国北车成为国家职业技能鉴定首批试点中央企业，开始全面开展职业技能鉴定工作。2003 年，根据《国家职业标准》要求，并结合自身实际，组织开发了《职业技能鉴定指导丛书》，共涉及车工等 52 个职业(工种)的初、中、高 3 个等级。多年来，这些教材为不断提升技能人才素质、适应企业转型升级、实施"三步走"发展战略的需要发挥了重要作用。

随着企业的快速发展和国家职业技能鉴定工作的不断深入，特别是以高速动车组为代表的世界一流产品制造技术的快步发展，现有的职业技能鉴定教材在内容、标准等诸多方面，已明显不适应企业构建新型技能人才评价体系的要求。为此，公司决定修订、开发《轨道交通装备制造业职业技能鉴定指导丛书》(以下简称《丛书》)。

本《丛书》的修订、开发，始终围绕促进实现中国北车"三步走"发展战略、打造世界一流企业的目标，努力遵循"执行国家标准与体现企业实际需要相结合、继承和发展相结合、坚持质量第一、坚持岗位个性服从于职业共性"四项工作原则，以提高中国北车技术工人队伍整体素质为目的，以主要和关键技术职业为重点，依据《国家职业标准》对知识、技能的各项要求，力求通过自主开发、借鉴吸收、创新发展，进一步推动企业职业技能鉴定教材建设，确保职业技能鉴定工作更好地满足企业发展对高技能人才队伍建设工作的迫切需要。

本《丛书》修订、开发中，认真总结和梳理了过去 12 年企业鉴定工作的经验以及对鉴定工作规律的认识，本着"紧密结合企业工作实际，完整贯彻落实《国家职业标准》，切实提高职业技能鉴定工作质量"的基本理念，在技能操作考核方面提出了"核心技能要素"和"完整落实《国家职业标准》"两个概念，并探索、开发出了中国北车《职业技能鉴定技能操作考核框架》；对于暂无《国家职业标准》、又无相关行业职业标准的 40 个职业，按照国家有关《技术规程》开发了《中国北车职业标准》。经 2014 年技师、高级技师技能鉴定实作考试中 27 个职业的试用表明：该《框架》既完整反映了《国家职业标准》对理论和技能两方面的要求，又适应了企业生产和技术工人队伍建设的需要，突破了以往技能鉴定实作考核中试卷的难度与完整性评估的"瓶颈"，统一了不同产品、不同技术含量企业的鉴定标准，提高了鉴定考核的技术含量，保证了职业技能鉴定的公平性，提高了职业技能鉴定工作质量和管理水平，将成为职业技能鉴定工作、进而成为生产操作者技能素质评价的新标尺。

本《丛书》共涉及98个职业(工种),覆盖了中国北车开展职业技能鉴定的所有职业(工种)。《丛书》中每一职业(工种)又分为初、中、高3个技能等级,并按职业技能鉴定理论、技能考试的内容和形式编写。其中:理论知识部分包括知识要求练习题与答案;技能操作部分包括《技能考核框架》和《样题与分析》。本《丛书》按职业(工种)分册,并计划第一批出版74个职业(工种)。

本《丛书》在修订、开发中,仍侧重于相关理论知识和技能要求的应知应会,若要更全面、系统地掌握《国家职业标准》规定的理论与技能要求,还可参考其他相关教材。

本《丛书》在修订、开发中得到了所属企业各级领导、技术专家、技能专家和培训、鉴定工作人员的大力支持;人力资源和社会保障部职业能力建设司和职业技能鉴定中心、中国铁道出版社等有关部门也给予了热情关怀和帮助,我们在此一并表示衷心感谢。

本《丛书》之《铣工》由长春轨道客车装备有限责任公司《铣工》项目组编写。主编张乃夫;主审徐维,副主审张宏;参编人员高辉、刘岩。

由于时间及水平所限,本《丛书》难免有错、漏之处,敬请读者批评指正。

中国北车职业技能鉴定教材修订、开发编审委员会

二〇一四年十二月二十二日

目　　录

铣工(职业道德)习题

一、填 空 题

1.《产品质量法》所称的产品是指经过加工、制作,(　　)的产品。

2. 产品标识可以用文字、符号、数字、(　　)以及其他说明物等表示。

3. 专利法所称的发明创造是指发明、实用新型和(　　)。

4. 中国北车的核心价值观是:诚信为本、创新为魂、(　　)、勇于进取。

5. 中国北车的团队建设目标是(　　)。

6. 我国的安全生产方针安全第一、(　　)、综合治理。

7. 国家鼓励企业产品质量达到并且超过(　　)、国家标准和国际标准。

8. 发生触电事故后应立即(　　)或用绝缘物使触电者脱离电源,就地人工呼吸,并立即报告医院。

9. 5S管理起源于日本,是指在生产现场中对人员、机器、材料、方法等生产要素进行有效的管理,5S即(　　)和素养五个项目。

10. 安全与生产的关系是(　　),安全促进生产。

二、单项选择题

1. 职业道德是指人们在履行本职工作中(　　)。

(A)应遵守的行为规范和准则　　(B)所确立的奋斗目标

(C)所确立的价值观　　(D)所遵守的规章制度

2. 职业道德不仅是从业人员在职业活动中的行为标准和要求,而且是本行业对社会所承担的(　　)和义务。

(A)道德责任　　(B)产品质量　　(C)社会责任　　(D)服务责任

3. 职业道德是安全文化的深层次内容,对安全生产具有重要的(　　)作用。

(A)思想保证　　(B)组织保证　　(C)监督保证　　(D)制度保证

4. 仪表端庄实质上是一个人的思想情操、道德品质、文化修养和(　　)的综合反映。

(A)衣帽整齐　　(B)衣着洁净　　(C)人格气质　　(D)衣着时尚

5. 在发展生产中,协作不仅提高个人生产力,而且创造了新的(　　)。

(A)生产关系　　(B)生产秩序　　(C)生产力　　(D)生产模式

6. 先进的(　　)要求职工具有较高的文化和技术素质,掌握较高的职业技能。

(A)管理思路　　(B)技术装备　　(C)经营理念　　(D)机构体系

7. 职业道德是一种(　　)的约束机制。

(A)强制性　　(B)非强制性　　(C)随意性　　(D)自发性

8. 用人单位应当在解除或者终止劳动合同后为劳动者办理档案和社会保险关系转移手

续，具体时间为解除或终止劳动合同后的（ ）。

（A）7日内 （B）10日内 （C）15日内 （D）30日内

9. 以下关于诚实守信的认识和判断中，正确的选项是（ ）。

（A）诚实守信与经济发展相矛盾

（B）诚实守信是市场经济应有的法则

（C）是否诚实守信要视具体对象而定

（D）诚实守信应以追求利益最大化为准则

10. 以下有关专利权期限的说法正确的是（ ）。

（A）专利权的期限自办理登记日起计算

（B）专利权的期限自授权公告日起计算

（C）专利权的期限自优先权日起计算

（D）专利权的期限自申请日起计算

11. 以下选项中，没有违反诚实守信的要求的是（ ）。

（A）保守企业秘密 （B）派人打进竞争对手内部，增强竞争优势

（C）根据服务对象来决定是否遵守承诺 （D）所有利于企业利益的行为

12. 现实生活中，一些人不断地从一家公司"跳槽"到另一家公司。虽然这种现象在一定意义上有利于人才的流动，但它同时也说明这些从业人员缺乏（ ）。

（A）工作技能 （B）强烈的职业责任感

（C）光明磊落的态度 （D）坚持真理的品质

13. 以下关于"节俭"的说法，你认为正确的是（ ）。

（A）节俭是美德，但不利于拉动经济增长

（B）节俭是物质匮乏时代的需要，不适应现代社会

（C）生产的发展主要靠节俭来实现

（D）节俭不仅具有道德价值，也具有经济价值

14. 工作现场有一工具半年才用上一次，应作的处理：（ ）。

（A）放置于工作台面 （B）工作现场

（C）仓库储存 （D）变买

15. 指使人们注意可能发生的危险的标志是（ ），几何图形是正三角形。颜色为黑色，图形是黑色，背景是黄色。

（A）禁止标志 （B）警告标志 （C）指令标志 （D）提示标志

三、多项选择题

1.《产品质量法》规定合格产品应具备的条件包括（ ）。

（A）不存在危及人身、财产安全的不合理危险

（B）具备产品应当具备的使用性能

（C）符合产品或其包装上注明采用的标准

（D）有保障人体健康、人身财产安全的国家标准、行业标准的，应该符合该标准

2. 以下社会保险中，职工个人需要缴纳保险费的是（ ）。

（A）养老保险 （B）工伤保险 （C）医疗保险 （D）生育保险

3. 下列有关签订集体劳动合同的表述,正确的有(　　)。
(A)依法签订的集体合同对企业和企业全体职工具有约束力
(B)集体合同的草案应提交职工代表大会或全体职工讨论通过
(C)集体合同签订后应报送劳动行政部门审核备案
(D)劳动行政部门自收到集体合同文本之日起 15 日内未提出异议的,集体合同即行生效
4. 爱岗敬业的具体要求是(　　)。
(A)树立职业理想 (B)强化职业责任 (C)提高职业技能 (D)抓住择业机遇
5. 关于勤劳节俭的正确说法是(　　)。
(A)消费可以拉动需求,促进经济发展,因此提倡节俭是不合时宜的
(B)勤劳节俭是物质匮乏时代的产物,不符合现代企业精神
(C)勤劳可以提高效率,节俭可以降低成本
(D)勤劳节俭有利于可持续发展
6. 职工个体形象和企业整体形象的关系是(　　)。
(A)企业的整体形象是由职工的个体形象组成的
(B)个体形象是整体形象的一部分
(C)职工个体形象与企业整体形象没有关系
(D)没有个体形象就没有整体形象
7. 市场经济是(　　)。
(A)高度发达的商品经济 (B)信用经济
(C)计划经济的重要组成部分 (D)法制经济
8. 维护企业信誉必须做到(　　)。
(A)树立产品质量意识 (B)重视服务质量,树立服务意识
(C)妥善处理顾客对企业的投诉 (D)保守企业一切秘密
9. 企业文化的功能有(　　)。
(A)激励功能 (B)自律功能 (C)导向功能 (D)整合功能
10. 下列说法中,你认为正确的有(　　)。
(A)岗位责任规定岗位的工作范围和工作性质
(B)操作规则是职业活动具体而详细的次序和动作要求
(C)规章制度是职业活动中最基本的要求
(D)职业规范是员工在工作中必须遵守和履行的职业行为要求
11. 文明生产的具体要求包括(　　)。
(A)语言文雅、行为端正、精神振奋、技术熟练
(B)相互学习、取长补短、互相支持、共同提高
(C)岗位明确、纪律严明、操作严格、现场安全
(D)优质、低耗、高效

四、判 断 题

1. 职业纪律包括劳动纪律、保密纪律、财经纪律、组织纪律等。(　　)
2.《产品质量法》中所称的产品质量是指产品满足需要的适用性、安全性、可靠性、维修性、

经济性和环境所具有的特征、特性的总和。( )

3. 职工的职业道德状况是职工形象的重要组成部分。( )

4. 生产、安全和效益上去了,职业道德自然就搞好了。( )

5. 劳动合同被确认部分无效的,这个合同可以不予执行。( )

6. 36 V 以下的安全电压是绝对安全的。( )

7. 劳动者在劳动过程中必须严格遵守操作规程,对违章指挥、强令冒险作业有权拒绝执行。( )

8. 擦拭电动机、风机时必须戴手套,防止手指被擦伤。( )

9. 环境噪声是指在工业生产、建筑施工、交通运输和社会生活中所产生的干扰周围生活环境的声音。( )

10. 凡距离坠落高度基准面 2 m 及其以上,有可能坠落的高处进行的作业,称为高处作业。( )

11. 设备开动前应进行安全检查和润滑,低速运转后 2~3 分钟方可操作。( )

12. 长年养成的工作习惯,虽然不合理,但容易工作,不必以公司的制度规定来约束,这样反而不便。( )

13. 劳动者在劳动过程中必须严格遵守操作规程,对违章指挥、强令冒险作业有权拒绝执行。( )

14.《安全生产法》是我国生产经营单位及从业人员实现安全生产所必须遵循的行为准则。( )

15. 职业纪律具有明确的规定性和一定的强制性的特点。( )

铣工(职业道德)答案

一、填 空 题

1. 用于销售　2. 图案　3. 外观设计　4. 崇尚行动
5. 实力、活力、凝聚力　6. 预防为主　7. 行业标准　8. 切断电源
9. 整理、整顿、清扫、清洁　10. 生产必须安全

二、单项选择题

1. A　2. A　3. A　4. C　5. C　6. B　7. B　8. C　9. B
10. D　11. A　12. B　13. D　14. C　15. B

三、多项选择题

1. ABCD　2. AC　3. ABCD　4. ABC　5. CD　6. ABD　7. ABD
8. ABC　9. ABCD　10. ABCD　11. ABCD

四、判 断 题

1. √　2. √　3. √　4. ×　5. ×　6. ×　7. √　8. ×　9. √
10. √　11. √　12. ×　13. √　14. √　15. √

铣工(初级工)习题

一、填 空 题

1. 广泛应用的三视图为主视图、俯视图、(　　)。

2. 三视图的形成是将物体放在三个互相垂直的投影面中,使物体上的主要平面平行于投影面,然后分别向三个投影面作正投影,得到三图形称为(　　)。

3. 一组互相平行的投影线与投影面垂直的投影称为(　　)。

4. 三视图的投影规律是(　　),主、左视图高平齐,俯、左视图宽相等。

5. 在俯视图与左视图中,远离主视图的一方为物体的(　　)方。

6. 标注为“M24×1.5”的螺纹是(　　)牙普通螺纹。

7. 在零件图中,当要求同时标注公差代号和相应的极限偏差时,则后者应加上(　　)括号。

8. 用读数值(精度)为 0.02 mm 的游标卡尺,测量一工件,卡尺游标的第 4 条刻线与尺身对齐,则此工件尺寸的小数部分为(　　)。

9. 标注形位公差,当基准要素为圆锥体的轴线时,基准符号应与圆锥体的大端或小端的(　　)对齐。

10. 表面粗糙度是指加工表面上具有较小间距和微小峰谷所组成的微观(　　)形状特性。

11. 普通螺纹长旋合长度代号用字母(　　)表示。

12. 试验过程中的力除以试样原始横截面积的商称为(　　)。

13. 影响金属材料可切削加工性的因素有工件材料的(　　)、强度、塑性、韧性、导热系数等力学性能和物理性能。

14. 工件材料的强度相同时,塑性和韧性大的,材料切削加工性(　　);但工件材料的塑性太小,切削加工性也不好。

15. 正火是将加热到一定温度,保温一段时间,然后在(　　)中冷却。

16. 在机器中能会传递运动或转变运动形式(如转动变为移动)的部分,称为(　　)。

17. 两构件之间作面接触的运动副称为(　　)。

18. 平带传动的特点之一是过载时可产生打滑,因此能防止薄弱零件的损坏,起到安全保护的作用,但不能保持(　　)的传动比。

19. 机械传动(　　)改变机器的功率。

20. ZG230-450 是(　　)碳钢的牌号。

21. 螺旋传动与其他回转运动转变为直线运动的传动装置(如曲柄滑块机构)相比,具有结构简单,工作连续、平稳、承载能力大,传动(　　)高等优点。

22. 当两轴平行,中心距较远,传动功率较大且平均传动比要求较准确,不宜采用带传动和齿轮传动时,可采用(　　)。

23. 千分尺的测量精度比游标卡尺高,并且测量数值较为(　　)。

24. 游标卡尺的结构主要由主尺、(　　)和微调装置组成。

25. 百分表可以用来检查机床和零件的精度,以及校正夹具、工件和刀具的(　　)。

26. 百分表短针是用来记录长指针的回转圈数,即长指针转一转短指针转(　　)格,就是1 mm。

27. 百分表测量范围一般有 0～3 mm,0～5 mm 和 0～10 mm (　　)3 种。

28. 万能角尺由四件不同用途的附件组成:钢尺、活动量角器、中心角规、(　　)。

29. 单线螺纹和(　　)旋螺纹用得十分普遍,故线数和旋向均省略不注。

30. 一平键的标记为:"GB/T 1096 键 16×10×100",则该平键为(　　)型普通平键。

31. 公差配合代号在图样上用分子式表示,分子为孔公差带代号,分母为(　　)代号。

32. 公差代号 ϕ60H7/f7 公式表示(　　)配合。

33. 渐开线直齿圆柱齿轮的正确啮合条件是两轮的(　　)分别相等。

34. 渐开线齿轮传动的传动比是(　　)的。

35. X6132 型铣床主轴驱动电机使用(　　)电机。

36. 安全用电的原则是不(　　)低压带电体,不靠近高压带电体。

37. 凡遇有人触电,必须用最快的方法用(　　)使触电者脱离电源。

38. 碳素钢按含碳量分类,含碳量(　　)的为低碳钢。

39. 钢分类国家标准按化学成分将钢分为:非合金钢、(　　)和合金钢。

40. 金属材料的延伸率 δ 或断面收缩率 ψ 愈大,则(　　)性越好。

41. 工件材料的硬度越高,切削力越(　　)。

42. 切削时,在产生热量相等的条件下,导热系数(　　)的工件材料,其切削加工性好些。

43. 牌号 QT400-15,是(　　)铸铁。

44. 一般习惯将(　　)与高温回火相结合的热处理称为调质处理。

45. 用差动分度法分度时,分度手柄的转数 n 按(　　)计算确定。

46. 下偏差是最小极限尺寸减其(　　)所得的代数差。

47. 碳素结构钢 Q235A 的牌号中,"235"代表的是材料的(　　)数值。

48. 链传动的主要缺点是:不能保持(　　)传动比恒定;工作有噪声;磨损后易跳齿等。

49. 导热系数(　　)的材料,刀具容易磨损,切削加工性差。

50. X6132 型铣床的主体是(　　),铣床的主要部件都安装在上面。

51. 立式铣床的主要特征是铣床主轴与工作台台面(　　)。

52. 卧式升降台铣床的主要特征是铣床主轴轴线与工作台面(　　)。

53. X6132 型铣床的床身是(　　)结构。

54. X6132 型铣床主轴的旋转方向是由(　　)控制的。

55. X6132 型铣床的主轴是(　　)。

56. 卧式铣床悬梁的作用是(　　)安装支架。

57. X6132 型铣床工作台工作面积(宽×长)为:(　　)。

58. K(YG)属于(　　)类硬质合金。

59. 特硬灰铸铁切削采用用途分组代号(　　)硬质合金刀具。

60. 短切屑的黑色金属切削应使用分类代号(　　)类的硬质合金刀具。

61. 长切屑的黑色金属切削应使用分类代号(　　)类的硬质合金刀具。

62. 铣刀标记是为了便于辨别铣刀的(　　)、材料、制造单位等而刻制的。

63. 圆柱铣刀的主要几何角度有前角、后角、(　　)。

64. 端铣刀的齿除了主切削刃外,在端面上还有(　　)削刃。

65. 圆柱铣刀有直齿和螺旋齿两种,螺旋齿圆柱铣刀在切削时,刀齿是逐渐切入工件的,所以切削时比较(　　)。

66. 圆柱铣刀主刀刃与铣刀轴线之间的夹角称为(　　)。

67. 基准分设计基准和(　　)两大类。

68. 铣床上装夹工件的夹具很多,用得最多的是机床用(　　)和压板。

69. 在铣床上用机床用平口虎钳装夹工件,其夹紧力是指向(　　)。

70. 在铣床上采用压板夹紧工件时,为了增大夹紧力,应使螺栓(　　)。

71. 用压板压紧工件时,垫块的高度应(　　)工件。

72. 选用鸡心夹、尾座和拨盘装夹工件的方式适用于(　　)轴类工件装夹。

73. 铣削层宽度一般可根据加工面宽度决定,尽量(　　)次铣出。

74. 粗铣时,限制进给量提高的主要因素是(　　)。

75. 精铣时,限制进给量提高主要因素是(　　)。

76. 在针对刀具、工件材料等条件确定铣床进给量时,应先确定的是(　　)。

77. 铣削中硬钢时,硬质合金铣刀精铣通常选用吃刀量是(　　)mm。

78. 铣削钢件时,硬质合金三面刃铣刀通常选用每齿进给量是(　　)mm/z。

79. 乳化液是将乳化油用(　　)稀释而成的。

80. 具有良好冷却性能但防锈性能较差的切削液是(　　)。

81. 连接面是指互相交接和间接交接且不在(　　)平面上的表面。

82. 铣垂直面或平行面,就是要求铣出的平面与(　　)面垂直或平行。

83. 铣垂直面或平行面时,产生垂直度和平行度误差的原因,是切削刃形成的平面或刀尖轨迹形成的平面的与基准面(　　)。

84. 铣床上进给变速机构标定的进给量单位是(　　)。

85. 当作用在工作台上的力在进给方向上的分力与进给方向一致,并大于工作台导轨间的摩擦力时,会使工作台(　　)。

86. 当作用在工作台上的力在进给方向上的分力与进给方向相反,则不受间隙的影响,因而工作台不会被(　　)。

87. 由于丝杠螺母传动时有间隙存在,因此在操作过程中,若不小心把刻度盘(　　)一些,仅仅把刻度盘倒退到原定的刻度线上是不对的。

88. 切削液有冷却、(　　)、防锈、冲洗作用。

89. 周铣平面度的好坏,主要取决于铣刀(　　)误差的大小,因此在精铣平面时,要提高铣刀的刃磨质量,以保证工件表面的平面度。

90. 端铣平面度的好坏,主要取决于铣床主轴轴心线与(　　)方向的垂直度。

91. 当工件基准面与工作台平行时,在立铣上用端铣法或在卧铣上用周铣法均可铣出(　　)面。

92. 当工件基准面与工作台面平行时,应在(　　)铣削平行面。

93. 在矩形工件铣削过程中,应先加工(　　)。

94. 铣削矩形工件时,铣好第一面后,按顺序应先加工(　　)。

95. 用两把直径相同的三面刃铣刀组合铣削台阶时,考虑到铣刀偏让,应用刀杆垫圈将铣刀内侧的距离调整到(　　)工件所需要的尺寸进行试铣。

96. 平面质量的好坏,主要从(　　)和形状精度两个方面来衡量。

97. 采用平口虎钳装夹工件切断时,应使平口虎钳的(　　)钳口与铣床主轴轴心线平行。

98. 在轴类零件上铣削键槽,为了保证键槽的中心位置不随工件直径变化而改变,不宜采用(　　)装夹工件。

99. 键槽铣刀用钝后,为了保证其外径尺寸不变,应修磨铣刀的(　　)。

100. 半圆键槽铣刀的直径(　　)半圆键的直径。

101. 若铣出的键槽槽底面与工件轴线不平行,原因是工件上素线与(　　)不平行。

102. 锯片铣刀和切口铣刀的厚度自圆周向中心凸缘(　　)。

103. 铣削T形槽时,首先应加工(　　)。

104. 在铣削T形槽时,通常可将直槽铣得(　　),以减少T形铣刀端面摩擦,改善切削条件。

105. 燕尾槽的宽度通常用(　　)测量。

106. 在标准齿轮上,槽宽和齿厚相等的那个圆称为(　　)。

107. 直线移距分度法是在(　　)之间配置交换齿轮进行分度的。

108. 用主轴挂轮法直线移距分度时,从动轮应配置在(　　)。

109. 工件侧素线与工作纵向进给方向不平行,铣成的外花键会产生(　　)。

110. 矩形花键的标准定心方式是(　　)定心,因此铣削花键时一般均留有磨削余量。

111. 斜齿圆柱齿轮的螺旋角是指(　　)上的螺旋角。

112. 铣削一多线螺旋槽工件,计算时,多线螺旋线的螺距 P 和导程 P_h 之间的关系是(　　)。

113. 目前齿轮的齿形曲线大多采用(　　),在铣床上铣削齿轮的加工精度比较低。

114. 齿轮上渐开线的形状取决于基圆的大小,基圆越大渐开线越(　　)。

115. 在万能卧式铣床上铣削左螺旋槽时,工作台应(　　),以使盘形铣刀旋转平面与螺旋槽切线方向一致。

116. 铣削较大导程的螺旋槽时,须在(　　)之间配置交换齿轮。

117. 铣削螺旋槽时,交换齿轮的从动轮安装在(　　)上。

118. 斜齿圆柱齿轮的分度圆应等于(　　)与齿数的乘积。

119. 斜齿圆柱齿轮法向模数 m_n 与端面模数 m_t 之间的关系是(　　)。

120. 已知斜齿圆柱齿轮法向模数 $m_n=4$ mm,则其法向齿距 P_n 等于(　　)。

121. 已知斜齿圆柱齿轮法向模数 $m_n=4$ mm,分度圆螺旋角 $\beta=10°$,则其端面齿距 P_t 等于(　　)。(注:$\cos10°=0.985$、$\sin10°=0.174$)

122. 卧式铣床支架的作用是支持刀杆远端,增加刀杆的(　　)。

123. X62W型铣床工作台的纵向和横向手动进给都是通过手轮带动(　　)旋转实现的。

124. 配置差动分度交换齿轮时,齿轮架应套装在(　　)上。

125. 已知直齿圆柱齿轮，模数 $m=2$ mm，则可得它的齿厚 S 为（　　）。

126. 铣刀刀尖指主切削刃与副切削刃的（　　）相当少的一部分切削刃。

127. 前角的主要作用是影响切屑（　　），切屑与前刀面的摩擦以及刀具的强度。

128. 斜面除了要检验表面结构和尺寸外，还要检验它与基面之间的（　　）是否正确，这个角度可用万能游标量角器来测量。

129. 对精度要求高的斜面和斜度小的斜面，一般都用（　　）来检验。

130. 用塞规检测键槽时，选用与槽宽公差等级相同的塞规，拿信塞规中部，过端能塞进，止端（　　）塞进即为合格品。

131. 精铣时为了提高 V 形槽质量，可将铣削层深度、进给量适当减小，而铣削速度略微（　　）。

132. 外花键的各要素误差的测量，在单件修配大径定心及小批生产中，一般是（　　）测量。

133. 外花键的检验在大批量生产中，则可用键宽极限量规及花键综合环规进行检验，以检验花键的各个几何形状表面和相互位置（　　），综合环规能通过被检工件时即为合格。

134. 成形铣刀为了保证刃磨后齿形不变，一般采用（　　）结构。

135. 铣削 T 形槽方法，必须经过如下三个步骤，铣削直角槽、T 形槽底槽、（　　）。

136. 一个轮齿在分度圆上所占的弧长，用（　　）表示。

137. 一个齿槽的分度圆周长所占的弧长，用（　　）表示。

138. 在一个标准齿轮中，槽宽和齿厚相等的圆称为（　　）。

139. 测量弦齿厚应当在（　　）圆周上测量。

140. 斜齿圆柱齿轮铣削后，一般只需测量公法线长度，分度圆弦齿厚或固定弦齿厚中的一种即可，但是在轮齿的（　　）测量。

141. 斜齿条主要测量齿厚和齿距，测量方法与直齿条基本（　　）。

142. 采用工件倾斜装夹法铣削斜齿齿条，铣完一个齿后，工作台每次移距应等于斜齿条的（　　）。

143. 平面划线时，通常要选择两个相互（　　）的划线基准。

144. 根据图样要求，在工件上划出加工界线的操作，称为（　　）。

145. 根据图线要求，在毛坯或半成品上划出加工图形或加工界线的操作称为（　　）。

146. 划线的种类有（　　）和立体划线。

147. 为了划线清楚，工件划线部分应（　　）。

148. 划线时用来画圆和圆弧、等分线段、等分角度和量取尺寸的工具是（　　）。

149. 钻孔时，主运动是钻头的（　　）运动。

150. 麻花钻上的沟槽起（　　）的作用。

151. 孔将钻穿时，进给量必须（　　）。

152. 常见的毛坯种类有铸件、锻件、（　　）、焊接件等。

153. 锻件适用于强度要求高、形状比较简单的零件毛坯，其锻造方法有自由锻和（　　）两种。

154. 铸件的主要缺点是内部组织疏松，（　　）性能较差。

155. 直径相差较大的阶梯轴，宜选择（　　）毛坯。

156. 磨削区域的高温会引起工件的(　　),从而影响加工精度。

157. 磨料是制造磨具的主要原料,直接担负着切削工作。目前常用的磨料有棕刚玉、白刚玉、黑碳化硅和(　　)等。

158. 磨削加工的特征之一是磨削时的(　　)向力很大。

二、单项选择题

1. 在三视图的方法关系中,主视图反映出物体的上、下、左(　　)位置关系。
(A)右　(B)前　(C)后　(D)左

2. 局部剖视以(　　)为界。
(A)细实线　(B)波浪线　(C)粗实线　(D)点划线

3. 假想用剖切平面将零件的某处切断,仅画出断面的图形,称为(　　)。
(A)剖视图　(B)全剖视图　(C)半剖视图　(D)剖面图

4. 移出剖面的轮廓线用(　　)画出。
(A)细实线　(B)点划线　(C)粗实线　(D)双点划线

5. 重合剖面的轮廓线用(　　)绘制。
(A)粗实线　(B)点划线　(C)细实线　(D)波浪线

6. 外螺纹的牙顶(大径)及螺纹终止线用(　　)表示。
(A)粗实线　(B)细实线　(C)点划线　(D)波浪线

7. 内螺纹在螺孔作剖视时,牙底(大径)为(　　)。
(A)细实线　(B)粗实线　(C)点划线　(D)虚线

8. 在标准螺纹的标记中,普通螺纹特征代号为(　　)。
(A)G　(B)S　(C)ZM　(D)M

9. 内螺纹在不作剖视时,牙底、牙顶和螺纹终止线皆为(　　)。
(A)细实线　(B)虚线　(C)点划线　(D)粗实线

10. 在零件图中,当采用公差代号标注线性尺寸的公差时,公差带代号应注在基本尺寸的(　　)边。
(A)左　(B)右　(C)上　(D)下

11. 尺寸公差值是(　　)。
(A)绝对值　(B)正值　(C)负值　(D)代数值

12. 标准公差数值由(　　)确定。
(A)基本尺寸和基本偏差　(B)基本尺寸和公差等级
(C)基本偏差和公差等级　(D)基本尺寸和基本偏差值

13. 基本尺寸相同、相互结合的孔和轴公差之间的关系称为(　　)。
(A)配合　(B)间隙配合　(C)过盈配合　(D)过渡配合

14. (　　)是形状公差的两个项目。
(A)直线度、平行度　(B)圆度、同轴度　(C)圆度、圆柱度　(D)圆跳动、全跳动

15. 当投影线互相平行,并与投影面垂直时,物体在投影面上所得的投影称为(　　)。
(A)点投影　(B)面投影　(C)正投影　(D)平行投影

16. 千分尺读尺寸方法可分为三步:读出活动套管边缘在固定套管的数值后面;活动套管

上哪一格与固定套管上基准线对齐；把两个数(　　)起来。

(A)加　(B)减　(C)乘　(D)除

17. 万能角尺固定角规装上钢尺后一边成90°；另一条斜边与钢尺成(　　)。

(A)30°　(B)45°　(C)60°　(D)90°

18. 外径千分尺固定套筒上露出的读数为10.5 mm，微分筒对准基准线数值为14，则整个读数为(　　)。

(A)11.9 mm　(B)24.5 mm　(C)10.14 mm　(D)10.64 mm

19. 链传递效率较高一般可达(　　)。

(A)0.95～0.97　(B)0.90～0.92　(C)0.85～0.87　(D)0.98～0.99

20. 齿轮传动的最重要的要求之一就是传动比(　　)。

(A)恒为常数　(B)不确定　(C)大于零　(D)大于1

21. 在模数和压力角相同时，齿数越多，齿廓曲线就越趋(　　)。

(A)弯曲　(B)平直　(C)光滑　(D)近基圆

22. 模数m(　　)。

(A)是齿轮几何尺寸计算中最基本的一个参数

(B)其大小对齿轮的承载能力无影响

(C)一定时，齿轮的几何尺寸与齿数无关

(D)$m=p/n$是一个无理数，符合计算要求

23. 用读数值(精度)为2′的万能角度尺测一工件，主尺读数为18°，游标上第13条刻线与主尺刻线对齐，则此工件角度为(　　)。

(A)18°26′　(B)18.13°　(C)18°13′　(D)18.26°

24. 读数值(精度)为0.02 mm的游标卡尺，游标50格刻线宽度与尺身(　　)格线宽度相等。

(A)49　(B)19　(C)9　(D)59

25. ϕ30H8/f7是属于(　　)。

(A)基孔制间隙配合　(B)基孔制过渡配合

(C)基轴制间隙配合　(D)基轴制过渡配合

26. 关于带传动的优点正确的是(　　)。

(A)具有吸振能力，传动比准确　(B)具有过载保护作用，中心距可较大

(C)工作平稳，传动效率高　(D)可用在高温、易燃、易爆场合

27. 螺旋传动的特点是(　　)。

(A)具有自锁性，减速比大　(B)传动效率高

(C)传动平稳，但传动比小　(D)可以用于增速运动

28. 链传动的特点是(　　)。

(A)传动比恒定不变　(B)瞬时传动比相等

(C)平均传动比不相等　(D)瞬时传动比不等，但平均传动比相等

29. X6132型铣床纵向工作台，横向工作台两端都设有(　　)。

(A)行程开关　(B)电源开关　(C)按钮盘　(D)主轴换向开关

30. 安全电压额定值的等级为(　　)等级。

(A)两　(B)三　(C)四　(D)五

31. 电气故障失火时,不能使用(　　)灭火。

(A)四氯化碳　(B)酸碱泡沫　(C)二氧化碳　(D)干粉

32. 救护触电者做法错误的是(　　)。

(A)当触电者还未失去知觉时,应立刻让其运动,以保持清醒

(B)应立即进行现场救护并及时送往医院

(C)当触电者出现心脏停跳时,应在现场进行人工呼吸

(D)当触电者,还未失去知觉时,应将其抬到空气流通温度适宜的地方休息

33. 通用结构钢采用代表屈服点的拼音字母(　　),屈服点数值(单位为 MPa)和规定的质量等级,脱氧方法等符号表示。

(A)H　(B)T　(C)Q　(D)R

34. 金属材料在冲击力的作用下,仍保持不破裂的能力称为(　　)。

(A)韧性　(B)塑性　(C)抗疲劳性　(D)弹性

35. 伸长率符号为(　　)。

(A)ψ　(B)σ_b　(C)δ　(D)F

36. 将钢加热到一定温度,经保温后快速在水(或油中)冷却的热处理方法称(　　)。

(A)正火　(B)淬火　(C)退火　(D)回火

37. W6Mo5Cr4V2A1 是(　　)高速钢。

(A)特殊用途　(B)新型　(C)通用　(D)较好

38. W18Cr4V 是钨系高速钢,属于(　　)高速钢。

(A)特殊用途　(B)新型　(C)通用　(D)较好

39. 对于曲轴等受力比较复杂的零件多采用(　　)热处理。

(A)退火+淬火　(B)淬火+低温回火　(C)正火+回火　(D)调质处理

40. 工件斜度为∠1∶50,工件长 250 mm,铣削时工件两端垫铁高度的差值 H 是(　　)。

(A)5 mm　(B)50 mm　(C)75 mm　(D)7.5 mm

41. 基本尺寸相同的、相互结合的(　　)公差带之间的关系称为配合。

(A)轴与轴　(B)孔与孔　(C)孔与轴　(D)面与面

42. 只能是正值的是(　　)。

(A)公差　(B)偏差　(C)基本偏差　(D)实际偏差

43. 常用的热处理方法有(　　)及淬火、表面淬火、化学热处理。

(A)完全退火、球化退火、正火　(B)退火、正火、回火

(C)退火、完全退火、球化退火　(D)正火、低温回火、高温回火

44. 硬度较低、便于加工,是经过(　　)后的组织。

(A)正火　(B)退火　(C)调质　(D)淬火

45. QT400-17 是(　　)牌号。

(A)铸钢　(B)铸铜　(C)球墨铸铁　(D)耐磨铸铁

46. 机械效率值永远(　　)。

(A)是负数　(B)等于零　(C)小于 1　(D)大于 1

47. 国标规定对于一定的基本尺寸,标准公差值随公差等级数字增大而(　　)。

(A)缩小 (B)增大 (C)不变 (D)不确定

48. ◇是(　　)公差符号。

(A)同轴度 (B)位置公差中的同轴度

(C)位置公差的平行度 (D)形状公差中的圆柱度

49. 下列材料牌号中,属于灰口铸铁的是(　　)。

(A)HT250 (B)KTH350-10 (C)QT800-2 (D)RUT420

50. 机床照明灯应选(　　)V 的电压。

(A)6 (B)24 (C)110 (D)220

51. 卧式万能铣床的工作台可以在水平面内扳转(　　)角度,以适应用盘形铣刀加工螺旋槽等工件。

(A)±35° (B)±90° (C)±30° (D)±45°

52. X6132 型铣床的主电动机安装在铣床床身的(　　)。

(A)上部 (B)左下部 (C)后部 (D)下部

53. X6132 型铣床的主轴转速有(　　)种。

(A)20 (B)25 (C)18 (D)21

54. X6132 型铣床的主轴前端孔锥度是(　　)。

(A)7∶24 (B)莫氏 4 号 (C)1∶12 (D)莫氏 3 号

55. X6132 型铣床的纵向进给丝杆手柄是通过(　　)连接的。

(A)销钉 (B)平键 (C)螺栓 (D)离合器

56. X6132 型铣床的垂直自动进给量最小进给量为(　　)mm/min。

(A)23.5 (B)30 (C)8 (D)10

57. 在练习开动铣床之前,控制转速和进给量转盘(手柄)均应该处于(　　)位置。

(A)中间值 (B)最小值 (C)最大值 (D)较大

58. 铣床一级保养部位包括保养、(　　)、冷却、润滑、附件、电器等。

(A)机械 (B)传动 (C)工作台 (D)丝杆

59. 下列说法正确的是(　　)。

(A)铣削加工适于加工各种阶台、外圆、齿轮等

(B)铣削加工适于加工离合器,但不能加工齿轮

(C)铣削加工适于加工各种平面,而不能加工旋槽面

(D)铣削加工适于加工各种平面、键槽及螺旋槽等

60. 主轴与工作台面垂直的升降台铣床称为(　　)。

(A)立式铣床 (B)卧式铣床 (C)万能工具铣床 (D)龙门铣床

61. 下列合金牌号中(　　)是钨钴类硬质合金。

(A)YTl5 (B)YG6 (C)YW2 (D)W18Cr4V

62. 圆柱铣刀,三面刃铣刀和锯片铣刀尺寸规格均以(　　)表示。

(A)只标注外圆直径 (B)标出铣刀的号数

(C)外圆直径×宽度×内孔直径 (D)标出模数、压力角

63. 端铣刀的主要几何角度包括前角、后角、(　　)。

(A)螺旋角、主偏角、副偏角 (B)刃倾角、主偏角、副偏角

(C)刃倾角、螺旋角、主偏角　　(D)刃倾角、螺旋角

64. 按粗基准的选择原则，当零件上所有表面都需加工时，应选择(　　)做粗基准。

(A)加工余量最小的表面　　(B)加工余量最大的表面

(C)最难加工的表面　　(D)形状最复杂的表面

65. 用平口虎钳装夹加工精度要求较高的工件时，应用(　　)校正固定钳口与铣床主轴轴心线垂直或平行。

(A)90°角尺　　(B)定位键　　(C)划针　　(D)百分表

66. 精铣时，确定铣削速度 v 应考虑(　　)。

(A)加工余量　　(B)铣刀直径　　(C)走刀方向　　(D)提高工件表面质量及铣刀耐用度

67. 铣削铸铁时，硬质合金圆柱铣刀每齿进给量 f_Z 通常选用(　　)。

(A)0.12～0.2 mm/z　　(B)0.1～0.15 mm/z

(C)0.2～0.5 mm/z　　(D)0.08～0.2 mm/z

68. 铣削 45 钢时，高速钢铣刀通常选用铣削速度是(　　)。

(A)5～10 m/min　　(B)20～45 m/min　　(C)60～80 m/min　　(D)20～35 m/min

69. 精加工时，应选择以(　　)为主的切削液。

(A)防锈　　(B)润滑　　(C)冷却　　(D)清洗

70. 铣削镁合金时，禁止使用(　　)切削液。

(A)水溶液　　(B)燃点高的矿物油　　(C)燃点高的植物油　　(D)压缩空气

71. 铣削速度 v_c 确定后，转速 n 与(　　)有关。

(A)铣刀齿数　　(B)铣刀长度　　(C)铣刀直径　　(D)铣刀柄直径

72. 顺铣与逆铣比较，刀具的耐用度(　　)。

(A)较高　　(B)低　　(C)相同　　(D)较低

73. 影响切屑变形的是铣刀的(　　)。

(A)后角　　(B)偏角　　(C)前角　　(D)倾角

74. 控制切屑流出方向的是铣刀的(　　)。

(A)刃倾角　　(B)前角　　(C)偏角　　(D)后角

75. 可转位铣刀属于(　　)铣刀。

(A)整体　　(B)机械夹固式　　(C)锥齿　　(D)盘铣刀

76. 安装锥柄铣刀的过渡套筒内锥是(　　)。

(A)14∶1 锥度　　(B)7∶24 锥度　　(C)20°锥度　　(D)莫氏锥度

77. 在立式铣床上用机床用平口虎钳装夹工件，应使铣削力指向(　　)。

(A)活动钳口　　(B)虎钳导轨　　(C)固定钳口　　(D)主轴

78. 采用周铣法铣削平面，平面度的好坏主要取决于铣刀的(　　)。

(A)锋利程度　　(B)圆柱度　　(C)转速　　(D)进给速度

79. 采用端铣法铣削平面，平面度的好坏主要取决于铣刀(　　)。

(A)圆柱度　　(B)刀尖锋利程度

(C)速度　　(D)轴线与工作台面(或进给方向)垂直度

80. 在立式铣床上用端铣法加工短而宽的工件时，通常采用(　　)。

(A)对称端铣　(B)逆铣　(C)顺铣　(D)周铣

81. 若加工一矩形工件，要求平面 B 和 C 垂直于平面 A，平面 D 平行于平面 A，加工时的定位基准面是(　　)面。

(A)A　(B)B　(C)D　(D)C

82. 在立式铣床上用端铣法铣削垂直面时，用机床用平口虎钳装夹工件，应在(　　)与工件之间放置一根圆棒。

(A)固定钳口　(B)活动钳口　(C)导轨面　(D)主轴

83. 铣削矩形工件两侧垂直面时，选用机床用平口虎钳装夹工件，若铣出的平面与基准面之间的夹角<90°，应在固定钳口(　　)垫入纸片或铜皮。

(A)中部　(B)下部　(C)上部　(D)侧面

84. 卧式铣床上加工矩形工件，通常选用(　　)铣刀，以使铣削平稳。

(A)圆柱　(B)错齿三面刃　(C)直齿圆柱　(D)螺旋粗齿圆柱

85. 采用高速钢铣刀铣削矩形工件，粗铣时，铣削速度取(　　)较为适宜。

(A)10 m/min　(B)16 m/min　(C)25 m/min　(D)30 m/min

86. 立式铣床主轴与工作台面不垂直，用横向进给铣削会铣出(　　)。

(A)平行或垂直面　(B)斜面　(C)凹面　(D)平面

87. 在卧式铣床上用圆柱铣刀铣削平行面，造成平行度差的原因之一是(　　)。

(A)铣刀圆柱度差　(B)切削速度不当　(C)进给量不当　(D)铣刀表面结构等级低

88. 选用可倾虎钳装夹工件，铣削与基准面夹角为 α 的斜面，当基准面与预加工表面平行时，虎钳转角 $\theta=$(　　)。

(A)$\alpha-90°$　(B)$90°-\alpha$　(C)$180°-\alpha$ 或 α　(D)α

89. 在卧式铣床上用三面刃铣刀铣削台阶，为了减少铣刀偏让，应选用(　　)三面刃铣刀。

(A)厚度较小　(B)直径较大　(C)直径较小　(D)直径较小厚度较大

90. 当台阶的尺寸较大时，为了提高生产效率和加工精度，应在(　　)铣削加工。

(A)立铣上用面铣刀　(B)卧铣上用三面刃铣刀

(C)立铣上用键槽铣刀　(D)圆柱铣刀

91. 在万能卧式铣床上用盘形铣刀铣削台阶时，台阶两侧面上窄下宽，呈凹弧形面，这种现象是由(　　)引起的。

(A)铣刀刀尖有圆弧　(B)工件定位不准确

(C)工作台零位不对　(D)铣刀精度低

92. 铣削时，工件表面出现深啃现象，主要原因是(　　)。

(A)铣刀不锋利　(B)铣削时进给中途停顿

(C)切削液选择不当　(D)铣削时有明显振动

93. 铣削加工后，工件表面粗糙，出现拉毛现象，最有可能是(　　)造成的。

(A)铣刀不锋利　(B)铣削中途停顿　(C)铣刀安装不好　(D)铣削时有明显振动

94. 封闭式直角沟通常选用(　　)铣削加工。

(A)三面刃铣刀　(B)键槽铣刀　(C)盘形铣刀　(D)立铣刀

95. 在铣削封闭式直角沟槽时，选用(　　)铣削加工前需预钻落刀孔。

(A)立铣刀　(B)键槽铣刀　(C)盘形铣刀　(D)三面刃铣刀

96. 铣削出的阶台上窄下宽，且阶台两侧呈凹弧形曲面。形成此形最可能是由于(　　)。

(A)切削液合作不当　(B)夹具和工件未校正

(C)切削用量太大　(D)工作台“零位”不准

97. 铣削直角沟槽时，工作台零位不准，则铣出的沟槽(　　)。

(A)上宽下窄　(B)上窄下宽

(C)上下同宽，但向一面倾斜　(D)无影响

98. 用键槽铣刀在轴类零件上用切痕法对刀，切痕的形状是(　　)。

(A)椭圆形　(B)圆形　(C)矩形　(D)菱形

99. 半圆键槽铣刀端面带有中心孔，可在卧式铣床支架上安装顶尖顶住铣刀中心孔，以增加铣刀的(　　)。

(A)强度　(B)刚度　(C)硬度　(D)韧性

100. 在批量生产中，检验键槽宽度是否合格，通常应选用(　　)检验。

(A)塞规　(B)游标卡尺　(C)内径千分尺　(D)百分表

101. 若键槽铣刀与铣床主轴的同轴度误差为 0.01mm，则铣出的键槽宽度尺寸(理论值)会比铣刀直径大(　　)。

(A)0.01 mm　(B)0.03 mm　(C)0.05 mm　(D)0.02 mm

102. 为了减少振动，避免锯片铣刀折损，切断时通常应使铣刀外圆(　　)。

(A)尽量高于工件底面　(B)尽量低于工件底面

(C)略高于工件底面　(D)高于工件底面

103. 铣削一半径为 R 的圆弧形沟槽时，应选用(　　)的半圆铣刀进行铣削。

(A)半径小于 R　(B)半径为 $R+0.5$ mm

(C)半径为 $R-1$ mm　(D)半径等于 R

104. F11125 型分度头夹持工件的最大直径是(　　)。

(A)125 mm　(B)250 mm　(C)500 mm　(D)600 mm

105. 差动分度是通过差动交换齿轮使(　　)作差动运动来进行分度的。

(A)分度盘和分度手柄　(B)分度头主轴和工件

(C)分度头主轴和工作台丝杠　(D)分度头主轴和工作台丝杠

106. 目前使用最广泛的花键是(　　)花键，通常可在卧式铣床上铣削加工。

(A)矩形　(B)渐开线　(C)三角形　(D)菱形

107. 用三面刃铣刀铣削矩形花键，若用侧刃铣削花键齿侧时，为了保证花键齿侧与轴线平行，应找正(　　)。

(A)工件上素线与工作台面平行　(B)工件侧素线与进给方向平行

(C)工件上素线与进给方向平行　(D)工件上素线与工作台面垂直

108. 在成批大量生产中，通常使用(　　)检验外花键。

(A)百分表　(B)百分尺　(C)塞规　(D)综合量规

109. 铣成的外花键，若小径两端尺寸有大小，主要原因是(　　)。

(A)铣刀跳动大　(B)铣刀转速高

(C)工件上素线与工作台面不平行　(D)铣刀精度低

110. 用三面刃铣刀铣削外花键时,若刀杆垫圈端面不平行,致使铣刀侧面跳动量过大,会产生花键( )。

(A)键宽尺寸超差 (B)键侧与工件轴线不平行

(C)小径尺寸超差 (D)大径尺寸超差

111. 外花键的等分精度差,主要原因是( )。

(A)铣刀不锋利 (B)进给量较大 (C)分度头精度差 (D)铣销速度高

112. 在铣床上铣削齿轮是采用齿轮铣刀进行加工的,这种方法称为( )。

(A)展成加工法 (B)成形加工法 (C)仿形加工法 (D)数控加工法

113. 现行国家标准规定,齿轮轮齿的大小用( )表示。

(A)齿厚 (B)螺旋角 (C)压力角 (D)模数

114. 一标准直齿圆柱齿轮,若 $m=3$ mm,齿顶圆直径 $d_a=66$ mm,则其齿数 $z=$( )。

(A)22 (B)24 (C)20 (D)21

115. 标准直齿圆柱齿轮的全齿高 $h=$( )。

(A)1.05 m (B)2.25 m (C)1.25 m (D)0.8 m

116. 标准直齿圆柱齿轮的齿距 $P=$( )。

(A)m (B)$1.25m$ (C)πm (D)$0.8m$

117. 标准直齿轮圆柱齿的分度圆直径 $d=$( )。

(A)mz (B)πmz (C)$\pi m(z+2)$ (D)$\pi m(z+1)$

118. 铣削一标准直圆柱齿轮,已知模数 $m=3$ mm,齿数 $z=33$,应选用( )号齿轮铣刀。

(A)3 (B)6 (C)4 (D)5

119. 现行国家标准规定,标准直齿圆柱齿轮的齿形角 $\alpha=$( )。

(A)20° (B)25° (C)15° (D)30°

120. 齿轮盘铣刀是成形铣刀,其齿背是( )结构。

(A)直线 (B)阿基米德螺旋线 (C)折线 (D)曲线

121. 标准直齿圆柱齿轮固定弦厚尺寸是与( )无关的。

(A)模数 m (B)齿形角 α (C)齿数 z (D)齿宽 b

122. 用齿轮卡尺在标准齿轮分度圆圆周上测出的是( )。

(A)齿厚 s (B)分度圆弦齿厚 s (C)固定弦齿厚 s_c (D)齿宽 b

123. 齿轮粗铣后,若测得公法线长度比图样要求大 2 mm,则工作台应上升( )进行精铣。

(A)2 mm (B)2.29 mm (C)2.74 mm (D)2.92 mm

124. 铣斜齿圆柱齿轮时,在铣削中干涉量过大是由于( )。

(A)挂轮配置错误 (B)铣刀不对中

(C)工作台扳转角度不准确 (D)铣刀刀号选择错误

125. 一个模数为 m 的齿条,其齿厚为( )。

(A)$\pi/2m$ (B)πm (C)$2m$ (D)m

126. 在卧式铣床上铣削一直齿条,其模数 $m=2$ mm,若用量规,百分表移距,则量规的尺寸为( )。

(A)6.283 mm (B)3.142 mm (C)9.425 mm (D)0.314 mm

127. 在卧式铣床上铣削直齿条，若用分度盘移距，铣好一齿后，分度手柄转过的转数 $n=($　　)。

(A)$P_{丝}/\pi m$ (B)$\pi m/P_{丝}$ (C)$\pi m/z$ (D)$P_{丝}/z$

128. 螺旋线的切线与圆柱体轴线的夹角称为(　　)。它是铣削时计算交换齿轮的参数之一。

(A)螺旋角 (B)导程角 (C)螺旋升角 (D)前角

129. 铣削一单线螺旋槽工件时，计算时，其导程(　　)螺旋线的螺距。

(A)大于 (B)等于 (C)小于 (D)不等于

130. 用盘形铣刀铣削螺旋槽时，铣刀旋转平面必须与螺旋槽的切线方向(　　)。

(A)倾斜 (B)相交 (C)垂直 (D)一致

131. 在实际操作中，为了避免繁锁的计算，通常可按工件的(　　)查表选取交换齿轮。

(A)导程角 (B)螺旋角 (C)导程 (D)螺旋升角

132. 用盘形铣刀铣螺旋槽时，在工件校正好中心后，要将工作台在水平面内转(　　)。

(A)30° (B)一个螺旋角 (C)一个螺旋升角 (D)45°

133. 铣削一斜齿圆柱齿轮，若模数 $m_n=2$ mm，齿数 $z=22$，螺旋角 $\beta=15°$，则它的齿坯外径为(　　)。

(A)49.55 mm (B)44 mm (C)48 mm (D)50 mm

134. 铣削一斜齿圆柱齿轮，若模数 $m_n=3$ mm，齿数 $z=40$，螺旋角 $\beta=30°$，则应选用(　　)号齿轮盘铣刀铣削加工。

(A)5 (B)6 (C)7 (D)8

135. 铣削斜齿圆柱齿轮时，分度头通常应安装在工作台(　　)T形槽右侧顶端处。

(A)中间 (B)内侧 (C)外侧 (D)一边

136. 斜齿圆柱齿轮的导程 $P_z=($　　)。

(A)$\pi m_t z/\sin\beta$ (B)$\pi m_t z$ (C)$\pi m_n z/\cos\beta$ (D)$\pi m_n z/\sin\beta$

137. 用测量公法线长度方法检验斜齿圆柱齿轮时，齿轮宽度必须(　　)公法线长度的 $\sin\beta$ 倍。

(A)小于 (B)等于 (C)大于 (D)2倍

138. 斜齿圆柱齿轮粗铣后，精铣时工作台的升高量可按公法线长度余量的(　　)倍计算。

(A)1.37 (B)1.46 (C)1.5 (D)1.6

139. 标准斜齿圆柱齿轮的固定弦齿厚 $\vec{S}_c=($　　)。

(A)$1.387m_n\cos\beta$ (B)$1.387m_n/\cos\beta$ (C)$1.387m_n$ (D)$1.5m_n$

140. 测量标准斜齿圆柱齿轮公法线长度时，跨越齿数 $k=($　　)。

(A)$0.111z'+0.5$ (B)$(\alpha/180°)z+0.5$ (C)$0.111z$ (D)$0.12z$

141. 在卧式万能铣床上铣削一斜齿条，齿数模数 $m_n=4$ mm，齿数 $z=40$，螺旋角 $\beta=30°$，铣削时选用(　　)号齿轮盘铣刀。

(A)8 (B)7 (C)5 (D)4

142. 用工件倾斜法铣削斜齿条时，每铣好一齿，工作台应移动的距离为(　　)。

(A)πm_n　(B)$\pi z m_n$　(C)$\pi m_n/\cos\beta$　(D)$1/2\pi m$

143. 用工作台转动角度方法铣削斜齿条时，每铣好一齿，工作台应移动的距离为(　　)。

(A)$1/2\pi$　(B)$\pi z m_n$　(C)$\pi m_n/\cos\beta$　(D)πm_n

144. 在卧式万能铣床上采用转动工作法铣削一斜齿条，若工件模数 $m_n=3$ mm，螺旋角 $\beta=15°$，则每次铣削时，工作台移距为(　　)mm。

(A)9.080　(B)9.757　(C)9　(D)9.90

145. 平面划线时一般要选择(　　)划线基准。

(A)一个　(B)两个　(C)三个　(D)四个

146. 下列属于划线基准工具的是(　　)。

(A)角尺　(B)平板　(C)划针盘　(D)斜铁

147. 划角度线方法不正确的是(　　)。

(A)用量角器划线　(B)查三角函数表作图划线

(C)直尺与直角尺划线　(D)利用分度头前划线

148. 铰孔结束后，铰刀应(　　)退出。

(A)正转　(B)反转　(C)正反转均可　(D)停车

149. 下列不属于钻削特点的是(　　)。

(A)摩擦严重　(B)钻削力较大

(C)加工精度低　(D)不易产生孔壁的"冷作硬化"

150. 手铰刀和机铰刀主要不同之处是在(　　)。

(A)切削部分　(B)校准部分　(C)颈部　(D)柄都

151. 在钻壳体与衬套之间的螺纹底孔时，钻孔中心的样冲眼应打在(　　)。

(A)略偏软材料一边　(B)两材料中间　(C)略偏硬材料一边　(D)两边均可以

152. 对于重要的受力复杂的钢质零件，为获得优良的力学性能，均应选用(　　)锻件。

(A)型材　(B)锻件　(C)铸件　(D)焊接件

153. 机座、箱体、床身通常选用(　　)材料。

(A)耐磨铸铁　(B)铸钢　(C)灰铸铁　(D)球墨铸铁

154. 金属磨削的实质是被磨削的金属表面在磨粒的挤压、摩擦作用下(　　)，经过挤压、滑移、挤裂三个阶段，最后被切离。

(A)产生溶化　(B)产生燃烧　(C)产生气化　(D)产生弹性和塑性变形

155. 磨削硬质合金铣刀时应选用(　　)砂轮。

(A)棕色氧化铝　(B)绿色碳化硅　(C)金刚石　(D)白色氧化铝

156. 砂轮的粒度对磨削工件的(　　)和磨削效率有很大影响。

(A)尺寸精度　(B)几何精度　(C)表面结构　(D)所有精度

157. 当砂轮转速不变而直径减小时，会出现磨削质量(　　)现象。

(A)下降　(B)提高　(C)稳定　(D)不变

三、多项选择题

1. 直线的投影(　　)。

(A)永远是直线　(B)可能是一点　(C)不可能是点　(D)不可能是曲线

2. 标注为"M24×1.5"的螺纹是(　　)。

(A)粗牙普通螺纹　(B)左旋螺纹　(C)细牙普通螺纹　(D)右旋螺纹

3. GB/T 1096 键 16×10×100 表示(　　)。

(A)普通 A 型平键　(B)普通 B 型平键　(C)键宽 $b=16$ mm　(D)键宽 $b=10$ mm

4. 机械传动在机器中的主要作用是(　　)。

(A)改变运动速度　(B)改变运动方向

(C)增加机器的功率　(D)传递动力

5. 摩擦型传动带按其截面形状分为(　　)等。

(A)平带　(B)方型带　(C)V 带　(D)圆型带

6. 电气故障失火时,可使用(　　)灭火。

(A)四氯化碳　(B)水　(C)二氧化碳　(D)干粉

7. 发现有人触电时做法正确的是(　　)。

(A)不能赤手空拳去拉触电者

(B)应用木杆强迫触电者脱离电源

(C)应及时切断电源,并用绝缘体使触电者脱离电源

(D)无绝缘物体时,应立即将触电者拖离电源

8. 碳素钢按质量分类,有(　　)。

(A)碳素工具钢　(B)普通碳素钢　(C)优质碳素钢　(D)高级优质碳素钢

9. 铸铁一般分为(　　)。

(A)白口铸铁　(B)灰铸铁　(C)可锻铸铁　(D)球墨铸铁

10. 影响金属材料可切削加工性的因素有工件材料的(　　)、导热系数等力学性能和物理性能。

(A)硬度　(B)强度　(C)塑性　(D)韧性

11. 以下材料中,(　　)是合金结构钢。

(A)40Cr　(B)12CrMo　(C)25Mn　(D)2A50

12. 金属热处理工艺大体可分为(　　)三大类。

(A)调质处理　(B)整体热处理　(C)表面热处理　(D)化学热处理

13. 零件的机械加工精度主要包括尺寸精度、(　　)。

(A)机床精度　(B)刀具精度　(C)几何形状精度　(D)相对位置精度

14. 关于铣床说法正确的是(　　)。

(A)升降台式铣床具有固定的升降台

(B)卧式升降台铣床主轴轴线与工作台台面平行

(C)万能工具铣床能完成镗、铣、钻、插等切削加工

(D)龙门铣床属于大型铣床

15. 常用的铣床有(　　)等。

(A)升降台式铣床　(B)万能工具铣床　(C)龙门铣床　(D)平面铣床

16. 铣床床身的(　　)对铣削效率和加工质量影响很大,因此,床身一般用优质灰铸铁做成箱体结构,并经过精密加工和时效处理。

(A)刚性 (B)强度 (C)精度 (D)重量

17. X6132 型铣床功率大,转速高、操纵方便、适宜加工中小型( )等。

(A)平面 (B)特形面 (C)齿轮 (D)螺旋面

18. 关于 X6132 型铣床的结构特点,正确的说法有( )。

(A)轴 I 的转速与电动机相同 (B)工作台最大回转角度为±45°

(C)主轴箱内共有 6 根传动轴 (D)主轴由 2 个轴承支承

19. 下列合金牌号中,( )不属于钨钴类硬质合金。

(A)YT15 (B)YG6 (C)YW2 (D)YA6

20. 一圆柱铣刀尺寸标记为 63×80,表示( )。

(A)铣刀外径 63 (B)铣刀外径 80 (C)铣刀长度 80 (D)铣刀内径 63

21. 端铣刀的主要几何角度包括前角、后角( )。

(A)刃倾角 (B)主偏角 (C)螺旋角 (D)副偏角

22. 圆柱铣刀的几何角度主要包括( )。

(A)前角 (B)后角 (C)螺旋角 (D)刃倾角

23. 影响切削力的因素包括( )。

(A)刀具几何参数 (B)工件材料 (C)切削用量 (D)刀具材料

24. 常用铣刀材料有( )。

(A)高速工具钢 (B)硬质合金钢 (C)碳素钢 (D)铸钢

25. 工艺基准可分为( )。

(A)定位基准 (B)测量基准 (C)装配基准 (D)安装基准

26. 基准的种类分为( )两大类。

(A)定位基准 (B)测量基准 (C)设计基准 (D)工艺基准

27. 选择定位精基准选择时,应尽量采用( )为定位基准。

(A)设计基准 (B)装配基准 (C)安装基准 (D)测量基准

28. 属于通用夹具的是( )。

(A)平口虎钳 (B)分度头 (C)回转工作台 (D)心轴

29. 工作装夹后用百分表校正,下列说法正确的是校正工件的( )。

(A)径向跳动 (B)上母线相对于工作台台面的平行度

(C)轴向跳动 (D)侧母线相对于纵向进给方向平行度

30. 以下关于切削液润滑作用说法正确的是( )。

(A)减少切削过程中摩擦 (B)减小切削阻力

(C)显著提高表面质量 (D)降低刀具耐用度

31. 在铣床上铣削平面的方法有( )两种。

(A)对称铣 (B)不对称铣 (C)周铣法 (D)端铣法

32. 下列说法错误的是( )。

(A)铣削矩形工件时,对各面铣削的先后顺序没有要求

(B)采用端铣刀铣削矩形工件,选择刀具时对直径没有要求

(C)铣削第一个面,即基准面,任一个面都可充当

(D)铣削矩形工件前,应用卡尺检验毛坯各面加工余量

33. 平面度检测方法有(　　)。
(A)采用样板平尺检测　　(B)采用涂色对研法检测
(C)采用百分表检测　　(D)使用游标卡尺检测
34. 尺寸精度可用(　　)等来检测。
(A)游标卡尺　　(B)千分尺　　(C)卡规　　(D)直角尺
35. 下列说法错误的是(　　)。
(A)对刀不准可造成尺寸公差超差
(B)测量不准不能造成尺寸公差超差
(C)铣削过程中,工件有松动现象,可造成尺寸公差超差
(D)刻度盘格数摇错或间隙没有考虑,可造成尺寸公差超差
36. 铣削平面时垂直度超差的主要原因有(　　)。
(A)对刀不准
(B)平口钳与工作台面不垂直
(C)基准面与固定钳口贴合不好
(D)基准面本身精度差,在装夹时造成误差
37. 铣削平行面时造成平行度误差的主要原因有(　　)。
(A)机床用平口虎钳导轨面与工作台台面不平行或工件基准面与工作台台面不平行
(B)固定钳口贴合面与工件基准面有垂直度误差
(C)端铣时,进给方向与铣床主轴轴线不垂直
(D)周铣时,铣刀圆柱度差。
38. 三面刃盘铣刀具有(　　)特点。
(A)直径较大　　(B)刀齿尺寸较大　　(C)容屑槽尺寸较小　(D)容屑槽尺寸较大
39. 铣削阶台的方法有(　　)。
(A)采用一把三面刃铣刀铣削阶台　　(B)采用组合三面刃铣刀铣削阶台
(C)采用立铣刀铣削阶台　　(D)采用端铣刀铣削阶台
40. 阶台、直角沟槽的(　　)能用游标卡尺直接测出。
(A)宽度　　(B)平面度　　(C)深度　　(D)长度
41. 在铣床上用锯片铣刀切断工件时应该(　　)。
(A)尽量采用手动进给
(B)尽量采用自动进给
(C)切断较薄工件时,应使锯片铣刀的外圆稍低于工件底面
(D)切断过程中发现铣刀产生停刀现象时,应先停止工作台进给,后停止主轴转动
42. 键槽是要与键配合的,键槽的(　　)要求较高。
(A)深度尺寸精度　　(B)宽度尺寸精度
(C)长度尺寸精度　　(D)键槽与轴线的对称度
43. 在轴上铣削键槽时,常用的对刀方法有(　　)。
(A)切痕对刀法　　(B)划线对刀法　　(C)擦边对刀法　　(D)环表对刀法
44. 用键槽铣刀铣削轴上键槽,常用方法有(　　)。
(A)分层铣削法　　(B)扩刀铣削法　　(C)插铣法　　(D)螺旋铣削法

45. 铣削键槽的工件装夹可采用(　　)。

(A)平口虎钳装夹　(B)V形架装夹　(C)轴用虎钳装夹　(D)分度头装夹

46. 铣削半圆键槽,正确的说法是(　　)。

(A)可以用三面刃铣刀进行铣削

(B)选择与半圆键槽规格相等的半圆键槽铣刀

(C)只能在立式铣床上进行铣削

(D)在立式铣床或卧式铣床上均可进行铣削

47. V形槽槽角的检测方法有(　　)。

(A)游标万能角度尺检测　(B)用角度样板检测

(C)用标准量棒间接检测　(D)用正弦规检测

48. V形槽通常为长方体,按夹角分类通常分为(　　)等几种。

(A)30°　(B)90°　(C)120°　(D)150°

49. V形槽可采用(　　)的方法铣削。

(A)用双角度铣刀铣削

(B)采用改变铣刀切削位置的方法铣削

(C)改变工件装夹位置的方法铣削

(D)用角度铣刀时不必先在工件上铣出窄槽

50. 在立式铣床上用立铣刀加工V形槽时,(　　)操作是正确的。

(A)应先将立铣头转过V形槽半角并固定

(B)应先将立铣头转过V形槽夹角并固定

(C)当铣好一侧后应把工作台转过180°

(D)当铣好一侧后应把工件转过180°

51. 用双角度铣刀铣削V形槽时,一般(　　)进行铣削。

(A)只能一次进给　(B)分三次进给

(C)铣刀尽可能远离铣床主轴　(D)铣刀尽可能靠近铣床主轴

52. 铣削T形槽时,错误的做法是(　　)。

(A)先用立铣刀铣出直角沟槽,再用T形槽铣刀铣出槽底

(B)如果T形槽两端是封闭的,应在T形槽的两端各钻一个落刀孔

(C)直接用T形槽铣刀铣出直角沟槽和槽底

(D)先用锯片铣刀铣出直角沟槽,再用T形槽铣刀铣出槽底

53. 铣削T形槽应(　　)。

(A)经常退出铣刀,清除切屑

(B)充分浇注切削液

(C)铣刀切出工件时应改为手动缓慢进给

(D)采用较小的进给量和较高的切削速度

54. 在铣削燕尾槽时应先加工直角槽,可使用(　　)铣刀。

(A)立铣刀　(B)三面刃铣刀　(C)燕尾槽铣刀　(D)锯片铣刀

55. 在普通铣床上铣削外花键的方法有(　　)。

(A)单刀铣削　(B)组合铣刀铣削

(C)花键滚刀展成法铣削　　(D)成形铣刀铣削

56. 铣床一般只能铣削以大径定心的矩形齿外径花键,这种花键一般有以下工艺要求(　　)。

(A)尺寸精度　　(B)大径与小径的同轴度

(C)表面结构　　(D)键的形状精度和等分精度

57. 在铣床上用单刀铣外花键,花键两侧面的铣削,选择(　　)的标准三面刃铣刀。

(A)外径尽可能小　　(B)外径尽可能大

(C)铣刀的宽度以铣削中不伤及邻键齿为准　　(D)铣刀的宽度应尽量小一些

58. 外花键槽底圆弧面(小径)的铣削可选用(　　)。

(A)细齿锯片铣刀　　(B)成形刀头

(C)较窄的三面刃铣刀　　(D)较宽的三面刃铣刀

59. 形成圆柱螺旋线的三个基本要素是(　　)。

(A)圆柱的直径　　(B)螺旋角　　(C)导程　　(D)旋向

60. 决定齿轮大小的两大要素是(　　)。

(A)模数　　(B)齿顶隙系数　　(C)齿数　　(D)压力角

61. 铣齿时,铣齿刀与被加工齿轮的(　　)必须一致。

(A)齿顶高　　(B)模数　　(C)压力角　　(D)全齿高

62. 基圆直径与下列参数中(　　)有关。

(A)m　　(B)z　　(C)d　　(D)e'

63. 测直齿圆柱齿轮一般测量方法中包括(　　)。

(A)公法线长度测量　　(B)压力角测量

(C)分度圆弧齿厚测量　　(D)固定弧齿厚测量

64. 直齿圆柱齿轮的铣削前准备工作包括(　　)等。

(A)熟悉图样　　(B)确定进刀补充值　　(C)检查齿坯　　(D)安装、校正分度头

65. 铣削直齿圆柱齿轮出现齿数和图样要求不符是由于(　　)。

(A)分度计算错误　　(B)选错了分度盘孔圈

(C)没消除分度头间隙　　(D)铣刀模数或刀号选错

66. 检验直齿圆柱齿轮铣削质量时发现齿厚、齿高不正确可能产生的原因是(　　)。

(A)铣削深度调整不对　　(B)选错分度盘孔圈

(C)铣刀模数或刀号选错　　(D)铣刀未对准中心

67. 铣削斜齿圆柱齿轮时,铣刀选择及铣削前的准备工作与铣削直齿圆柱齿轮不同的是(　　)。

(A)安装分度头的方法　　(B)校正分度头的方法

(C)需将工作台扳转一个角度　　(D)需计算交换齿轮

68. 铣削斜齿圆柱齿轮时,导程不准确是由于(　　)造成的。

(A)导程计算有误　　(B)挂轮计算有误

(C)挂轮配置错误　　(D)工件径向跳动大

69. 铣削斜齿条时的装夹,可分为(　　)。

(A)横向装夹工件　　(B)纵向装夹工件　　(C)倾斜工件装夹　　(D)偏转工作台装夹

70. 划线工具按用途分为(　　)。

(A)基准工具　(B)量具　(C)绘划工具　(D)夹持工具

71. 划线基准选择应根据图纸所标注的尺寸界限、工件的几何形状大小及尺寸的精度高低或重要程度而定，其基本原则是(　　)。

(A)以两个相互垂直的平面或直线为基准

(B)以一个平面或一条直线和一条中心线为基准

(C)以两条相互垂直的中心线为基准

(D)以两个相互平行的平面或直线为基准

72. 下列工具中(　　)属于划线基准工具。

(A)平板　(B)方箱　(C)垫铁　(D)千斤顶

73. 划线时，针尖要紧靠导向工具的边缘，划针(　　)。

(A)上部向外侧倾斜 15°～20°　(B)上部向外侧倾斜 15°

(C)与划线移动方向垂直　(D)向划线移动方向倾斜 45°～75°

74. 孔的主要工艺要求包括孔的(　　)。

(A)尺寸精度　(B)孔的形状精度　(C)孔的位置精度　(D)孔的表面结构

75. 麻花钻一般用来钻削(　　)的孔。

(A)精度较低　(B)表面结构要求低　(C)精度较高　(D)表面结构要求高

76. 标准麻花钻主要由(　　)几部分组成。

(A)切削部分　(B)导向部分　(C)校准部分　(D)刀柄

77. 麻花钻钻孔中出现孔径增大，误差大的原因可能是(　　)。

(A)钻头左、右切削刃不对称　(B)钻头弯曲

(C)钻床主轴摆差大　(D)钻头刃带磨损

78. 下列说法中，正确的是(　　)。

(A)钻头直径愈小，螺旋角愈大

(B)钻孔时加切削液的主要目的是提高孔的表面质量

(C)孔将钻穿时，进给量必须减小

(D)钻头前角大小与螺旋角有关(横刃处除外)，螺旋角愈大，前角愈大

79. 下列说法中，正确的是(　　)。

(A)铰孔时，铰削余量愈小，铰后的表面愈光洁

(B)铰孔结束后，铰刀应正转退出

(C)铰孔时，铰刀刃口上粘附的切屑瘤会造成孔径扩大

(D)铰孔可以纠正孔位置精度

80. 加工孔的通用刀具有(　　)。

(A)麻花钻　(B)扩孔钻　(C)铰刀　(D)滚刀

81. 下列是铰孔时孔径扩大的原因的是(　　)。

(A)铰刀校准部分的直径大于铰孔所要求的直径

(B)铰刀浮动不灵活，且工件不同轴

(C)铰刀弯曲

(D)铰刀刃口上粘附的切屑瘤，增大了铰刀直径

82. 磨床使用的砂轮是特殊的刀具，又称磨具，磨料是制造磨具的主要原料，直接担负着切削工作。目前常用的磨料有(　　)等。

(A)棕刚玉　(B)白刚玉　(C)黑碳化硅　(D)绿碳化硅

83. 磨削加工的实质是工件被磨削的金属表层在无数磨粒的瞬间(　　)作用下进行的。

(A)挤压　(B)刻划　(C)切削　(D)摩擦抛光

84. 磨床使用的砂轮一般用法兰盘安装。法兰盘主要由(　　)等组成。

(A)法兰底盘　(B)法兰盘　(C)衬垫　(D)内六角螺钉

85. 外圆磨削的进给运动为(　　)。

(A)工件的圆周进给运动　(B)工件的纵向进给运动

(C)砂轮的横向吃刀运动　(D)砂轮的垂直进给运动

86. 平面磨削的进给运动为(　　)。

(A)工件的纵向(往复)进给运动　(B)砂轮的圆周进给运动

(C)砂轮的横向进给运动　(D)砂轮的垂直吃刀运动

87. 使用磨床磨削工件，当工件与砂轮的接触面较大时，为避免工件烧伤和变形，应选择(　　)砂轮。

(A)粗粒度　(B)低硬度　(C)高硬度　(D)细粒度

88. 常用的机械零件的毛坯有(　　)等几种。

(A)铸件　(B)型材件　(C)锻件　(D)焊接件

89. 大型零件通常采用(　　)毛坯。

(A)自由锻件　(B)砂型铸件　(C)焊接件　(D)粉末冶金件

90. 铸件的主要缺点是(　　)。

(A)内部组织疏松　(B)生产成本高　(C)力学性能较差　(D)材料利用率低

91. 锻件常见缺陷(　　)。

(A)裂纹　(B)折叠　(C)夹层　(D)尺寸超差

92. 自由锻件的特点是(　　)。

(A)精度和生产率较低　(B)精度和生产率较高

(C)适合小型件和大批生产　(D)适合大型件和小批生产

四、判 断 题

1. 三视图形成中，主视图是向正前方投影，在正面上所得到的视图。(　　)

2. 点的投影永远是点，线的投影永远是线。(　　)

3. 半剖视图以对称中心线为界，一半画成剖视，另一半画成视图，称为半剖视图。(　　)

4. 正投影的投影图不总是表达物体的真实形状。(　　)

5. 剖面只画断面形状，而剖视还必须画出断面及能可见的轮廓的投影。(　　)

6. 一般完整的螺纹标记由螺纹代号，螺纹公差带代号和旋合长度代号组成，中间用“—”分开。(　　)

7. 单线螺纹和右旋螺纹用得十分普遍，故线数和右旋均省略不注。(　　)

8. 粗牙普通螺纹用得最多，每一个公称直径，其螺纹只有一个，故不必标注螺距。(　　)

9. 读装配图要求了解装配体名称、性能、结构、工作原理、装配关系，以及各主要零件的作

用和结构形状,传动路线和装拆顺序。( )

10. 看装配图标题栏与明细表,从中了解部件名称、性能、工作原理、零件种类大致了解全图、尺寸及技术要求等,即可对部件的局部情况有个初步的认识。( )

11. 分析装配图部件是进一步解部件的结构情况,由哪此零件所组成,零件之间采用的配合或连接方式等。( )

12. 用百分表测量工件时,测量杆与被测工件表面应保持水平。( )

13. Ⅰ型万能角度尺可以测量 0°～320°范围内的任何角度。( )

14. 在零件图中,当采用极限偏差标注线性尺寸的公差时,上偏差应注在基本尺寸的左上方下偏差应与基本尺寸注在同一底线上。( )

15. 表面结构代号应注在可见轮廓线,尺寸线、尺寸界线或它们延长线上。( )

16. 包容原则要求实际要素处处位于具有理想形状的包容面内,而该理想形状的尺寸应为最大实体尺寸。( )

17. 带传动具有过载保护作用,且传动比准确。( )

18. 在链传动中,对于两链轮轴的平行度,链条和链轮间的垂直度等要求较高。( )

19. 链传动和带传动相比,链传动有准确的平均速比,传动功率大,作用在轴和轴承上的力也大。( )

20. 带传动根据带的形状,可分为平带传动、V 带传动和同步带传动。( )

21. 整体热处理是指对工件进行穿透加热的热处理工艺。( )

22. 机床照明工作电压必须大于 36 V,以便有足够的亮度。( )

23. 基本尺寸是设计给定的尺寸。( )

24. 含碳量小于 2.11%的铁碳合金叫中碳钢。( )

25. 金属材料的硬度测试方法只有两种,即布氏与洛氏硬度测试方法。( )

26. 钢铁产品牌号表示方法中,专用结构钢一般采用代表钢屈服点的符号“Q”屈服点数值和规定的代表产品用途的符号等表示。( )

27. 工件材料的硬度(含高温硬度)越高,切削力越小。( )

28. 淬火钢回火的目的之一是调整改善淬火钢的机械性能。提高钢材的塑性和冲击韧性。( )

29. 两构件作点或线接触的运动副称为高副。( )

30. 带传动具有结构简单、传动平稳、能缓冲吸振、可以在大的轴间距和多轴间传递动力,且有造价低廉、不需润滑、维护容易等特点。( )

31. 摩擦型带传动能过载打滑、运转噪声低,但传动比不准确。( )

32. 螺旋传动缺点是由于螺纹之间产生较大的相对滑动因而磨损小,效率低。( )

33. 螺旋传动主要是把螺旋转运动变换为直线运动,不管是螺母位移或螺杆位移,其位移距 L 和螺旋传动时的转速 n 之间的关系为 $L=ns$。( )

34. 链传动与带传动比较,它能保证准确的平均传动比,且作用在轴和轴承上的力较小。( )

35. 千分尺没有游标卡尺的测量精度高。( )

36. 游标卡尺能直接测量出工件的厚度、槽宽、外径、内径、深度和中心距等尺寸。( )

37. 游标卡尺只有深度、高度、齿轮游标卡尺。( )

38. 游标卡尺角器常用的有5′、3′和2′三种测量精度。(　　)

39. 经常检查,校对量具的精度。(　　)

40. 按人体受伤害的程度不同,触电可分为电伤和电击两种。(　　)

41. 能赤手空拳拉还未脱离电源的触电者。(　　)

42. 倾斜度大的斜面,一般是采用度数来表示,它是指斜面与基准面之间夹角的度数。(　　)

43. 把一圆形件等分为109等分,应采用差动分度法分度。(　　)

44. 当工件等分数较大(大于60)且按简单分度法不能分度时,即需要采用角度分度法分度。(　　)

45. 外径千分尺固定套筒上露出的读数为15.5 mm,微分筒对准基准线数值为37,则整个读数为19.20 mm。(　　)

46. 相关原则是图样上给定的形位公差与尺寸相互有关的公差原则。(　　)

47. 渗碳的目的是提高钢表层硬度和耐磨性,而心部仍保持韧性和高塑性。(　　)

48. 在同一零件的剖视图中,剖面线应画成间隔相等、方向相反而且与水平线成45°角的平行线。(　　)

49. 直线度、平行度是形状公差的两个项目。(　　)

50. 直线在三视图中的投影,其中在一个视图中的投影为直线,则在另两个视图中的投影一定是直线。(　　)

51. 标注为"M10—5 g"的螺纹是粗牙普通螺纹。(　　)

52. 螺旋传动通常是将直线运动变成旋转运动。(　　)

53. 测量完毕后,量具测量面应闭合。(　　)

54. 渐开线齿轮传动的传动比是瞬时不等的。(　　)

55. 不可用游标卡尺检验斜面与基准面之间的倾斜度。(　　)

56. 铣刀的切削部分材料必须具有高硬度和耐磨性极好的耐热性。(　　)

57. 高速工具钢铣刀与硬质合金钢铣刀相比,硬度较低但耐磨性较好。(　　)

58. 铣床的一级保养应由操作工人独立完成。(　　)

59. 检查限位装置是否安全可靠是铣床传动部位一级保养内容之一。(　　)

60. 铣削加工范围比较广,可以加工各种形状较为复杂的工件,生产效率高,加工精度也比较高。(　　)

61. 常用的硬质合金一般可分为三大类:钨钴类硬质合金、钨钛钴类硬质合金、通用硬质合金。(　　)

62. 圆柱铣刀的前角是前刀面与主切削平面间的夹角。(　　)

63. 以零件上的某些点、线、面为根据,来确定其他点线面的位置称为基准。(　　)

64. 使用机床用平口虎钳装夹工件,铣削过程中应使铣削力指向活动钳口。(　　)

65. 为提高刃口质量,刀具刃磨后,用油石修前刀面、后刀角。(　　)

66. 由于增大前角切削刃锋利,从而使切削省力,因此前角值越大越好。(　　)

67. 顺铣时,作用在工件上的力在进给方向的分力与进给方向相反,因此丝杠轴向间隙对顺铣无明显影响。(　　)

68. 用圆柱铣刀逆铣时,作用在工件上的垂直铣削力在开始时是向上的,有把工件从夹具

中拉出的趋势。（ ）

69. 圆柱铣刀的顺铣与逆铣相比，顺铣时切削刀一开始就切入工件，切削刃磨损比较小。（ ）

70. 圆柱铣刀可以采用顺铣的条件是：铣削余量较小，铣削力在进给方向的分力小于工作台导轨面之间的摩擦力。（ ）

71. 用纵向进给端铣平面，若用对称铣削，工作台沿横向易产生拉动。（ ）

72. 铣削垂直平面时，在工件和活动钳口之间放一根圆棒，是为了使基准面与虎钳导轨面紧密贴合。（ ）

73. 铣削一般的长方体工件的平面、阶台、斜面和轴类工件的沟槽时，不能用平口虎钳装夹工件。（ ）

74. 精铣时，夹紧力过大，工件产生变形，可造成工件平行度超差。（ ）

75. 铣削铸铁时，高速钢铣刀粗铣通常选用吃刀量是 5～7 mm。（ ）

76. 一般铣削用量选择精加工时，则首先要保证加工精度和表面结构，同时兼顾合理的刀具寿命。（ ）

77. 选择铣削用量的原则之一是不超过铣床允许的动力和扭矩，可超过工艺系统（刀尖、工件、机床）的刚度和强度，同时又充分发挥它们的潜力。（ ）

78. 影响刀尖寿命最显著的因素是铣削速度，其次是进给量，而吃刀量影响最小。（ ）

79. 铣削用量的选择次序是吃刀量、每齿进给量、铣削速度，然后换算成每分钟进给量和每分钟主轴转数。（ ）

80. 粗铣前确定铣削速度，必须考虑铣床的许用功率，如超过铣床许用功率，应适当提高铣削速度。（ ）

81. 铣削过程中，切削液不应冲注在切屑从工件上分离下来的部位，否则会使铣刀产生裂纹。（ ）

82. 铣削时，若切削作用力与进给方向相反，则会因存在丝杠螺母间隙而使工作台产生拉到现象。（ ）

83. 切削液主要包括水、乳化液、切削油三大类。（ ）

84. 使用切削液时，应冲注在切削时热量大、温度较高的部位。（ ）

85. 铣削一开始就应立即加切削液。（ ）

86. 使用切削液时，应检查切削液的质量，尤其是乳化液。使用变质的切削液不能达到预期的效果。（ ）

87. 切削液在铣削中主要起到防锈、清洗作用。（ ）

88. 用端铣方法铣削平面，其平面度的好坏主要取决于铣床主轴轴线与进给方向的垂直度。（ ）

89. 用端铣法铣削平行面时，若立铣头主轴与工作台面不垂直，可能铣成凹面或斜面。（ ）

90. 铣削斜面时，若采用转动立铣头方法铣削，立铣头转角与工件斜面夹角必须相等。（ ）

91. 对表面有硬皮的毛坯件，不宜采用顺铣。（ ）

92. 用周铣法铣削垂直面或平行面时，产生误差的原因是刀尖轨迹形成的平面与基准面

不垂直或不平行。(　)

93. 由于角度铣刀的刀齿强度较差,容屑槽较小,因此应选择较小的每齿进给量。(　)

94. 转动立铣头铣斜面,通常使用纵向进给进行铣削。(　)

95. 为了提高铣床立铣头回转角度的精度,可采用正弦规检测找正。(　)

96. 铣削台阶面时,三面刃铣刀容易朝不受力的一侧偏让。(　)

97. 铣削台阶面时,为了减少偏让,应选择较大直径的三面刃铣刀。(　)

98. 用立铣刀铣削台阶面时,若立铣刀外圆上切削刃铣削台阶侧面,则端面切削刃铣削台阶平面。(　)

99. 采用两把三面刃铣刀组合铣削台阶面时,铣刀内侧面切削刃之间的距离,应调整得比工件所需尺寸略大些。(　)

100. 用三面刃铣刀铣削台阶时,若万能卧式铣床工作台零位不准,则铣出的台阶侧面呈凹弧形曲面。(　)

101. 用三面刃铣刀铣削两侧台阶面时,铣好一侧后,铣另一侧时横向移动距离为凸台宽度与铣刀宽度之和。(　)

102. 对称度要求较高的台阶面,通常采用换面法加工。(　)

103. 封闭式直角沟槽可直接用立铣刀加工。(　)

104. 若轴上半封闭键槽配装一端带圆弧的平键,该槽应选用三面刃铣刀铣削。(　)

105. 铣削直角沟槽时,若三面刃铣刀轴向摆差较大,铣出的槽宽会小于铣刀宽度。(　)

106. 为了铣削出精度较高的键槽,键槽铣刀安装后须找正两切削刃与铣床主轴的对称度。(　)

107. 用较小直径的立铣刀和键槽铣刀铣削直角沟槽,由于作用在铣刀上的力会使铣刀偏让,因此铣刀切削位置会有少量改变。(　)

108. 铣削一批直径偏差较大的轴类零件键槽,宜选用机床用平口虎钳装夹工件。(　)

109. 采用V形架装夹不同直径的轴类零件,可保证工件的中心位置始终不变。(　)

110. 键槽铣刀的切痕对刀法是使铣刀的切削刃回转轨迹落在矩形小平面切痕的中间位置。(　)

111. 在通用铣床上铣削键槽,大多采用分层铣削的方法。(　)

112. 半圆键槽铣刀的端面中心孔,在铣削时可用顶尖顶住,以增加铣刀的刚性。(　)

113. 用内径千分尺测量槽宽时,应以一个量爪为支点,另一个量爪作少量转动,找出最小读数。(　)

114. 用较小直径的铣刀铣削封闭键槽,对称度超差的原因除对刀精度外,通常是由铣削时让刀引起的。(　)

115. 装夹切断加工工件时,应使切断处尽量靠近夹紧点。(　)

116. 增大锯片铣刀与工件的接触角,减小垂直分力,可减少和防止产生打刀现象。(　)

117. 铣削V形槽,通常应先铣出V形部分,然后铣削中间窄槽。(　)

118. T形槽铣刀折断原因之一是铣削时排屑困难。(　)

119. 铣削T形槽底槽,可直接用半圆键槽铣刀代替T形槽铣刀。(　)

120. 在铣削带斜度的燕尾槽时，先铣削燕尾槽的一侧，再把工件偏斜一定角度后铣燕尾槽的另一侧。（　　）

121. 铣削圆弧形沟槽，需用成形铣刀铣削。（　　）

122. 铣削圆弧形沟槽时，应选择半圆铣刀半径小于弧形沟槽半径。（　　）

123. 燕尾槽和燕尾块测量时，用游标量角器和深度百分尺检测槽的角度和宽度。（　　）

124. 圆柱体每转一转，动点 A 沿其母线移动的距离叫螺旋线的导程。（　　）

125. 用齿轮卡尺测量齿厚，测出的是弦齿厚尺寸。（　　）

126. 用齿轮卡尺测量分度圆弦齿厚时，垂直游标尺应按齿轮模数 m 数值调整。（　　）

127. 用齿厚游标卡尺测量固定弦齿厚时，应根据齿轮齿数计算测量值。（　　）

128. 用公法线长度测量法测量标准直齿圆柱齿轮时，应计算公法线长度和跨测齿数。（　　）

129. 用查表法查取公法线长度，表中的数值通常是以 $m=1$ mm 的数值列出的。（　　）

130. 选择齿轮铣刀时，须根据图样中工件的模数 m 和齿形角 α 确定铣刀号数。（　　）

131. 铣削直齿圆柱齿轮时，为了保证齿槽对称轴线，应将圆棒嵌入齿槽内用翻身法进行检测，以确定微量调整数据。（　　）

132. 调整齿轮吃刀量时，应根据齿厚或公法线长度的测量值与图样尺寸的差值垂向调整工作台，以保证齿轮精度。（　　）

133. 当铣刀模数、刀号选择错误时，会造成齿厚不正确。（　　）

134. 工件径向圆跳动大会引起齿轮齿距误差过大。（　　）

135. 当直齿圆柱齿轮的基圆直径无限大时，渐开线齿廓便成为直线。（　　）

136. 直齿条铣削时通常选用 8 号齿轮盘铣刀，因此 8 号铣刀的齿形线是直线。（　　）

137. 齿条是直径无限大的直齿圆柱齿轮，所以齿条的齿顶高与弦齿高是相等的。（　　）

138. 铣削斜齿圆柱齿轮时，应按当量齿数 Z_v 计算分度手柄转数。（　　）

139. 测量斜齿圆柱齿轮时，公法线长度的跨测齿数应根据当量齿数计算。（　　）

140. 铣削斜齿条时，盘形铣刀轴线与工件侧面的夹角为螺旋角 β。（　　）

141. 在工件的一个表面上划线，称平面划线。（　　）

142. 一般划线精度能够达到 0.15～0.25 mm。（　　）

143. 划线可以确定工件的加工余量，使尺寸加工有明确的尺寸界线。（　　）

144. 如工件可以垂直立于划线平台上，则可用直尺和划针盘配合划平行线。（　　）

145. 采用借料划线可以使误差不大的毛坯得到补救。使加工后的零件仍能符合要求。（　　）

146. 钻头直径愈小，螺旋角愈大。（　　）

147. 钻孔时加切削液的主要目的是提高孔的表面质量。（　　）

148. 钻孔时，主运动是钻头的旋转运动，进给运动是钻头沿钻床主轴轴心线的移动。（　　）

149. 对于重要的轴类零件，一般选择锻件毛坯，而不选棒料。（　　）

150. 当产量小时，则宜采用精度和生产率低的毛坯成形加工方法。（　　）

151. 灰铸铁虽然抗拉强度低，塑性差，但其抗压强度不低，减振性和减摩性好。（　　）

152. 无论是软材料还是超硬材料，都可以进行磨削加工。（　　）

153. 磨削外圆时,中心孔形状不正确,不会影响工件圆度。(　　)

154. 砂轮不平衡是指砂轮的重心与旋转中心不重合。(　　)

155. 烧结刚玉砂轮在磨削中具有高的强度和硬度,形状保持较好,适用于仪表零件、微型刀具等硬质工件的精磨。(　　)

五、简 答 题

1. 铣床的常用的量具有哪些?(写出 10 种)
2. 铣床常用量具应如何保养?
3. 简述立式铣床和卧式铣床的主要特征和功用。
4. 简述铣床床身的结构与功用。(以卧式铣床为例)
5. 简述铣床进给变速机构的功用及操作。
6. 简述 X6132 型铣床进给变速机构的变速范围。
7. 机床润滑系统的作用是什么?
8. 铣床运转多少时间须进行一级保养? 铣床传动部位的一级保养的内容和要求是什么?
9. 铣床的主要用途有哪些?(写出 10 种)
10. 铣刀有几种分类方法?
11. 铣刀材料应具有哪些性质? 为什么要有这些性能?
12. 简述万能分度头的功用。
13. 常用的切削液有哪几种? 各有什么主要特点?
14. 铣削时如何合理选用切削液?
15. 什么是工件定位? 工件定位时必须解决的问题是什么?
16. 简述铣床工件的装夹方法。
17. 简述定位粗基准选择原则。
18. 简述定位精基准选择的原则。
19. 简述铣削时每齿进给量的选择方法。
20. 铣削平面时,造成平面度误差大的主要原因有哪些?
21. 铣削平面时,造成表面粗糙度较大的原因有哪些?
22. 铣削斜面的常用方法有哪几种?
23. 转动工件铣斜面有哪几种方法?
24. 平面和连接面有哪些工艺要求?
25. 铣削垂直面时,造成垂直度误差大的主要原因有哪些?
26. 阶台面零件有哪些基本工艺要求?
27. 外花键的齿廓形状有哪几种? 常用的是哪一种? 外花键的定心方式有几种? 现行国家标准规定采用哪种定心方式? 为什么?
28. 工件装夹有哪些基本要求?
29. 为什么在一般情况下,端铣的生产效率和加工质量均比周铣高?
30. 在卧式万能铣床上用盘形铣刀铣削螺旋槽时,工作台为什么要扳转角度? 扳转的方向和角度值是如何确定的?
31. 在轴类零件上铣削键槽时怎样进行切痕对刀?

32. 台阶面零件有哪些基本工艺要求？

33. 在实际工作中，怎样判断铣刀的磨损？

34. 高速工具钢铣刀材料有什么特点？

35. 硬质合金铣刀材料有什么特点？

36. 在铣床上用压板装夹工件时，应注意哪些要点？

37. 在卧式万能铣床上铣削斜齿条时，怎样按螺旋角装夹工件？不同的装夹方法与移距量有何关系？

38. 铣刀前角的作用是什么？

39. 铣刀后角的作用是什么？

40. 制造铣刀切削部分的材料应具备哪些基本性能？

41. 铣削齿条应选用几号铣刀？为什么？

42. 目前在机械制造业中常用的齿轮是什么齿形？齿轮齿形加工方法有哪两大类？铣削齿轮属于哪种方法？具有什么特点？

43. 根据铣刀刃口的作用，铣床上采用哪两种铣削方式？试比较这两种方式的特点。

44. 用万能分度头装夹工件铣削棱柱和棱台有何区别？

45. 为什么通常采用逆铣而不采用顺铣？

46. 铣削斜面，必须使工件的待加工表面与其基准面，以及铣刀之间满足哪两个条件？

47. 在切断工件时，对工件的装夹和铣刀的结构有何要求？

48. 简述单件生产时，铣矩形工件两端面的方法。

49. 简述使用镶硬质合金刀片的铣刀产生裂纹的原因和防止方法。

50. 铣削外花键时，工件装夹后应找正哪些项目？若找正时偏差较大会产生哪些弊病？

51. 造成铣刀安装后跳动量过大的原因是什么？

52. 铣削外花键时，引起键宽尺寸超差的原因是什么？

53. 铣削外花键时，引起键对称度和等分超差的原因是什么？

54. 铣削平行面时，造成平行度误差的主要原因有哪些？

55. 装上三面刃铣刀铣削时，铣刀的跳动对加工有什么影响？

56. 试分析切削热对铣削过程的影响。

57. 在铣床上铣削渐开线标准直齿轮常用哪些测量方法，使用何种量具？

58. 常见的直角沟槽有哪几种？简述直角沟槽的铣削方法。

59. 用三面刃铣刀铣削直角沟槽应注意哪些事项？

60. 常用的分度方法有几种？

61. 铣削轴类零件上的键槽时，用机床用平口虎钳装夹工件有何特点？

62. 铣削键槽时，宽度和对称度超差的原因是什么？

63. 在卧式万能铣床上铣削斜齿圆柱齿轮时，确定当量齿数的作用是什么？

64. T 形槽铣削加工中产生铣刀折断的原因是什么？

65. 铣削螺旋槽时，在安装交换齿轮时应注意哪些事项？

66. 简述铣削速度的选择方法。

67. 用三面刃铣刀或成形铣刀铣削外花键，有哪几种常用的对刀方法？如果对刀不准，会造成什么质量问题？

68. 什么叫划线基准？平面划线和立体划线时分别要选几个划线基准？

69. 为什么要使麻花钻的钻心直径向柄部逐渐增大，而要将棱边磨成倒锥？

70. 磨削加工时，对砂轮硬度的选择一般有哪些基本原则？

六、综 合 题

1. 根据图 1、图 2 的两视图，想象形体，补画第三视图。

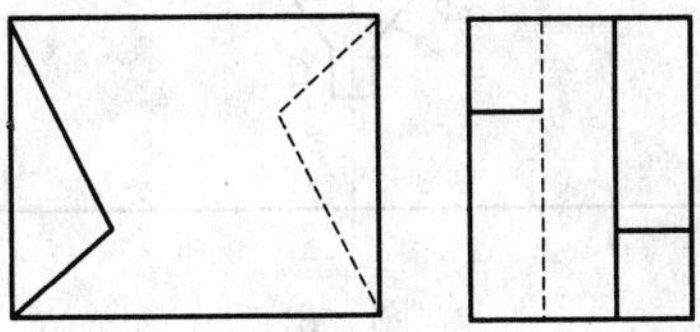

图 1

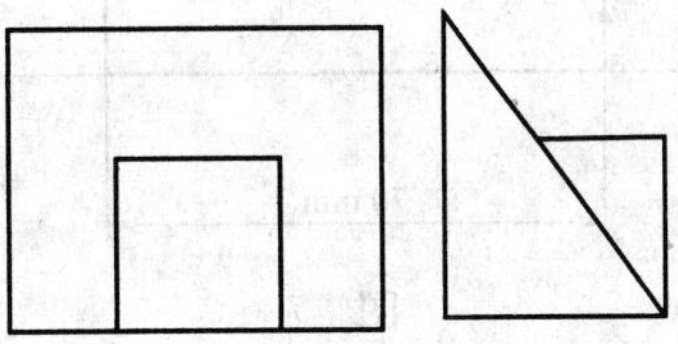

图 2

2. 根据图 3、图 4 图中的立体图，补画视图中的缺线。

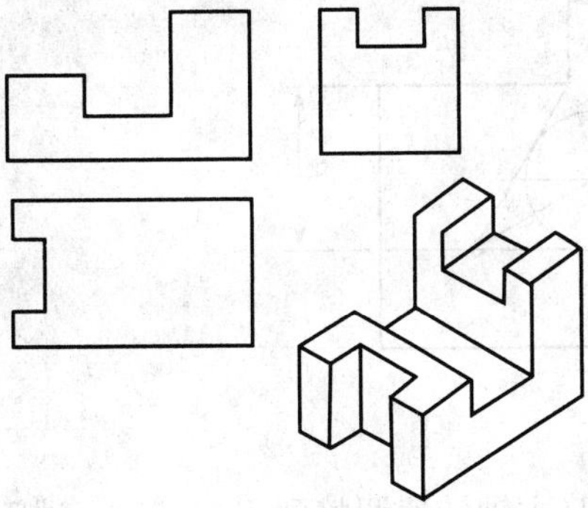

图 3

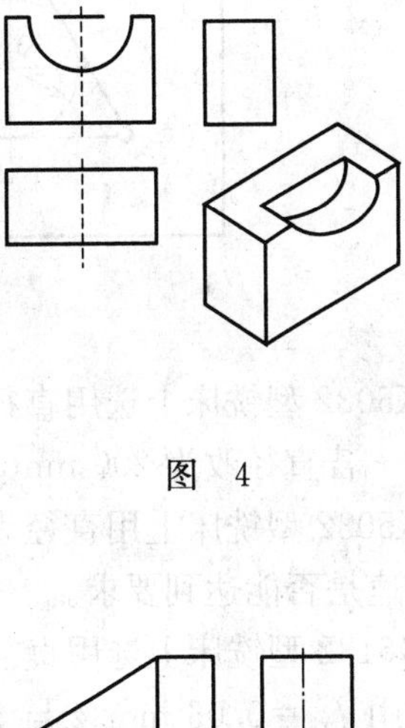

图 4

3. 根据图 5、图 6 的立体图，补画视图中的缺线。

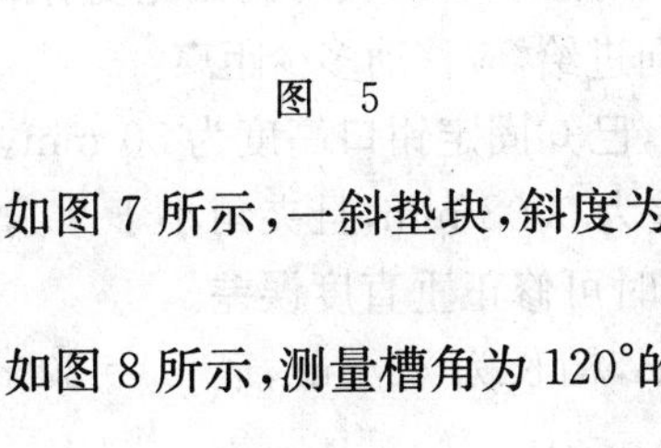

图 5

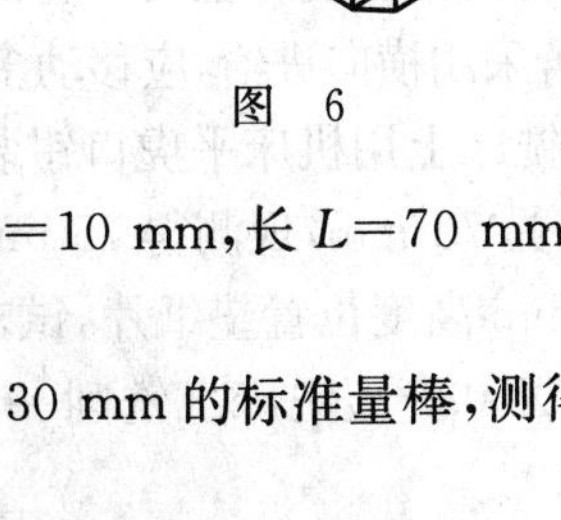

图 6

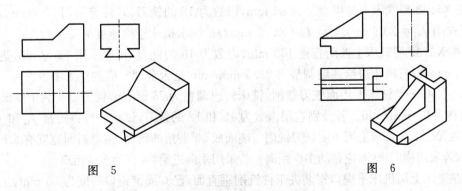

4. 如图 7 所示，一斜垫块，斜度为 1∶20，小端尺寸 $h=10$ mm，长 $L=70$ mm，求大端尺寸 H。

5. 如图 8 所示，测量槽角为 120°的 V 形槽，用直径为 30 mm 的标准量棒，测得量棒上素线至V形槽上平面的距离 $h=17.87$ mm。求V形槽宽度 B。

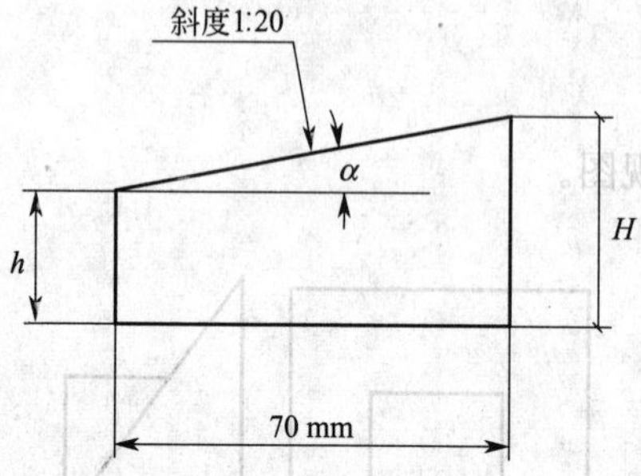

图　7

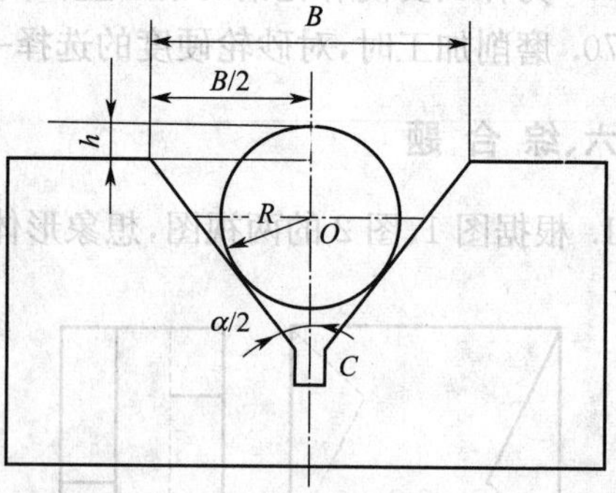

图　8

6. 已知一燕尾槽的槽口宽度 $A=80$ mm，槽深 $H=30$ mm，槽形角 $\alpha=60°$，现用 $D=20$ mm，标准圆棒测量燕尾槽槽口宽度。试求两圆棒内侧间的距离 M(如图9所示)

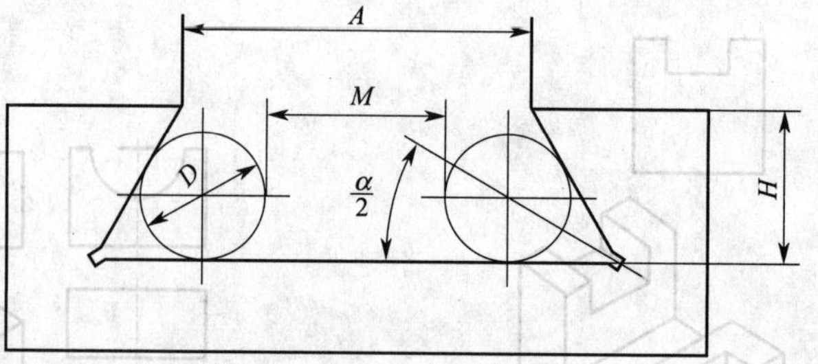

图　9

7. 在X5032型铣床上选用直径为100 mm的铣刀，主轴转速调整到75 r/min。试问铣削速度为何值。若直径改为200 mm，铣削速度应为何值？

8. 在X5032型铣床上用直径为4 mm的铣刀，若需以20 m/min的铣削速度铣削。试问铣床主轴转速是否能达到要求。

9. 在X6132型铣床上选用直径为80 mm，齿数为18的铣刀，若转速采用75 r/min，设进给量分别选用 $f_{z1}=0.06$ mm/z与 $f_{z2}=0.08$ mm/z。试求机床进给速度 v_{f1}、v_{f2}。

10. 在X6132型铣床上选用直径100 mm，齿数为16的铣刀，转速采用75 r/min，进给量采用0.10 mm/z，若机床进给速度调整为23.5 mm/min是否合理？应调整为多少？

11. 在X5032型铣床上用面铣刀铣削，铣床转速调整为75 r/min，铣刀直径为100 mm，进给速度调整为95 mm/min。若分别选用齿数为10和12的铣刀，试求每齿进给量 f_{z1} 和 f_{z2}。

12. 在X6132型铣床上用角度铣刀铣削与端面成30°夹角的斜面，测得斜面宽度有2 mm余量需铣去，若采用横向进给，应移动多少距离？若采用垂向进给，应移动多少距离？

13. 在铣床上用机床平虎口钳装夹工件铣削垂直面，已知固定钳口高度为50 mm，工件两垂直面宽度为75 mm，现测得75 mm宽度方向垂直误差为0.08 mm，且夹角小于90°，若在固定钳口50 mm高度位置垫纸片，试求纸片厚度 s 为何值时可修正垂直度误差。

14. 在X5032型铣床上铣削一键槽，槽宽为10 mm，槽长为40 mm，若 $v_c=20$ m/min，

v_f=75 mm/min。试求:(1)铣刀直径 d_0。(2)每齿进给量 f_z。(3)铣刀纵向(沿槽向)移动距离 s。

15. 用 X6132 型铣床在直径为 40 mm 的轴上铣削一敞开式直角槽,槽宽为 12 mm,试问:(1)选用何种铣刀加工?(2)用擦边法对刀(若纸厚为 0.10 mm),横向移动距离是多少?

16. 用锯片铣刀切断工件,工件总长 B'=350 mm,切断后每件长度 B=30 mm,件数 n=10,若工件厚度 t=20 mm,刀杆垫圈外径 d'=40 mm,试求:(1)铣刀直径 d_0 的取值范围。(2)铣刀宽度 L 的取值范围。

17. 在 X5032 型铣床上用面铣刀倾斜铣削一 V 形槽,已知铣成的窄槽宽度 B'=3 mm,V 形槽宽度 B=50 mm,槽形角 α=90°。试求:(1)以窄槽口对刀,铣削达到槽宽 B=50 mm,垂向升高量是多少?(2)若在 X6132 型铣床上用双角铣刀铣削槽形角 α=120°的 V 形槽(其窄槽的槽宽 B'与 V 形槽槽宽 B 不变),垂向升高量应为多少?

18. 用 F11125 型分度头分度,铣削 z=48、z=78、z=28 的直齿圆柱齿轮。试分别计算出分度手柄转数 n 值。

19. 在 F11125 型分度头上装夹工件,铣削三条直角沟槽,其中第一、二条槽之间的夹角为 75°,第二、三条槽之间的夹角为 60°。试求当夹角为 75°时的分度手柄转数 n_1 和夹角为 60°时的转数 n_2。

20. 若在 F11125 型分度头上装夹轴类工件,铣削二条夹角为 50°16′的 V 形槽(槽形角 90°)。试求分度时分度手柄转数 n,并校核其夹角误差 Δ。

21. 用 F11125 型分度头装夹工件,铣削齿数 z=73 的直齿圆柱齿轮,试问应如何进行分度?若假定等分数分别取 72 和 65,试问哪一个假定等分数较合理。

22. 在 X6132 型铣床上用 F11125 型分度头,采用主轴挂轮法进行直线移距分度刻线,工件每格刻度 s=2.25 mm,若分别选取分度手柄转数 n=5 r,和 n=1 r,试判断哪个转数较合理。判定后选择交齿轮齿数。

23. 在 X6132 型铣床上用 F11125 型分度头分度,在圆周上刻线,每一格刻度值为 1°13′。试求每刻一格分度手柄转数 n 和刻线 28 条分度头主轴所转角度 θ。

24. 在 X6132 型铣床上用 F11125 型分度头装夹工件铣削外花健。已知外花键齿数 z=8,键宽 B=8 mm,小径 d=42 mm。若采用先铣中间槽的方法,试求铣刀最大宽度 L'并选用铣刀。

25. 在 X6132 型铣床上用 F11125 型分度头装夹工件铣削外花键,已知外花键齿数 z=6,键宽 B=6 mm,小径 d=26 mm,若采用先铣中间对称槽的方法铣削。试求铣完中间对称槽铣侧面时分度手柄转数和横向移动距离。

26. 在 X6132 型铣床上铣削一较长的直齿条,已知 m=3 mm,α=20°,试求:(1)铣削若采用 F11125 型分度头主轴挂轮法移距分度,试选定分度手柄转数及交换齿轮齿数。(2)若 m=3.5 mm,纵向采用分度盘移距,分度手本柄转数 n 是多少?

27. 在 X6132 型铣床上,用 F11125 型分度头装夹工件,配置交换齿轮铣削一右旋圆柱螺旋槽,已知工件直径 D=80 mm,螺旋角 β=30°。试计算交换齿轮,并确定工作台扳转方向和转角数值。

28. 在 X6132 型铣床上,用 F11125 型分度头装夹工件铣削一矩形螺旋槽。已知工件直径 D=60 mm,槽深 10 mm,螺旋槽导程 P_h=326.48 mm。试计算槽底和工件外圆上螺旋线螺旋角。

29. 铣削一标准斜齿圆柱齿轮，已知 $m_n=2$ mm，$\alpha_n=20°$，$z=30$，$\beta=15°$。试计算公法线长度，并选择铣刀。

30. 在 X6132 型铣床上，用 F11125 型分度头装夹工件，铣削一斜齿圆柱齿轮，已知 $m_n=3$ mm，$\alpha_n=20°$，$z=40$，$\beta=15°$(R)。试求齿坯直径和铣刀号。

31. 在 X6132 型铣床上用 F11125 型分度头装夹工件，铣削一标准斜齿圆柱齿轮，已知 $m_n=2$ mm，$z=30$，$\beta=15°$(L)。试求交换齿轮齿数和固定弦齿厚、固定弦齿高。

32. 在 X6132 型铣床上铣削一较长的斜齿条。已知 $\beta=20°$，$\alpha_n=20°$，$m_n=3$ mm，若采用转动工作台法装夹工件。试求铣完一齿后工作台移距尺寸。

33. 铣削一直齿圆柱齿轮，已知 $m=4$ mm，$\alpha=20°$，$z=32$。试求：(1)齿坯直径 d_a。(2)跨越齿数 k 和公法线长度 W_k。

34. 什么叫逆铣？主要特点是什么？

35. 什么叫顺铣？主要特点是什么？

铣工(初级工)答案

一、填空题

1. 左视图	2. 三视图	3. 正投影	4. 主、府视图长对正
5. 前	6. 细	7. 圆	8. 0.08 mm
9. 直径尺寸线	10. 几何	11. L	12. 应力
13. 硬度	14. 差	15. 空气	16. 机构
17. 低副	18. 准确	19. 不能	20. 铸造
21. 精度	22. 链传动	23. 准确	24. 副尺
25. 位置	26. 一(答案也可填阿拉伯数字)		27. 0～10 mm
28. 固定角规	29. 右	30. A	31. 轴公差带
32. 间隙配合	33. 模数和压力角	34. 恒定	35. 三相异步
36. 接触	37. 绝缘体	38. ≤0.25%	39. 低合金钢
40. 塑	41. 大	42. 高	43. 球墨
44. 淬火	45. $40/Z'$	46. 基本尺寸	47. 屈服点
48. 瞬时	49. 低	50. 床身	51. 垂直
52. 平行	53. 箱体	54. 拨动开关	55. 前端有内锥的空心轴
56. 支持铣刀杆	57. 320 mm×1 250 mm		58. 钨钴
59. K01	60. K	61. P	62. 规格
63. 螺旋角	64. 副切	65. 平稳	66. 螺旋角
67. 工艺基准	68. 平口虎钳	69. 固定钳口	70. 靠近工件
71. 稍高于	72. 两端有中心孔的	73. 一	74. 切削力
75. 表面结构	76. f_z	77. 1～2	78. 0.08～0.20
79. 水	80. 乳化液	81. 同一	82. 基准
83. 不垂直或不平行	84. mm/min	85. 移动	86. 推动或拉动
87. 多转	88. 润滑	89. 圆柱度	90. 进给
91. 平行	92. 立铣上用端铣法或在卧铣上用周铣法		
93. 定位基准面	94. 两侧垂直面	95. 略大于	96. 表面结构
97. 固定	98. 机床用平口虎钳	99. 端刃	100. 略大于
101. 工作台面	102. 逐渐减薄	103. 直槽	104. 比底槽略深些
105. 标准圆棒和量具配合		106. 分度圆	
107. 分度头主轴或侧轴与工作台丝杠		108. 机床工作台丝杠上	
109. 键侧与工件轴线不平行		110. 小径	111. 分度圆柱
112. $P_h=P_z$	113. 渐开线	114. 平直	115. 顺时针扳转一个螺旋角

116. 分度头侧轴和工作台丝杆　117. 分度头侧轴　118. 端面模数
119. $m_n = m_t\cos\beta$　120. 12.56 mm　121. 12.75 mm　122. 刚度
123. 丝杠　124. 分度头侧轴　125. 3.14 mm　126. 连接处
127. 变形　128. 夹角　129. 正弦规　130. 不能
131. 提高　132. 通用量具　133. 偏差　134. 尖齿
135. 槽口倒角　136. S　137. e　138. 分度圆
139. 分度圆　140. 法向　141. 相同　142. 法向齿距
143. 垂直　144. 划线　145. 划线　146. 平面划线
147. 涂色　148. 划规　149. 旋转　150. 排屑
151. 减小　152. 型材　153. 模锻　154. 力学
155. 锻件　156. 热变形　157. 绿碳化硅　158. 径

二、单项选择题

1. A　2. B　3. D　4. C　5. C　6. A　7. A　8. D　9. B
10. B　11. A　12. B　13. A　14. C　15. C　16. A　17. B　18. D
19. A　20. A　21. B　22. A　23. A　24. A　25. A　26. B　27. A
28. D　29. A　30. D　31. B　32. A　33. C　34. A　35. C　36. B
37. B　38. C　39. D　40. A　41. C　42. A　43. B　44. B　45. C
46. C　47. B　48. D　49. A　50. B　51. D　52. C　53. C　54. A
55. D　56. C　57. B　58. B　59. D　60. A　61. B　62. C　63. B
64. A　65. D　66. D　67. B　68. D　69. B　70. A　71. C　72. D
73. C　74. A　75. B　76. D　77. C　78. B　79. D　80. A　81. A
82. B　83. C　84. D　85. B　86. B　87. A　88. C　89. D　90. A
91. C　92. B　93. D　94. B　95. A　96. D　97. A　98. C　99. B
100. A　101. A　102. C　103. D　104. B　105. A　106. A　107. B　108. D
109. C　110. A　111. C　112. B　113. D　114. C　115. B　116. C　117. A
118. D　119. A　120. B　121. C　122. B　123. D　124. C　125. A　126. A
127. B　128. A　129. B　130. D　131. C　132. B　133. A　134. C　135. A
136. D　137. C　138. B　139. C　140. A　141. A　142. D　143. C　144. B
145. B　146. B　147. C　148. A　149. D　150. B　151. C　152. B　153. C
154. D　155. B　156. C　157. A

三、多项选择题

1. BD　2. CD　3. AC　4. ABD　5. ACD　6. ACD　7. ABC
8. BCD　9. ABCD　10. ABCD　11. AB　12. BCD　13. CD　14. BCD
15. ABC　16. ABC　17. ABCD　18. ABC　19. ACD　20. AC　21. ABD
22. ABC　23. BC　24. AB　25. ABC　26. CD　27. AB　28. ABCD
29. ABD　30. ABC　31. CD　32. ABC　33. ABC　34. ABC　35. ACD
36. BCD　37. ABCD　38. ABD　39. ABCD　40. ACD　41. AD　42. BD

43. ABCD　44. AB　45. ABCD　46. BD　47. ABC　48. BCD　49. ABC
50. AD　51. BD　52. CD　53. ABC　54. AB　55. ABD　56. ACD
57. AC　58. ABC　59. ACD　60. AC　61. BC　62. ABC　63. ACD
64. ACD　65. AB　66. AC　67. CD　68. ABC　69. CD　70. ABCD
71. ABC　72. AB　73. AD　74. ABCD　75. AB　76. ABD　77. ABC
78. CD　79. BC　80. ABC　81. ABCD　82. ABCD　83. ABCD　84. ABCD
85. ABC　86. ACD　87. AB　88. ABCD　89. ABC　90. AC　91. ABCD
92. AD

四、判 断 题

1.√　2.×　3.√　4.×　5.√　6.√　7.√　8.√　9.√
10.×　11.√　12.×　13.√　14.×　15.√　16.√　17.×　18.√
19.×　20.√　21.√　22.×　23.√　24.×　25.×　26.√　27.×
28.×　29.√　30.√　31.√　32.×　33.√　34.√　35.×　36.√
37.×　38.√　39.×　40.√　41.×　42.√　43.√　44.×　45.×
46.√　47.√　48.×　49.×　50.×　51.√　52.×　53.×　54.×
55.√　56.√　57.×　58.√　59.×　60.√　61.√　62.×　63.√
64.×　65.√　66.×　67.×　68.√　69.√　70.√　71.√　72.×
73.×　74.√　75.√　76.√　77.×　78.√　79.√　80.×　81.×
82.×　83.×　84.×　85.√　86.√　87.×　88.√　89.√　90.×
91.√　92.×　93.√　94.×　95.√　96.√　97.×　98.×　99.√
100.√　101.√　102.√　103.×　104.×　105.×　106.√　107.√　108.×
109.×　110.√　111.×　112.√　113.√　114.√　115.√　116.√　117.×
118.√　119.×　120.√　121.√　122.×　123.×　124.√　125.√　126.×
127.×　128.√　129.√　130.×　131.√　132.×　133.√　134.√　135.√
136.×　137.√　138.×　139.√　140.√　141.√　142.×　143.√　144.√
145.√　146.×　147.×　148.√　149.√　150.√　151.√　152.√　153.×
154.√　155.√

五、简 答 题

1. 答:有钢板尺、游标卡尺、深度游标卡尺、高度游标卡尺、齿轮游标卡尺、外径千分尺、内径千分尺、深度千分尺、齿轮千分尺、卡钳、百分表、直角尺、万能角度尺等。(每答对一种加 0.5 分)

2. 答:(1)了解所有量具的构造和正确使用方法(0.5 分)。(2)精密量具不能测温度过高的工件和粗糙面(1 分)。(3)使用精密量具时,用力不可过大(1 分)。(4)经常检查,校对量具的精度(0.5 分)。(5)量具与工具不得混放,量具之间不能磕碰(1 分)。(6)量具用完后,要用细软的棉纱擦干净,规定涂油的要涂防锈油,然后装入专用量具盒并放入工具箱(1 分)。

3. 答:立式铣床的主要特征是铣床主轴轴线与工作台台面垂直(1 分)。在立式铣床上可以铣削沟槽、平面、角度面,利用回转工作台(1.5 分),分度头还可以加工圆弧、直线成形面、齿轮、螺旋槽、离合器等较复杂的零件(1.5 分)。卧式铣床的主要特征是铣床主轴轴线与工作台面平行。其主要功用与立铣类似(1 分)。

4. 答:铣床床身是机床的主体,是箱体形结构(0.5 分)。床身竖立在底座的一端,下部两侧设有电器箱和总电源开头(0.5 分);前壁有垂直燕尾导轨供升降台垂直移动(1 分);中部有主轴变速箱及变速手柄与变速盘(1 分);顶部有水平燕尾导轨供横梁移动,调整伸出长度(1 分);上部有铣床主轴(0.5 分);铣床床身内还有润滑机构,润滑主轴传动系统(0.5 分)。

5. 答:铣床进给变速机构的功用是将进给电动机的额定转速通过其传动系统,带动工作台实现一定速度的移动(2.5 分)。调整进给量时,可拉出进给变速手柄,然后转动转盘,使箭头对准选定进给量的数值,再把转盘推回原位置(2.5 分)。

6. 答:纵横向进给量有 23.5～1 180 mm/min 共 18 种(2.5 分);垂向进给量是纵向、横向进给量的三分之一,相应的有 8～394 mm/min 共 18 种(2.5 分)。

7. 答:润滑系统的作用是:减少摩擦、降低磨损,保持正常允许的工作温度及减少能量损失(2.5 分);保持机床的精度,提高工作效率,保证机床正常工作等(2.5 分)。

8. 答:铣床在运转 500 h 后一定要进行一级保养(2 分)。铣床传动部位的一级保养有以下内容及要求:(1)导轨面修光毛刺,调整镶条(1 分);(2)调整丝杠螺母间隙,丝杠轴向不得窜动,调整离合器摩擦片间隙(1 分);(3)适当调整 V 形带(1 分)。

9. 答:铣床加工只有更换不同的类型的铣刀,就可以加工平面、斜面、台阶面、特型面、V 形面、燕尾槽、螺旋槽及各种键槽,还可以进行切断、镗孔、铣削齿轮等。(每答对一种加 0.5 分)

10. 答:(1)按铣刀切削部的材料分类(1 分);(2)按铣刀的结构分类(1 分);(3)按铣刀刀齿的构造分类(1 分);(4)按铣刀的安装方式分类(1 分);(5)按铣刀的用途分类(1 分)。

11. 答:铣刀材料应具备有足够的硬度、热硬性、耐磨性和足够的强度和韧性(2.5 分)。因为刀具的材料是决定切削性能的主要因素,其机械物理性能愈好,切削效率就越高(2.5 分)。

12. 答:(1)能将工件作任意圆周等分或通过交换齿轮作直线移距分(2 分)。(2)可把工件的轴线安装成水平、垂直或倾斜的位置(1 分)。(3)通过交换齿轮,可使分度头主轴随工作台的纵向进给运动作等速连续旋转,用以铣削螺旋面或等速凸轮型面(2 分)。

13. 答:常用的切削液有水溶液、乳化液和切削油(2 分)。水溶液主要成分是水,冷却性能很好,流动性大,价格低廉,应用广泛(1 分)。乳化液是将乳化油由水稀释而成的,具有良好的冷却性能,使用时需加入一定量的防锈和极压添加剂(1 分)。切削油主要成分是矿物油等油类,其比热容低,流动性差,是以润滑为主的切削液(1 分)。

14. 答:切削液的选用主要根据工件材料、刀具材料和加工性质(2 分)。粗加工时,应选用以冷却为主的切削液(1 分);精加工时,应选用以润滑为主的切削液。在铣削铸铁等脆性金属时,一般不加切削液(1 分)。在用硬质合金铣刀进行铣削时,也不用切削液(1 分)。

15. 答:工件定位是保证同一批工件在夹具中有一致的正确的加工位置(2 分)。工件定位必须解决的问题有以下几种:(1)从理论上分析,如何使用一批工件在夹具中占据一致的正确位置(1 分)。(2)选择和设计合理的定位方法及相应的定位装置(1 分)。(3)保证有足够的定位精度,即工件在夹具中定位时虽有一定误差,但仍能保证工件的加工要求(1

分)。

16. 答:(1)在铣床上加工中小型工件时,一般多采用平口钳来装夹(1分)。

(2)对大、中型工件,则多采用直接在铣床工作台上用压板来装夹(1分)。

(3)在成批、大量生产中,为提高生产效率和保证加工质量,应采用专用铣床夹具来装夹(2分)。

(4)为适应加工需要,利用分度头和回转工作台等来装夹(1分)。

17. 答:(1)当工件上所有表面都需加工时,应选择加工余量最小的表面作为粗基准(1.5分)。(2)选择不需要加工表面作为粗基准(1.5分)。(3)选用工件上光洁、平整和比较大的表面作为粗基准,使工件装夹平稳可靠,则容易保证其各表面间的位置精度(1分)。(4)粗基准一般不能重复使用,以免产生过多的定位误差(1分)。

18. 答:(1)尽量采用设计基准或装配基准作为定位基准(2分)。

(2)尽可能使基准统一(1分)。

(3)定位基准的选择,应能保证工件在定位时有良好的稳定性,并使夹具结构简单(1分)。

(4)定位基准的选择,应保证工件在受夹紧力和切削等外力作用时所产生的变形最小(1分)。

19. 答:粗铣时进给量受切削力的限制,在工艺系统强度、刚度允许的条件下,粗铣时的进给量应尽量选大些(1.5分);精铣和半精铣时,进给量受表面结构的限制,一般采用较小的进给量(1.5分);对不同的铣刀材料也要考虑限制条件,如高速钢铣刀进给量受刀柄刚度和刀体强度的限制,硬质合金铣刀进给量受刀片强度的限制(2分)。

20. 答:(1)周铣时,铣刀的圆柱素线不直(1.5分)。

(2)端铣时,主轴和进给方向不垂直(1.5分)。

(3)机床精度较差或调整不当(1分)。

(4)机床导轨有较大的直线度和平面度误差(1分)。

21. 答:(1)进给量过大(1分)。

(2)工作台镶条调整不当,引起爬行(0.5分)。

(3)铣刀不锋利(1分)。

(4)铣刀安装不好,跳动过大(1分)。

(5)铣削过程中振动太大(0.5分)。

(6)切削液采用不当(0.5分)。

(7)铣刀几何参数选择不当(0.5分)。

22. 答:铣削斜面的常用方法有以下三种:(1)转动工件铣斜面,即把工件转成所需角度铣削斜面(1.5分);(2)转动立铣头铣斜面,即把铣刀转成所需角度铣削斜面(2分);(3)用角度铣刀铣斜面(1.5分)。

23. 答:有三种:

(1)按划线校正工件(2分)。

(2)利用万能虎钳和万能转台装夹工作(2分)。

(3)用倾斜垫铁和专用夹具装夹工作(1分)。

24. 答:有以下几项工艺要求:

(1)形状精度要求(主要是平面度和连接面交线的直线度)(1分);

(2)位置精度要求(主要有面与面之间的垂直度、平行度和倾斜度等要求)(2 分);

(3)尺寸精度要求(1 分);

(4)表面结构要求(1 分)。

25. 答:铣削垂直面时造成垂直度误差大的主要原因有:

(1)工件基准面与固定钳口不贴合(1 分)。

(2)机床用平口虎钳固定钳口与工作台台面不垂直(1 分)。

(3)基准面平面度差(0.5 分)。

(4)精铣时夹紧力过大,使固定钳口外倾(1 分)。

(5)圆柱铣刀或立铣刀有锥度(0.5 分)。

(6)卧铣时,铣床工作台"零位"不准(0.5 分)。

(7)立铣时,立铣头"零位"不准(0.5 分)。

26. 答:有以下几项工艺要求:

(1)尺寸精度要求,主要是阶台与其他零件相配合尺寸的精度要求(2 分)。

(2)形状位置精度要求,它包括各加工表面的平行度、阶台侧面与零件侧面基准面的平行度,以及双阶台两侧面对中分线的对称度等(2 分)。

(3)表面结构要求(1 分)。

27. 答:外花键按其齿廓形状分为矩形、渐开线、梯形及三角形四种(1.5 分)。其中以矩形花键使用最广泛(1.5 分)。矩形花键的定心方式有齿侧定心、大径定心和小径定心三种(1 分)。现行国家标准规定小径定心一种方式。小径定心稳定性好,经过热处理后进行磨削加工的花键,能获得较高的精度(1 分)。

28. 答:工件装夹的基本要求:

(1)夹紧力不应破坏工件定位(1.5 分);

(2)夹紧力的大小应能保证加工过程中工件不脱离定位(1.5 分);

(3)因夹紧力所产生的工件变形和表面损伤不应超过允许的范围(0.5 分);

(4)夹紧机构应能调节夹紧力的大小(0.5 分);

(5)应有足够的夹紧行程(0.5 分);

(6)夹紧机构应具有动作快、操作方便、体积小和安全等优点,并具有足够的强度和刚度(0.5 分)。

29. 答:端铣的生产效率和加工质量比周铣高的原因是:(1)端铣时,同时工作的刀齿比较多,铣削力波动小,工作较平稳(1.5 分)。(2)端铣刀齿上,主、副切削刃同时工作(1.5 分)。(3)装夹刚性好,切削振动小(1 分)。(4)便于镶装硬质合金刀片,进行高速切削(1 分)。

30. 答:为了使铣刀的截形和螺旋槽的截形一致,铣刀的旋转平面必须与螺旋槽的方向一致。因此,必须把卧式万能铣床的工作台纵向在水平面内转过一个螺旋角 β(3 分)。工作台的转向按螺旋槽螺旋方向确定:铣左螺旋时,工作台顺时针转动一个螺旋角;铣右螺旋时,工作台逆时针转动一个螺旋角(2 分)。

31. 答:(1)用盘形铣刀或三面刃铣刀切痕对刀时,应先在工件表面切出一个椭圆形切痕,然后横向移动工作台,使铣刀宽度落在椭圆的中间位置(2.5 分)。(2)用键槽铣刀切痕对刀时,应先在工件表面切出一个矩形切痕,然后横向移动工作台,使铣刀的刀尖回转圆落在矩形的中间位置(2.5分)。

32. 答:(1)尺寸精度要求,主要是台阶与其他零件相配合尺寸的精度要求(2分)。(2)形状位置精度要求,它包括各加工表面的平行度、台阶侧面与零件侧面基准面的平行度,以及双台阶两侧面对中分线的对称度等(2分)。(3)表面结构要求(1.5分)。

33. 答:主要根据铣削过程来判断。(1)铣削发出刺耳啸叫声(1分)。(2)工作台振动加剧(1分)。(3)切屑颜色明显改变(1分)。(4)铣削塑性材料时,工件边缘产生严重的飞边毛刺。脆性材料,边缘产生明显的碎裂剥落(1分)。(5)切屑半径 R 变小,由规则的带状变为不规则的碎片(0.5分)。(6)工件加工面粗糙(0.5分)。

34. 答:合金元素 W、Cr、Mo、V 等含量较高,在 600 ℃的高温下仍能保持较高的硬度(62~70HRC)(1分);刃口强度和韧性好(1分);抗振性强,能用于制造切削速度较低的刀具(1分);工艺性能好,可制造形状较复杂的刀具(1分);热硬性和耐磨性较差(1分)。

35. 答:硬质合金的特点:由金属碳化物 WC、TiC 和以 Co 为主的金属黏结剂制造(1分);能耐高温,在 800~1 000 ℃仍能保持良好的切削性能(1分);切削速度比高速钢高 4~8倍(1分);常温硬度高,耐磨性好(1分);抗弯强度低,冲击韧度差,切削刃不易刃磨得很锋利(1分)。

36. 答:(1)螺栓要尽量靠近工件,以增大夹紧力(1分)。(2)装夹薄壁工件和在悬空部位夹紧时。夹紧力大小要适当,悬空部位应垫实(1分)。(3)使用压板数量一般不少于两块。使用多块压板时,应注意工件上受压点的合理选择。工件上的压紧点要尽量靠近加工表面(1分)。(4)半精加工或精加工过的工件表面作夹持表面时,应放置垫片,以免损伤夹持表面(1分)。(5)在工作台上直接装夹粗糙的毛坯工件时,应垫纸片、铜片或垫铁,以便于找正工件和保护台面(1分)。

37. 答:在卧式万能铣床上铣削斜齿条时,通常用以下两种方法按 β 值装夹工作:(1)装夹时,工件按螺旋角转动角度,使工件侧面基准与进给(移距)方向成夹角(1.5分)。(2)装夹时,工件侧面基准与进给(移距)方向平行,工作台按螺旋角转动角度(1.5分)。采用第一种方法装夹工件,按齿条法向齿距 P_0 移距(1分);采用第二种方法装夹工件,按齿条的端面齿距 P_t 移距(1分)。

38. 答:铣刀前角的作用是:影响切屑的变形、切屑与前刀面的摩擦及刀具强度(2分)。增大前角则切削刃锋利,从而使切削省力,过大的前角会使刀齿强度减弱(1.5分)。若减小前角,会使切削费力(1.5分)。

39. 答:铣刀后角的作用是:增大后角可减少刀具后刀面与切削平面之间的摩擦,得到光洁的加工表面,但会使刀齿强度减弱(5分)。

40. 答:铣刀切削部位的材料应具有以下基本性能:(1)硬度:要求刀具材料具有足够的硬度,并在高温中仍能保持其硬度,并能继续进行切削(1.5分)。(2)韧性和强度:刀具在切削过程中要承受很大的冲击力(1.5分)。因此要求刀具切削部分的材料具有足够的强度、韧性,在承受冲击和振动的条件下继续进行切削,不易崩刃、碎裂(2分)。

41. 答:铣削齿条应选用8号齿轮铣刀(8把套)(2分)。因为当直齿圆柱齿轮的基圆直径无限大时,渐开线齿廓就成为直线,即齿条是基圆无限大的齿轮(1分),这时的分度圆、齿顶圆、齿根圆也成为直线(1分),而8号铣刀适用于135~∞齿数范围,因此选用8号铣刀铣削齿条(1 分)。

42. 答:目前齿轮的齿形曲线大多采用渐开线(1 分)。齿轮齿形的加工方法一般归纳为两大类:一类是展成法;另一类是成形法(2 分)。在铣床上利用刀刃形状和齿轮齿槽形状相同的刀具来切制齿形的方法属于成形法(1 分)。采用此法加工齿轮,其精度比展成法差,因此对一些要求不高的齿轮或单件修配时可采用这种加工方法(1 分)。

43. 答:常用的铣削方式有两种:周边铣削和端面铣削(2 分)。比较这两种铣削方式有以下特点:(1)面铣刀装夹刚度好,铣削较平稳,而圆柱铣刀因刀杆直径较小,易产生振动(0.5 分);(2)端铣同时工作齿数比周铣时多(0.5 分);(3)端铣时有主、副切削刃同时工作,加工表面质量高,周铣只有圆周上主切削刃工作(0.5 分);(4)端铣与周铣相比能铣削宽度较大的工件(0.5 分);(5)端铣用的铣刀比圆柱铣刀容易镶装硬质合金(0.5 分);(6)圆柱铣刀可充分发挥刃倾角的作用(0.5 分)。

44. 答:棱柱的各个侧面与工件的轴线是平行的,因此铣削时应找正工件轴线与工作台面和进给方向平行(也可与进给方向垂直),并依次按棱柱等分数分度铣削各个侧面(2.5 分)。铣削棱台的方法与棱柱基本相同,但棱台的各侧面与工件轴线有一定夹角要求,因此在铣削时需将工件扳转角度(即分度头主轴连同工件扳转角度),或将铣刀处于倾斜位置进行加工(2.5 分)。

45. 答:逆铣与顺铣相比,顺铣具有较多的优点,但采用顺铣时,必须调整工作台丝杠与螺母之间的轴向间隙达到 0.01~0.04 mm,对于常用的普通设备,调整比较困难(1.5 分),因此,若采用顺铣,当铣削余量较大,铣削力在进给方向的分力大于工作台和导轨面之间的摩擦力时,工作台就会产生拉动,造成每齿进给量突然增加而损坏铣刀(1.5 分)。而采用逆铣时,因作用在工件上的力在进给方向上的分力与进给方向相反,工作台不会产生拉动,因此通常采用逆铣而不采用顺铣(2 分)。

46. 答:一是工件的斜面平行于铣削时工作台的进给方向(2 分);二是工件的斜面与铣刀的切削位置相吻合,即采用圆周铣时斜面与铣刀旋转表面相切;采用端铣时斜面与铣床主轴轴线垂直(3 分)。

47. 答:对工件的装夹要求:(1)尽量稳固(1 分)。(2)工件伸出的长度尽可能短些(1 分)。(3)切断处尽量靠近夹紧点(1 分)。对铣刀结构要求:(1)直径应小(1 分)。(2)厚度较厚,刃口锋利(1 分)。

48. 答:先使基准面和虎钳固定钳口相贴合,再用角尺校正侧面对工作台台面的垂直度(5 分)。

49. 答:原因如下:(1)硬质合金铣刀接触工件后,主轴反转(1 分)。(2)铣削中途停车时,铣刀没有退出(1 分)。(3)高速铣削时,中途加冷却液,因刀片温度很高,刀片急剧冷却后易裂(1 分)。(4)刃磨时铣刀温度太高,这时浸入冷水易产生裂纹(0.5 分)。防止的方法:(1)铣刀接触工件后一定不准反转(0.5 分)。(2)一定要先退出铣刀再停车,避免中途加冷却液(0.5 分)。(3)刃磨时,禁止把刀浸在水中,可采用间断刃磨(0.5 分)。

50. 答:应找正以下项目:(1)工件两端的径向圆跳动(1 分)。(2)工件的上素线与工作台台面平行(1 分)。(3)工件的侧素线与工作台纵向进行方向平行(1 分)。若工件两端的径向圆跳动超差,会产生外花键等分误差大(1 分);若工件上素线与工作台台面不平行,会使外花键小径两端尺寸不一致(0.5 分);若工件侧素线与纵向进给方向不平行,会使外花键键侧平行度超差(0.5分)。

51. 答:铣刀子安装后跳动过大的原因:(1)安装时铣刀和刀杆等接合面之间不清洁(1分);(2)刀杆弯曲(1.5分);(3)铣刀刃磨质量差,铣刀各切削刃不在同一圆周上(1分);(4)铣床主轴孔有拉毛现象(1.5分)。

52. 答:外花键键宽尺寸超差的原因有:(1)测量错误(1分)。(2)横向移动工作台时,摇错刻度盘或未消除传动间隙(1分)。(3)刀杆垫圈端面不平行,致使刀具侧面圆跳动量过大(1.5分)。(4)分度差错或摇分度手柄时未消除传动间隙(1.5分)。

53. 答:对称度超差的原因有:对刀不准确、测量不准确和横向调整工作台时有偏差(2分)。等分误差较大的原因有:摇错分度手柄,调整分度叉孔距错误或未消除传动间隙(1分);未找正工件与分度头主轴同轴(1分);铣削时工件松动(1分)。

54. 答:铣削平行面时,造成平行度误差的主要原因有:(1)机床用平口虎钳导轨面与工作台台面不平行或工件基准面与工作台台面不平行(1.5分);(2)固定钳口贴合面与工件基准面有垂直度误差(1.5分);(3)端铣时,进给方向与铣床主轴轴线不垂直(1分);(4)周铣时,铣刀圆柱度差(1分)。

55. 答:三面刃铣刀是多齿多刃的(1分),用这种铣刀铣削时,如果出现跳动现象,则各刀齿所切下的切屑厚度不均匀(1分),切削过程不稳(1分),效率减低(1分),并直接影响被加工零件的精度和表面结构(1分)。

56. 答:对铣刀:切削温度高会使刀齿硬度降低,甚至丧失切削能力,降低刀具使用寿命(2分)。对工件:切削热可引起工件局部变形,影响加工尺寸精度,切削热高至一定温度,甚至可导致工件表面层发生相变,影响工件表面质量(3分)。

57. 答:(1)用齿轮卡尺测量分度圆弦齿厚或固定弦齿厚(2.5分)。(2)用游标卡尺或公法线千分尺测量公法线长度(2.5分)。

58. 答:常见的直角沟槽有敞开式、封闭式和半封闭式三种(1分)。敞开式直角沟槽通常用三面刃铣刀或盘形槽铣刀加工(1分);封闭式直角沟槽一般采用立铣刀或键槽铣刀加工(1分);半封闭直角沟槽则须根据封闭端的形式采用不同的铣刀进行加工。若槽端底面成圆弧形,则用盘形铣刀铣削(1分);若槽端侧面成圆弧形,应选用立式铣刀铣削(1分)。

59. 答:应注意以下几点:(1)要注意铣刀的端面摆差,以免因铣刀摆差把沟槽宽度铣大(1分)。(2)在槽宽上分几刀铣准时,要注意铣刀单面切削时让刀现象(1分)。(3)注意对准万能卧式铣床的工作台零位,以免铣出的直角沟槽出现上宽下窄,两侧呈弧形凹面现象(1分)。(4)在铣削过程中,不能中途停止进给(1分);铣刀在槽中旋转时,不能退回工件(1分)。

60. 答:常用的分度方法有四种:(1)简单分度法(1分);(2)角度分度法(1分);(3)差动分度法(1.5分);(4)直线移距分度法(1.5分)。

61. 答:这种方法装拆工件方便,但键槽的中心位置会随着工件直径的变化而改变(3分),因此适用于工件直径公差要求较严的批量或单件生产(2分)。

62. 答:(1)若铣刀宽度或直径选择错误或不准确(1分);三面刃铣刀或盘形槽铣刀端面跳动过大,或键槽铣刀与铣床主轴同轴度差(1分);铣刀铣削过程中磨损较快等原因会引起键槽宽度超差(1分)。(2)若铣刀对刀不准;铣削时铣刀偏让(1分);铣削时工作台横向未紧固,引起微量位移等原因会产生键槽对称度超差(1 分)。

63. 答:铣削斜齿圆柱齿轮时,确定当量齿数 Z_v 有以下作用:(1)根据当量齿数 Z_v 选择齿轮盘铣刀刀号(1.5 分)。这是因为斜齿轮的齿槽是螺旋槽,用盘形铣刀铣削时,铣刀的旋转平面和齿槽方向一致,即铣刀齿形和齿轮的法面齿形一样,而当量齿数是根据法截面的当量齿轮确定的,因此可根据 Z_v 选择刀号(1 分)。(2)根据当量齿数 Z_v 计算分度圆弦齿厚、弦齿高,计算跨越齿数 k 和近似计算 W_{kn}(1.5 分),这是因为测量分度圆弦齿厚和公法线长度在法向进行,因此计算值与 Z_v 有关(1 分)。

64. 答:(1)铣削过程中切屑排出困难,切屑将铣刀容屑槽填满,使铣刀失去切削能力,承受过大的阻力,以致折断(2 分)。(2)由于排屑不畅,切削热量不易散发,铣刀容易发热,甚至发生退火,失去切削能力,以致折断(1.5 分)。(3)T 形槽铣刀颈部直径小,强度较差,当受到过大的铣削力和冲击力时,铣刀就容易折断(1.5 分)。

65. 答:应注意:(1)主、被动交换齿轮位置不得颠倒(1.5 分);

(2)交换齿轮(挂轮)之间应保持一定的间隙,切勿过紧或过松(1.5 分);

(3)用增减中间轮的方法,调整好工件的左、右旋向(1 分);

(4)检查挂轮的计算和搭配是否正确(1 分)。

66. 答:粗铣时,铣削速度的选择主要考虑铣床的许用功率和工艺系统刚度,在允许的情况下选择较大值,以提高生产率(2 分)。精铣时,一般背吃刀量(或侧吃刀量)和进给量较小,铣削速度的选择不会超过铣床的功率。为了抑制积屑瘤的产生,提高表面质量,硬质合金铣刀采用较高铣削速度,高速钢铣刀则采用较低的铣削速度(3 分)。

67. 答:用三面刃铣刀或成形铣刀铣削外花键,常用的对刀方法有以下三种:

(1)切痕对刀法(1 分)。

(2)侧面对刀法(1 分)。

(3)划线对刀法(1 分)。

如果对刀不准,将会使铣出的键的对称度超差(2 分)。

68. 答:在工件划线时所选用的基准称为划线基准。即划线时用来确定所划对象上各几何要素间的尺寸大小和位置关系所依据的一些点、线、面(3 分)。

平面划线时,通常要选择两个相互垂直的划线基准(1 分);而立体划线时,通常要确定三个相互垂直的划线基准(1 分)。

69. 答:使麻花钻的钻心直径向柄部逐渐增大,是为了增加钻头的强度和刚性(2 分)。将棱边磨成倒锥,即直径向柄部逐渐减小,是为了使棱边既能在切削时起导向及修光孔壁的作用,又能减少钻头与孔壁的摩擦(3 分)。

70. 答:(1)磨削硬材,选软砂轮(1 分);

(2)磨削软材,选硬砂轮(1 分);

(3)磨导热性差的材料,不易散热,选软砂轮以免工件烧伤(1 分);

(4)砂轮与工件接触面积大时,选较软的砂轮(1 分);

(5)成形磨精磨时,选硬砂轮;粗磨时选较软的砂轮(1 分)。

六、综 合 题

1. 答:如图 1 所示(评分标准:共 6 分,两条虚线,每答对一处得 3 分;多线或线型画错不得分);如图 2 所示(评分标准:共 4 分,画错不得分)。

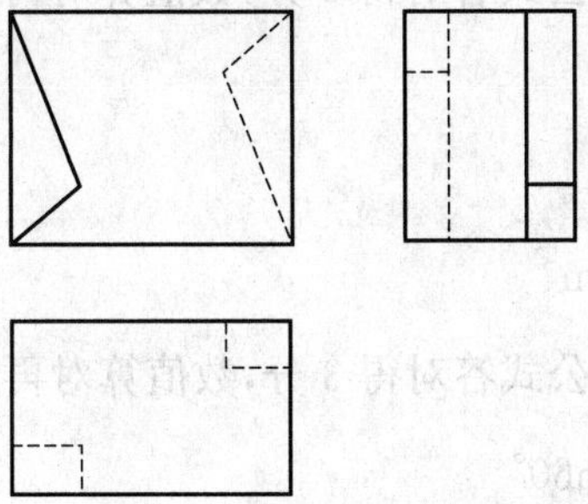

图 1

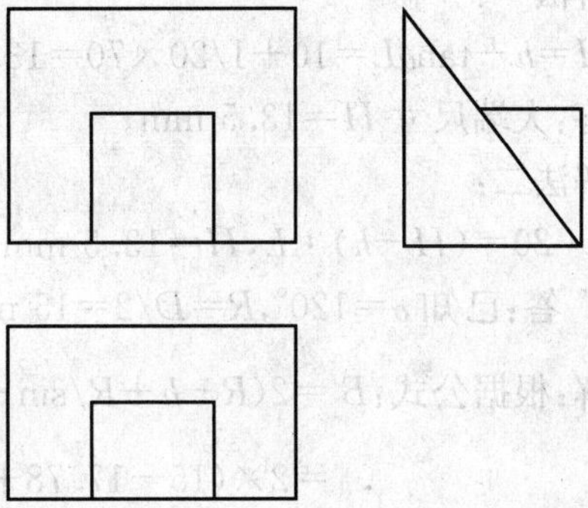

图 2

2. 答:如图 3 所示(评分标准:共 5 分,虚、实线各 0.5 分;错、漏、多一条线各扣 0.5 分);如图 4 所示(评分标准:共 5 分,主视图画对得 2 分;左视图画对得 1 分;俯视图画对得 2 分。每个视图多线、漏线均不得分)。

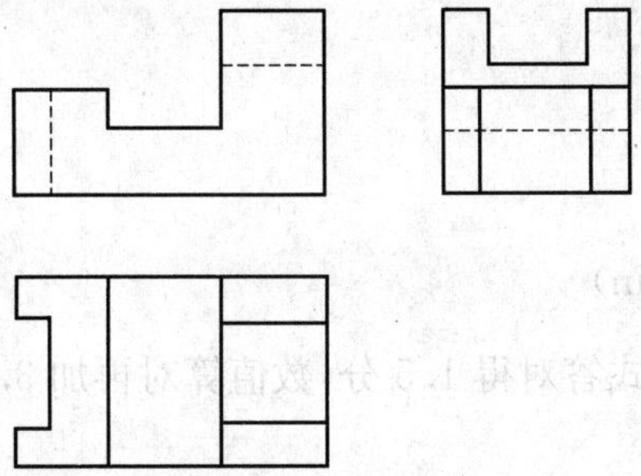

图 3

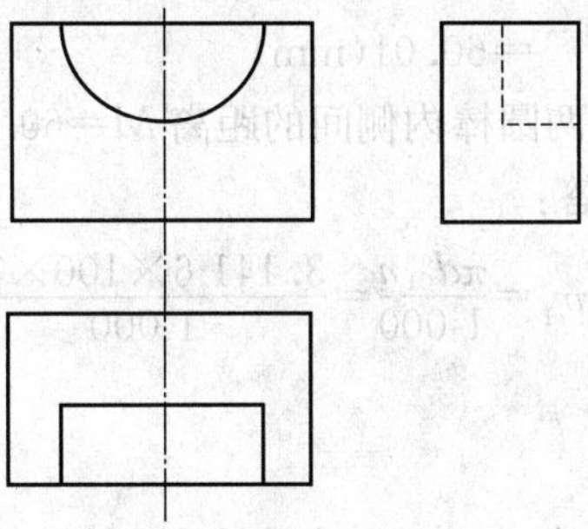

图 4

3. 答:如图 5 所示(评分标准:共 5 分,每条实线各 1.5 分,错、漏、多一条线各扣 1.5 分。每条虚线各 0.5 分,错、漏、多一条线各扣 0.5 分);如图 6 所示(评分标准:共 5 分,每条虚线各 0.5 分,错、漏、多一条线各扣 0.5 分)。

左视图两条竖实线共 1.5 分,两条横实线共 1.5 分,画错不得分。

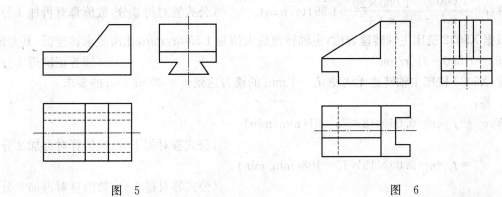

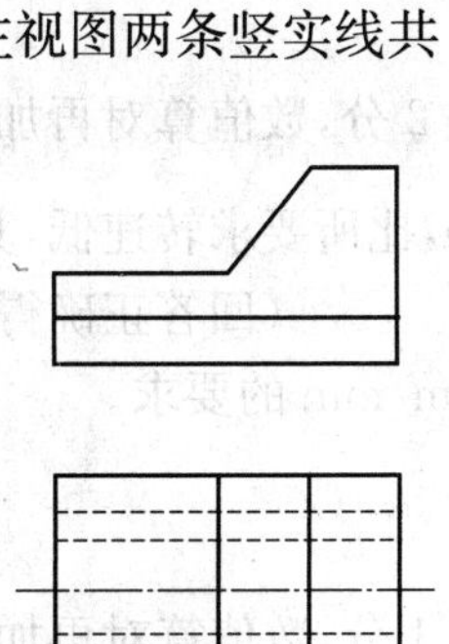

图 5

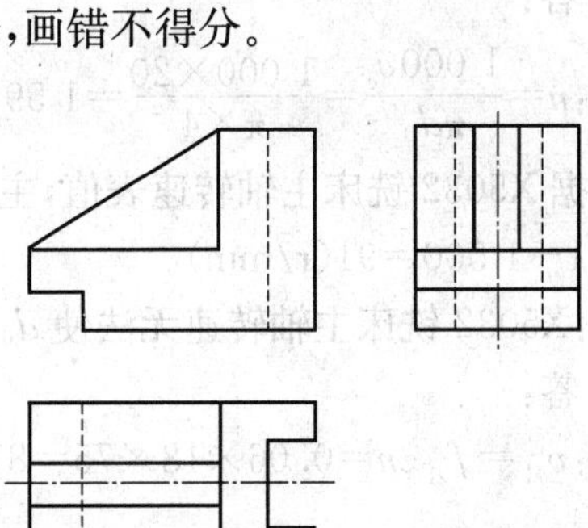

图 6

4. 答：

解法一：

$H=h+\tan\alpha L=10+1/20\times70=13.5(\text{mm})$ （公式答对得3分，数值算对再加7分）

答：大端尺寸 $H=13.5$ mm。

解法二：

$1:20=(H-h):L,H=13.5$ mm

5. 答：已知 $\alpha=120°,R=D/2=15$ mm，$h=17.78$ mm

解：根据公式：$B=2(R-h+R/\sin\frac{\alpha}{2})\tan\frac{\alpha}{2}$ （公式答对得3分，数值算对再加7分）

$=2\times(15-17.78+15/\sin60°)\times\tan60°$

$=50.37(\text{mm})$

答：该V形槽的槽口宽度 B 为50.37 mm。

6. 答：

解：$M=A+2\cot60°H-(1+\cot30°)D$

$=A+1.155H-2.732D$ （公式答对得4分，数值算对再加6分）

$=80+1.155\times30-2.732\times20$

$=60.01(\text{mm})$

答：两圆棒内侧间的距离 $M=60.01$ mm。

7. 答：

解：$v_{c1}=\frac{\pi d_{01}n}{1\,000}=\frac{3.141\,6\times100\times75}{1\,000}=23.56(\text{m/min})$

（公式答对得1.5分，数值算对再加3.5分）

$v_{c2}=\frac{\pi d_{02}n}{1\,000}=\frac{3.141\,6\times200\times75}{1\,000}=47.12(\text{m/min})$

（另解）因为 $d_{02}=d_{01}\times2$，所以 $v_{c2}=v_{c1}\times2=23.56\times2=47.12(\text{m/min})$

（公式答对得1.5分，数值算对再加3.5分）

答：铣削速度 $v_{c1}=23.56$ m/min，$v_{c2}=47.12$ m/min。

8. 答：

解：$n=\frac{1\,000v_c}{\pi d_0}=\frac{1\,000\times20}{\pi\times4}=1\,591(\text{r/min})$ （公式答对得2分，数值算对再加4分）

根据X5032铣床主轴转速表值，主轴转速最大值是1 500 r/min，比所要求转速低，其差值为 $1\,591-1\,500=91(\text{r/min})$。 （回答正确得4分）

答：X5032铣床主轴转速无法使 $d_0=4$ mm的铣刀达到 $v_c=20$ m/min的要求。

9. 答：

解：$v_{f1}=f_{z1}zn=0.06\times18\times75=81(\text{mm/min})$

（公式答对得1分，数值算对再加2分）

$v_{f2}=f_{z2}zn=0.08\times18\times75=108(\text{mm/min})$

（公式答对得1分，数值算对再加2分）

根据X6132型铣床进给速度表值：

81 mm/min 与 75 mm/min 较接近 (回答正确加 1.5 分)

108 mm/min 与 118 mm/min 较接近 (回答正确加 1.5 分)

答:选用 $f_{z1}=0.06$ mm/z 时,进给速度调整为 75 mm/min; (回答正确加 0.5 分)

选用 $f_{z2}=0.08$ mm/z 时,进给速度调整为 118 mm/min。 (回答正确加 0.5 分)

10. 答:

解:$v_f=f_z zn=0.10\times16\times75=120$(mm/min) (公式答对得 2 分,数值算对再加 3 分)

若机床进给速度选 23.5 mm/min 与 120 mm/min 相差较大,根据 X6132 型铣床进给速度表值,118 mm/min 与 120 mm/min 较接近。 (回答正确加 3 分)

答:机床进给速度调整为 23.5 mm/min 与 120 mm/min 误差较大,不合理,应调整为 118 mm/min。 (回答正确加 3 分)

11. 答:

解:$f_{z1}=\frac{v_f}{z_1 n}=\frac{95}{10\times75}=0.126\,7$(mm/z) (公式答对得 1.5 分,数值算对再加3.5 分)

$f_{z2}=\frac{v_f}{z_2 n}=\frac{95}{12\times75}=0.105\,6$(mm/z) (公式答对得 1.5 分,数值算对再加3.5 分)

答:每齿进给量 $f_{z1}=0.126\,7$ mm/z,$f_{z2}=0.105\,6$ mm/z。

12. 答:

解:按几何关系,当采用横向进给时:

$S_{横}=2\sin30°=2\times1/2=1$(mm) (公式答对得 1.5 分,数值算对再加 3.5 分)

当采用垂向进给时:

$S_{垂}=2\cos30°=2\times0.866=1.732$(mm) (公式答对得 1.5 分,数值算对再加 3.5 分)

答:采用横向进给 $S_{横}=1$ mm,当采用横向进给 $S_{垂}=1.732$ mm。

13. 答:

解:按比例方法

$0.08:s=75:50$

$s=\frac{0.08\times50}{75}=0.053$(mm) (公式答对得 2 分,数值算对再加 6 分)

答:因两垂直平面之间夹角<90°,所以在固定钳口 50 mm 高度处填入纸片,厚度 $s=0.053$ mm,可修正垂直度误差。(回答正确加 2 分)

14. 答:

解:(1)键槽应一次铣成,故选 $d_0=10$ mm (回答正确加 2 分)

(2)键槽铣刀 $z=2$

因为 $f_z=\frac{v_f}{zn}$,其中 $n=\frac{1\,000v_c}{\pi d_0}=\frac{1\,000\times20}{\pi\times10}=636.6$(r/min)

(公式答对得 1 分,数值算对再加 2 分)

选 $n=600$ r/min

所以 $f_z=\frac{75}{2\times600}=0.063$(mm/z)

(公式答对得 1 分,数值算对再加 2 分)

(3)铣刀纵向移动距离 $s=l-d_0=40-10=30$(mm) (回答正确加 2 分)

答：(1)选 $d_0=10$ mm。(2)每齿进给量 $f_z=0.063$ mm/z。(3)铣刀纵向移距 $s=30$ mm。

15. 答：

解：(1)因加工的直角沟槽是敞开式的，故宜选用三面刃铣刀或盘型槽铣刀，铣刀宽度 $L=$ 12 mm。(回答正确得 5 分)

(2) $A=(L+D)/2+$纸厚$=(12+40)/2+0.10$

$=26.10$(mm)　　(公式答对得 2 分，数值算对再加 3 分)

答：(1)选用 $L=12$ mm 的三面刃铣刀或盘型槽铣刀。

(2)用擦边法对刀后横向移距 $A=26.10$ mm。

16. 答：

解：(1) $d_0>2t+d'=2\times20+40=80$(mm)

(公式答对得 1.5 分，数值算对再加 3.5 分)

(2) $L<\dfrac{B'-B_n}{n-1}=\dfrac{350-30\times10}{10-1}=5.56$(mm)

(公式答对得 1.5 分，数值算对再加 3.5 分)

答：(1)铣刀直径 $d_0>80$ mm。(2)铣刀宽度 $L<5.56$ mm。

17. 答：

解：(1) $\alpha=90°$时

$H=\dfrac{B-B'}{2}\cot\dfrac{\alpha}{2}=\dfrac{50-3}{2}\times\cot\dfrac{90°}{2}$

$=23.50$(mm)　　(公式答对得 1.5 分，数值算对再加 3.5 分)

(2) $\alpha=120°$时

$H=\dfrac{B-B'}{2}\cot\dfrac{\alpha}{2}=\dfrac{50-3}{2}\times\cot\dfrac{120°}{2}$

$=13.57$(mm)　　(公式答对得 1.5 分，数值算对再加 3.5 分)

答：(1) $\alpha=90°$时，$H=23.50$ mm。(2) $\alpha=120°$时，$H=13.57$ mm。

18. 答：

解：当 $z=48$ 时

$n=\dfrac{40}{z}=\dfrac{40}{80}\text{r}=\dfrac{20}{24}\text{r}\left(或\dfrac{55}{66}\text{r}\right)$　　(公式答对得 2 分，数值算对再加 2 分)

当 $z=78$ 时

$n=\dfrac{40}{78}\text{r}=\dfrac{20}{39}\text{r}$　　(公式答对得 1 分，数值算对再加 2 分)

当 $z=28$ 时

$n=\dfrac{40}{28}\text{r}=1\dfrac{12}{28}\text{r}$　　(公式答对得 1 分，数值算对再加 2 分)

答：当 $z=48$ 时，$n=\dfrac{20}{24}$r；$z=78$ 时，$n=\dfrac{20}{39}$r；当 $z=28$ 时，$n=1\dfrac{12}{28}$r。

19. 答：

解：当夹角为 75°时：

$n_1=\dfrac{\theta}{9°}=\dfrac{75°}{9°}=8\dfrac{22}{66}\text{r}$　　(公式答对得 1.5 分，数值算对再加 3.5 分)

当夹角为 60°时：

$n_2=\frac{\theta}{9^\circ}=\frac{60^\circ}{9^\circ}=6\frac{44}{66}\text{r}$　　(公式答对得 1.5 分，数值算对再加 3.5 分)

答：当夹角为 75°时，$n_1=8\frac{22}{66}\text{r}$，当夹角为 60°时，$n_2=6\frac{44}{66}\text{r}$。

20. 答：

解：$n=\frac{\theta}{540'}=\frac{50^\circ16'}{540'}=\frac{60'\times50+16'}{540'}$

$=5\frac{316'}{540'}\approx5\frac{39}{66}\text{r}$　　(公式答对得 1.5 分，数值算对再加 3.5 分)

$\Delta=9^\circ\times5\frac{39}{66}-50^\circ16'=50^\circ19'05''-50^\circ16'=3'05''$

(公式答对得 1.5 分，数值算对再加 3.5 分)

答：分度手柄转数约为 $5\frac{39}{66}\text{r}$，夹角误差 $\Delta=3'05''$。

21. 答：

解：$z=73$ 无法进行简单分度，应采用差动分度。　　(回答正确得 2 分)

取 $z'=72$

$n'=\frac{40}{z'}=\frac{40}{72}\text{r}=\frac{30}{54}\text{r}$

$\frac{z_1z_3}{z_2z_4}=\frac{40(z'-z)}{z'}=\frac{40\times(72-73)}{72}=-\frac{40}{72}=-\frac{50}{90}$　　(公式答对得 1 分，数值算对再加 2 分)

取 $z'=65$

$n'=\frac{40}{z'}=\frac{40}{65}\text{r}=\frac{24}{39}\text{r}$

$\frac{z_1z_3}{z_2z_4}=\frac{40(z'-z)}{z'}=\frac{40\times(65-73)}{65}=-\frac{320}{65}$　　(公式答对得 1 分，数值算对再加 2 分)

答：因 72 与 73 较接近，取 $z'=72$ 时分度手柄与孔盘转向相反，操作较方便，且交换齿轮宜配置，故取 $z'=72$ 较合理。$z'=72$ 时，$n'=\frac{30}{54}\text{r}$，交换齿轮 $z_1=50$、$z_4=90$，取中间轮保证分度手柄与孔盘转向相反。取 $z'=65$ 配置交换齿轮困难，故不合适。　　(回答正确得 3 分)

22. 答：

解：取 $n=5$ 时

$\frac{z_1z_3}{z_2z_4}=\frac{40s}{np_{丝}}=\frac{40\times2025}{5\times6}=\frac{90}{30}$　　(公式答对得 1 分，数值算对再加 2 分)

取 $n=1$ 时

$\frac{z_1z_3}{z_2z_4}=\frac{40s}{np_{丝}}=\frac{40\times2025}{1\times6}=\frac{90}{6}$　　(公式答对得 1 分，数值算对再加 2 分)

答：根据计算可知，取 $n=1$ 时交换齿轮速比较大，因此选 $n=5$ 较合理。取 $n=5$，主动交换齿轮 $z_1=90$，从动交换齿轮 $z_4=30$。　　(回答正确得 4 分)

23. 答：

解：$n=\frac{\theta}{9^\circ}=\frac{1.5^\circ}{9^\circ}=\frac{9}{54}\text{r}$　　(公式答对得 1.5 分，数值算对再加 3.5 分)

$\theta=1°30'\times(28-1)=40°30'$ （公式答对得1.5分，数值算对再加3.5分）

答：每刻一格分度手柄转过$\frac{9}{54}$r；刻线28条分度头主轴所转角度$\theta=40°30'$。

24. 答：

解：$L'=d\sin\left[\frac{180°}{z}-\arcsin\left(\frac{B}{d}\right)\right]$

$=42\sin\left[\frac{180°}{8}-\arcsin\left(\frac{8}{42}\right)\right]$

$=42\sin(22.5°-10.98°)$

$=8.39(\text{mm})$ （公式答对得3分，数值算对再加4分）

答：铣刀最大宽度$L'=8.39$ mm，选用$L=6$ mm，$d_0=63$ mm的标准三面刃铣刀。

（回答正确得3分）

25. 答：

解：$L'=d\sin\left[\frac{180°}{z}-\arcsin\left(\frac{B}{d}\right)\right]$

$=26\sin\left[\frac{180°}{6}-\arcsin\left(\frac{6}{26}\right)\right]$

$=26\sin(30°-13.34°)$

$=7.45(\text{mm})$ （回答正确得2分）

选用$L=6$ mm，$d_0=63$ mm三面刃铣刀，铣完中间槽后，分度手柄转过$\frac{1}{2}n$，横向移动s可铣键侧 （回答正确得2分）

$\frac{1}{2}n=\frac{40}{2z}=\frac{20}{6}\text{r}=3\,\frac{22}{66}\text{r}$ （公式答对得1分，数值算对再加2分）

$s=\frac{L+B}{2}=\frac{6+6}{2}=6(\text{mm})$ （公式答对得1分，数值算对再加2分）

答：铣完中间槽后，分度手柄转过$\frac{1}{2}n=3\,\frac{22}{66}$r，横向移距$s=6$ mm。

26. 答：

解：(1)取$n=5\pi$，$n=15\,\frac{21}{30}$r

$\frac{z_1z_3}{z_2z_4}=\frac{40s}{np_{丝}}=\frac{40\pi m}{np_{丝}}=\frac{40\times3.141\,6\times3}{5\times3.141\,6\times6}$

$=\frac{80\times60}{30\times40}$ （公式答对得1分，数值算对再加3分）

(2)$n=\frac{\pi m}{p_{丝}}=\frac{3.141\,6\times3.5}{6}\text{r}=1.832\,6\text{r}\approx1\,\frac{55}{66}\text{r}$

（公式答对得1分，数值算对再加2分）

答：(1)取分度手柄转数$n=15\,\frac{21}{30}$r，交换齿轮$z_1=80$，$z_2=30$，$z_3=60$，$z_4=40$。

（回答正确得3分）

(2)若$m=3.5$ mm，采用分度盘移距，分度手柄转数$n=1\,\frac{55}{66}$r。

27. 答：

解：$p_z=\pi D\cot\beta=3.1416\times80\times\cot30°=435.31$(mm)

(公式答对得 1 分，数值算对再加 2.5 分)

$$\frac{z_1z_3}{z_2z_4}=\frac{40p_{丝}}{p_z}=\frac{40\times6}{435.31}\approx\frac{55}{100}$$

(公式答对得 1 分，数值算对再加 2.5 分)

答：主动齿轮 $z_1=55$，$z_4=100$；选择中间齿轮使工件和工作台丝杠旋转方向相同；工作台应逆时针扳转 30°。(回答正确得 3 分)

28. 答：

解：工件底槽直径 $D'=D-2t=60-2\times10=40$(mm) (回答正确得 2 分)

工件槽底螺旋线螺旋角

$$\beta'=\text{arccot}\left(\frac{p_z}{\pi D'}\right)=\text{arccot}\left(\frac{326.48}{\pi\times40}\right)=21.04°$$

(公式答对得 1.5 分，数值算对再加 2.5 分)

工件外圆螺旋线螺旋角

$$\beta=\text{arccot}\left(\frac{p_z}{\pi D}\right)=\text{arccot}\left(\frac{326.48}{\pi\times60}\right)=30°$$

(公式答对得 1.5 分，数值算对再加 2.5 分)

答：工件槽底螺旋线螺旋角 $\beta'=21.04°$，工件外圆螺旋线螺旋角 $\beta=30°$。

29. 答：

解：当量齿数 $z_v=\dfrac{z}{\cos^3\beta}=\dfrac{30}{\cos^3 15°}=33.29$

(公式答对得 1 分，数值算对再加 1.5 分)

跨越齿数 $k=0.111z_v+0.5=0.111\times33.29+0.5=4.195$，取 $k=4$

(公式答对得 1 分，数值算对再加 1.5 分)

公法线长度
$$\begin{aligned}W_{kn}&=m_n[2.9521(k-0.5)+0.014z_v]\\&=2\times[2.9521\times(4-0.5)+0.014\times33.29]\\&=21.597\text{(mm)}\end{aligned}$$

(公式答对得 1 分，数值算对再加 2 分)

答：公法线长度 $W_{kn}=21.597$ mm，选用 $m=2$ mm，$\alpha=20°$的 5 号标准齿轮盘铣刀。

(回答正确得 2 分)

30. 答：

解：$d_a=m_n\left(\dfrac{z}{\cos\beta}+2\right)=3\times\left(\dfrac{40}{\cos15°}+2\right)=130.233$(mm)

(公式答对得 1 分，数值算对再加 2.5 分)

$$z_v=\frac{z}{\cos^3\beta}=\frac{40}{\cos^3 15°}=44.38$$

取 $z_v=44$ (公式答对得 1 分，数值算对再加 2.5 分)

答：齿坯直径为 130.233 mm，选用 $m=3$ mm，$\alpha=20°$的 6 号标准齿轮盘铣刀。

(回答正确得 3 分)

31. 答：

解：$p_z=\frac{\pi m_n z}{\sin\beta}=\frac{\pi\times 2\times 30}{\sin 15^\circ}=728.29(\text{mm})$ （公式答对得 0.5 分，数值算对再加 1 分）

$\frac{z_1 z_3}{z_2 z_4}=\frac{40 p_{丝}}{p_z}=\frac{40\times 6}{728.29}\approx 0.33=\frac{55\times 30}{50\times 100}$

（公式答对得 1 分，数值算对再加 2 分）

$\bar{s}_{cn}=1.387 m_n=1.387\times 2=2.774(\text{mm})$

（公式答对得 0.5 分，数值算对再加 1.5 分）

$\bar{h}_{cn}=0.747\,6 m_n=0.747\,6\times 2=1.495(\text{mm})$

（公式答对得 0.5 分，数值算对再加 1.5 分）

答：交换齿轮主动轮 $z_1=55$，$z_3=30$，从动轮 $z_2=50$，$z_4=100$；固定弦齿厚 $\bar{s}_{cn}=2.774$ mm，固定弦齿高 $\bar{h}_{cn}=1.495$ mm。 （回答正确得 1.5 分）

32. 答：

解：$p_t=\frac{\pi m_n}{\cos\beta}=\frac{\pi\times 3}{\cos 20^\circ}=10.03(\text{mm})$

（公式答对得 3 分，数值算对再加 5 分）

答：因为工作台进给方向与工件侧面平行，故铣完一齿后工作台移距尺寸 $p_t=10.03$ mm。

（回答正确得 2 分）

33. 答：

解：(1)$d_a=m(z+2)=4\times(32+2)=136(\text{mm})$

（公式答对得 1 分，数值算对再加 2 分）

(2)$k=0.111z+0.5=0.111\times 32+0.5=4.05$

取 $k=4$ （公式答对得 0.5 分，数值算对再加 1.5 分）

$W_k=m[2.952\,1(k-0.5)+0.014z]$

$=4\times[2.952\,1\times(4-0.5)+0.014\times 32]=43.12(\text{mm})$

（公式答对得 1.5 分，数值算对再加 3.5 分）

答：(1)齿坯直径 $d_a=136$ mm。(2)跨测齿数 $k=4$，公法线长度 $W_k=43.12$ mm

34. 答：铣刀的旋转方向与工件的进给方向相反的铣削方式叫逆铣(2 分)。其主要特点：(1)逆铣时，铣刀有将工件及工作台稍微抬起的趋势，加大了工作台与导轨的间隙，同时，切屑有可能被辗入已加工表面(2 分)。(2)逆铣时，切屑由薄变厚，刀齿接触工件后，不能立即切入金属层，而是在工件表面滑移一小段距离，在滑移过程中，由于强烈的摩擦面便铣削温度升高，同时在待加工表面易形成硬化层，这就降低了刀具的使用寿命(2 分)。(3)逆铣时，刀齿在开始滑移时，影响加工表面的结构(2 分)。(4)逆铣时，由于铣刀力的水平分力与进给方向相反，因此，要克服铣削力在进给方向和摩擦力，所以消耗的动力较大，同时也自动抵消了进给机构中丝杆和螺母的间隙，各种铣床都可以采用逆铣(2 分)。

35. 答：铣刀的旋转方向与工件的进给方向相同的铣削方式叫顺铣(2 分)。主要特点：(1)顺铣时，铣刀将工件压向工作台及导轨，从而减少了工作台与导轨的间隙，振动小，铣削时比较平稳，同时也减少了切屑，铣刀刀齿切入已加工表面的可能性。因此提高了加工表面质量(2 分)。(2)顺铣时，刀齿与工件接触后，立即开始切削，切屑由厚到薄，避免了逆铣时刀齿与待加工硬化表面的强烈摩擦,因此铣刀的寿命较逆铣时长(2 分)。(3)顺铣时,由于铣削力的水平分力的方向与进给方向相同,所以需要的力和消耗的动力小(1 分)。(4)顺铣时,若机床进给机构中丝杆和螺母有间隙时,则由于铣削力与进给的方向相同,当铣刀开始接触工件时,在铣削力的作用下,工作台往往要被带动突然向前窜动一段距离等于丝杆和螺母的间隙而使铣刀受到冲击,造成进刀不均匀。工件表面出现啃槽。若铣削量大时,会损坏刀具或机床。所以采用顺铣时,机床必须有消除丝杠和螺母间隙的补偿装置(3 分)。

铣工(中级工)习题

一、填 空 题

1. 假想用剖切平面将机件的某处切断,仅画出断面的图形为(　　)图。

2. 零件的某一部分向基本投影面投影而得到的视图称为(　　)视图。

3. 局部视图上方应标出视图的名称“X 向”,并在相应视图附近用(　　)指明投影方向并注上相同的字母。

4. 当局部视图按投影关系配置,中间又无其他视图隔开时允许(　　)标注。

5. 按尺寸在平面图形中所起的作用,大致可分为(　　)两大类。

6. 形位公差标注时,当被测部位为线或表面时,指引线的箭头应(　　)被测部位轮廓线或其引出线,并应明显地与尺寸线错开。

7. 平面的质量主要从(　　)两个方面来衡量。

8. 圆柱体被正垂面斜截,截交线在(　　)上的投影为直线。

9. 圆柱体被正垂面斜截,截交线在 H 面上的投影为一个(　　)。

10. 圆柱体被正垂斜截,截交线在 W 面上的投影为一个(　　)。

11. 零件形状的表达,可以采用视图、剖视、剖面等各种方法。在六个基本视图中,最常用的是(　　)三个视图。

12. 人工时效是在精加工前进行(　　)加热。

13. 带传动是利用传动带作为中间的挠性件,依靠传动带与带轮之间的(　　)来传递运动的。

14. 液压传动系统可分动力部分、(　　)、控制部分和辅助部分四个部分。

15. 常用的刀具材料有碳素工具钢、合金工具钢、(　　)、硬质合金等。

16. 按工具工件条件,刀具材料应具有如下的性能:高的硬度;高的耐磨性;(　　);足够的强度和韧性。

17. 一般用来切削脆性材料的硬质合金是(　　)硬质合金。

18. 刀具的前角、后角、齿槽角等属于刀具切削部分的(　　)精度。

19. 刀具圆周刃对刀具轴线的径向跳动,端刃的轴向跳动等,属于刀具切削部分的(　　)精度。

20. 在切削中,吃刀深度对切削力影响(　　)。

21. 刀具磨损到一定程度后,应重新刃磨或更换新刀。因此,要对刀具规定一个允许磨损量的(　　),这个值称为刀具的磨钝标准,或称为磨损限度。

22. 刀具磨损的主要原因是:磨粒磨损、黏结磨损、扩散磨损、(　　)、氧化磨损和其他磨损等。

23. 圆柱形铣刀是尖齿铣刀,尖齿铣刀刃磨部位是(　　)。

24. 铣齿铣刀刃磨部位是(　　)。

25. 刀具刃磨的基本要求是:表面平整、粗糙度小、刀刃的直线度和完整度好,(　　)以保证良好的切削性能。

26. 切削温度太高,会加快刀具的磨损,甚至使刀具(　　)能力。

27. 切削温度高也会造成工件的(　　),尤其对细长轴和薄壁零件尤为显著。

28. 零件加工后的实际几何参数与(　　)的符合程度称为加工精度。

29. 工件在装夹过程中产生的误差称装夹误差。它包括夹紧误差、(　　)误差及基准不符误差。

30. 为减小加工误差,须经常对导轨进行检查和测量,及时调整床身的安装垫铁,修刮(　　)的导轨,以保持其必需的精度。

31. 在尺寸链中被间接控制的,当其他尺寸出现后自然形成的尺寸,称为(　　)环。

32. 封闭环的最大极限尺寸等于各增环的最大极限尺寸减去各减环的(　　)尺寸。

33. 封闭环的最小极限尺寸等于各增环的最小极限尺寸减去各减环的(　　)尺寸。

34. 划线是机械加工的重要工艺,通过划线,可以检查毛坯是否与图纸要求一致,又可以利用划线校正(　　)余量。

35. 划线中的基本线条有平行线、垂直线、(　　)和圆弧线四种。

36. 基尔霍夫第一定律也叫点电流定律,其内容的数学表达式为(　　)。

37. 异步电动机的转子转速总是(　　)同步转速。

38. 异步电动机主要由(　　)两大部分组成。

39. 按钮用来接通和断开控制电路,是电力拖动中一种(　　)指令的电器。

40. 在直流电路中,某点的电位等于该点与(　　)之间的电压。

41. 我国工业及生活中使用的交流电的频率为 50 Hz,周期为(　　)。

42. 普通机床上常见的自动控制电器有交流接触器、中间继电器、(　　)、速度继电器、时间继电器和电流继电器等。

43. 普通机床上常用的执行电器有电磁铁、(　　)、电磁离合器等。

44. 文明生产是操作工人(　　)操作的基本内容,反映了操作工人的技术水平和管理水平。

45. 文明生产包括场地环境、(　　)、工、夹量具保养和工艺文件保管等。

46. 积极做好不合格产品的管理工作,严防(　　),将不合格产品作为合格产品,正确处理质量和数量的关系。

47. 劳动纪律是发展生产和提高效益的一种手段。劳动纪律包括工时纪律、(　　)和生产纪律三个方面的内容。

48. 在卧式铣床上镗削较深、较大的孔应采用(　　)镗削法。

49. 所谓职业,是人们在(　　)中对社会所承担的一定的职业和从事的专业业务。

50. 工人做工、农民种地、医生看病、教师教书育人,都是人们从事的(　　)活动。

51. 职业道德,是从事一定职业的人们在职业工作中所应遵循的(　　)和规范。

52. 职业道德只有三方面的特征:第一,范围上有限性;第二,内容上的稳定性和(　　);第三,形式的具体多样性。

53. 大力加强职业道德建设是社会主义(　　)建设的重要组成部分。

54. 党的四届六中全会通过的《中共中央关于加强社会主义精神文明建设若干重要问题的决议》再次强调了"职业道德建设"：是"(　　)建设基本任务"之一。

55. 职业道德的形式具体多样，可以用体现本职业(　　)"行话"，"术语"以言简意明的形式表达出来，如工作制度、工作守则、操作规章等。

56. 机加工人的职业道德，是在共产主义道德原则指引下，结合自身(　　)性质和职业责任，在长期的工作实践中逐渐形成和发展起来的。

57. 遵守法律、(　　)和有关规定，爱岗敬业，具有高度的责任心。

58. 工作中严格执行工作程序、工作规范、(　　)和安全操作规程，工作认真负责、团结合作。

59. 爱护设备及工具、夹具、(　　)和量具。

60. 衣帽穿戴、(　　)着装整洁，佩带上岗证上岗操作。

61. 熟悉所用机床电器装置的部位和作用，懂得(　　)常识，一旦周围发生触电事故，知道应急处理。

62. 熟悉所用机床的性能和使用范围，懂得一般的调整和(　　)常识，平时应做好一般保养和润滑，使用一段时间后，应定期对机床进行一级保养。

63. 经常持工作环境(　　)有序，做到文明生产。

64. 零件加工精度包括尺寸精度、(　　)精度和相对位置精度等三项内容。

65. 齿式离合器的齿侧是工作面，所以其齿侧的表面粗糙度 Ra 值一般应达到(　　)。

66. 通常在铣床上铣削加工的是等速凸轮，这些凸轮的工作型面一般都采用(　　)螺旋面。

67. 梯形等高齿离合器的齿顶与槽底面应平行，且与离合器轴线垂直，它的齿侧高度(　　)，所以齿侧中性线与离合器的轴线汇交。

68. 为了确定主轴与圆转台中心的相对位置，在安装之前，应把圆转台中心与(　　)校成同轴。

69. 一对齿数相等，交角为 90°的直齿圆锥齿轮，其节锥角为(　　)。

70. 直齿圆锥齿轮的铣削角(根锥角)是(　　)与根锥母线之间的夹角。

71. 在铣床上对多个工件的加工有三种方法，即平行加工法、顺序加工法和(　　)加工法。

72. 凸轮曲线的三个要素是升高量、升高率和(　　)。

73. 蜗杆有三种类型，在实际生产中通常采用的是(　　)蜗杆传动。

74. 在蜗杆蜗轮传动中，规定蜗杆的(　　)模数为标准模数。

75. 在铣床上加工蜗杆一般精度要求都不高，所以实际生产中大都采用(　　)号正齿轮铣刀。

76. 某一凸轮的升高率 $h=1$ mm/(°)，当凸轮曲线转过 30°时，其升高量为(　　)mm。

77. 在铣床上用三面刃铣刀或单角度铣刀加工齿形链轮后，(　　)留有较多的剩余部分要用锉刀修锉。

78. 特形铣刀的刀齿一般为(　　)结构。前角大都为零度，刃磨时只修磨前刀面。

79. 铣削圆柱凸轮时，为了保证逆铣，凡是左螺旋面采用(　　)刃立铣刀。

80. 铣削尖齿离合器时，一对接合的离合器应采用(　　)铣刀铣削。

81. 可转位刀片中的三边形刀片一般适用于(　　)铣刀和三面刃铣刀。

82. 可转位刀片中的四边形刀片一般适用于(　　)铣刀。

83. 铣削难加工材料时,由于切削抗力大、铣削温度高和热强度高等特点,故铣削用量的值要比铣削普通钢材(　　)。

84. 在铣床上加工圆锥齿轮,是根据当量齿数选择铣刀号的,其计算公式为(　　)。

85. 标准的锥齿轮盘铣刀,适用于加工齿轮节锥半径 L 与齿宽 b 之比(　　)的锥齿轮。

86. 铣削滚子链轮的齿槽圆弧时,一般在卧铣上用(　　)铣刀。

87. 铣削滚子链轮的齿槽圆弧,当齿沟圆弧较大时,可在立铣上用(　　)铣刀或立铣刀。

88. 在缺乏滚齿机的情况下,蜗轮可以在卧铣上用齿轮铣刀先进行粗铣,再用滚刀进行精铣,齿轮铣刀的号数是根据(　　)齿数选择的。

89. 粗加工时,为了保证刀刃有较好的强度和散热条件,前角应铣得(　　)些。

90. 精加工时,为了保证已加工表面质量,使刀刃锋利,应选取较(　　)的前角。

91. 产生工作台快速进给脱不开的主要原因是(　　),或是使慢速复位的弹簧力不够。

92. X6132 型铣床进给变速箱内的轴Ⅶ和轴Ⅺ的右端轴承,因转速较高和地位受限制,故采用(　　)轴承。

93. 工作台纵向进给反空程量大,其主要原因是工作台纵向丝杠与螺母之间的轴向间隙太大,或是丝杠两端(　　)太大。

94. 为了保证铣床上导轨副的必要配合间隙,常采用由螺钉、螺母和(　　)组成的调整机构。

95. X2010A 型龙门铣床的垂直主轴能在(　　)范围内偏转。

96. 片式磨擦离合器是用接通工作台作(　　)移动的。

97. X2010A 型龙门铣床的水平主轴能在(　　)范围内旋转,以满足各种斜度的加工要求。

98. 如果立式升降台铣床主轴回转中心线对工作台面的垂直度精度超差,则镗孔时会使孔轴线歪斜或使孔呈(　　)形。

99. 立式或卧式升降台铣床主轴定心轴颈的径向跳动精度超差时,铣槽时会影响(　　)及表面粗糙度。

100. X6132 型铣床主轴、前轴承采用圆锥滚子轴承,中部采用(　　)轴承,后端采用单列向心球轴承。

101. X62W 型铣床主电动机与变速箱轴Ⅰ之间的(　　)在运转时能吸收振动和承受冲击,使电动机轴转动平稳。

102. X2010 型龙门铣床立柱内部的重锤是为了平衡(　　)的重量。

103. X2010 型龙门铣床的保险离合器与 X62W 型铣床的安全离合器的作用是一样的,都是为了(　　)过载保护。

104. 在用端铣刀铣削薄型大平面时,应采用较小的主偏角和绝对值较大的(　　)刃倾角,使垂直铣削力向下,这样可使铣削平稳。

105. 用三面刃铣刀铣削矩形齿离合器时,在卧式铣床上分度头主轴要(　　)放置。

106. 用三面刃铣刀铣削矩形齿离合器时,在立式铣床上分度头主轴要(　　)放置。

107. 在选择铰削余量时,应根据铰孔精度、(　　)、孔径的大小、材料的性质和铰刀的类型等因素来确定。

108. 钻孔中孔产生歪斜的主要原因有钻头(　　)不对称。

109. 钻头中孔产生歪斜的主要原因还有钻头产生弯曲及工件端面与(　　)不垂直。

110. 镗孔时,调整铣床主轴线对准工件上孔的中心的方法,常用的有按划线调整;用(　　)调整;用测量法调整;用试镗和测量相结合调整。

111. 铰孔时加切削液的主要目的有:冲掉切屑并带走热量;减小(　　);延长刀具寿命。

112. 用指状铣刀铣蜗杆时,刀具节线处的直径要略(　　)于蜗杆的齿槽宽度。

113. 在卧铣上用盘铣刀铣削蜗杆时,要采用横刀架,使铣刀的旋转平面和工作台横向运动方向(　　)。

114. 在螺旋齿槽铣削调整过程中,除了考虑齿槽角、前角等因素外,还必须考虑(　　)角对铣削的影响。

115. 铣削螺旋齿槽时,在工作条件允许的情况下,工作铣刀的直径越(　　)越好,为了减少内切,一般选择双角铣刀。

116. 采用单角铣刀铣螺旋槽时,工作台实际转角 β_1 均应(　　)于螺旋角 β,一般差值为 1°～4°。

117. 在卧铣上偏铣锥齿轮齿槽右侧余量时,工作台应向右移,分度头(　　)转。

118. 在卧铣上偏铣锥齿轮齿槽左侧余量时,工作台应向左移,分度头(　　)转。

119. 在铣床上用成形铣刀加工出的直齿圆锥齿轮齿形是不精确的,齿轮的齿数越(　　),它的误差越大。

120. 在万能铣床上用断续分齿、连续展成法飞刀铣削蜗轮时,为了得到连续的展成运动,用挂轮把分度头侧轴与工作台(　　)连接起来。

121. 在万能卧铣上用飞刀展成法加工蜗轮一般有两种方法:一种是断续分齿(连续展成);另一种是(　　)。

122. 铣削锥齿轮时,若铣刀廓形的对称线未对准齿坯中心,将会造成齿形不对称和(　　)超差。

123. 用对称双角度铣刀铣削尖齿离合器,对刀时应使铣刀的(　　)通过工件轴心。

124. 铣削三角形齿离合器,每分度一次能铣削出一条齿槽,调整铣削深度应按(　　)端的齿深进行。

125. 用三面刃铣刀铣削矩形齿离合器,对刀必须使铣刀侧刃的(　　)通过工件轴心。

126. 铣削牙嵌离合器时,若工件装夹不同轴或对刀不准确,会使一对离合器接合后(　　)。

127. 铣削尖齿和锯齿形齿离合器时,若铣削深度过大,会使齿顶过尖,则一对离合器接合时(　　)。

128. 在铣削双向螺旋齿离合器相反方向的螺旋面时,只要用(　　)的方法来改变旋向即可。

129. 在铣削端面凸轮的过程中,由于螺旋面本身不同直径处的螺旋角不同,铣削过程中存在着(　　)现角。

130. 根据球面的几何特点,只要使铣刀旋转时(　　)的轨迹与球面的截形圆重合,然后再由工件绕自身轴线的旋转运动相配合,即可铣出球面。

131. 采用圆转台铣削一圆盘凸轮,已知机床丝杠螺距 $T=6$ mm,凸轮曲线导程 $L=60$ mm,圆转台定数为 120,则挂轮比 $i=$(　　)。

132. 铣削一椭圆柱,铣刀回转直径 $d_c=80$ mm,铣床主轴倾斜角 $\alpha=30°$,铣出的椭圆短轴 $d=$(　　)mm。

133. 外球面铣削时,刀尖回转直径 d_c 和回转平面离球心的距离 e 确定球面的尺寸。当 d_c 确定,e 变大时,球径 R 将(　　)。

134. 铣一外球面,已知刀尖回转平面与球心距离 $e=30$ mm,刀尖圆转直径 $d_c=80$ mm,铣出的球面直径 $R=$(　　)mm。

135. 铣削一具有多条不同导程的曲线平面凸轮,如果只按其中一条曲线导程挂轮,则其余几条曲线加工可用(　　)铣削法进行铣削。

136. 用角度铣刀铣螺旋齿槽时,刀尖圆弧半径 r 刀应(　　)工件槽底圆弧。

137. 锥度铰刀开齿时,为了达到铰刀的几何精度,铰出精确的孔,因此铰刀的刃口必须准确地落在(　　)上。

138. 铣削一螺旋齿刀具,其齿槽螺旋角 $\beta=30°$,导程为 L 毫米,此被加工铣刀的外径 $D=$(　　)。

139. 铣刀具端面齿时,为了保证端面齿刃口棱边宽度一致,端面齿槽一定要铣成外(　　)、外深。

140. 铣刀具端面齿时,为了保证端面齿刃口棱边宽度一致,端面齿槽一定要铣成内(　　)、内浅。

141. 在铣螺旋齿刀具端面齿时,应根据前刀面连接的情况对(　　)和分度头倾斜角 Φ 作适当调整。

142. 球面检验一般包括:(　　)检验、球面半径检验和球面位置检验。

143. 铣削锥齿轮时,工件装夹后应用百分表校正大端和小端的(　　)。

144. 滚子链链轮铣削后,可以用齿根圆千分尺直接测量,一般常用(　　)间接测量。

145. 扭簧比较仪除用作测微比较仪外,还可用作(　　)测量仪、表面波度检查仪及延伸测量计算等。

146. 在铣床上铣削蜗杆和蜗轮,一般只测量蜗杆和蜗轮分度圆上的是(　　)齿厚和弦齿高。

147. 用精度为 0.02 mm/m,底长为 300 mm 的水平仪,检测一台长 6 m 的车床导轨的安装精度。若水平仪气泡向右偏 2 格,则表示车床右端高 0.24 mm,其倾斜角度为(　　)。

148. 检验铣床主轴定心轴颈的径向跳动,是将百分表的触头顶在主轴定心轴颈和表面上,旋转主轴百分表读数的(　　),就是径向跳动的误差。

149. 检验升降台铣床工作台的平面度时,工作台面纵向只许(　　)。这项精度超差会影响工件或夹具底面的安装精度。

150. 立式或卧式升降台铣床主轴的轴向窜动精度超差,则在铣削时会造成较大的振动和(　　)。

151. 铣床工作精度的检验就是通过对(　　)的检验,达到对机床工作部件运动的均匀性和协调性检验,以及对机床部件相互位置的正确性检验。

152. 铣床几何精度检验,就是在静态条件下,检验机床部件的(　　)精度和相互位置精度。

153. 主轴松动的检查方法是:先用百分表检查主轴的径向间隙是否大于(　　)mm。再用百分表检查主轴端面,用木棒撬主轴,看百分表指针的摆差是否大于 0.02 mm。若超过要求,应及时维修。

154. 对于圆盘凸轮工作型面形状精度的检测。因为凸轮型面母线与工件轴线平行,所以只测量母线的(　　),以判断其型面的形状精度。

155. 检查镶条松紧的方法是:一般都用摇动丝杆手柄的重量来测定。另外,还可以用塞尺来辅助测定。一般以不能用(　　)毫米的塞尺塞进为合适。

156. 牙嵌式离合器铣削后,主要检验下列几个项目:(1)齿形;(2)同轴度;(3)(　　);(4)表面粗糙度。

157. 刀具圆周刃对刀具轴线的径向跳动,端刃的轴向跳动等,属于刀具切削部分的(　　)精度。

158. 数控机床主要由数控装置、(　　)和机床本体三部分组成。

159. 数控装置是数控机床的中枢,一般由输入装置、(　　)、运算器和输出装置等组成。

160. (　　)是数控装置与机床本体间的联系环节。

161. 数控机床按工艺用途分成一般数控机床和(　　)机床。

162. 数控机床按运动轨迹分成点位控制数控机床、(　　)机床和连续控制(轮廓控制)数控机床。

163. 数控机床按控制方式分成(　　)机床、闭环控制数控机床和半闭环控制数控机床。

164. 伺服系统是指以机械位置或角度作为(　　)的自动控制系统。

165. 数控机床操作者必须熟悉了解机床的安全保护措施和安全操作规程、随时监控显示装置、发现报警信号时,能够判断(　　)及排除简单的故障。

166. 数控机床工件装夹的基准,不允许用粗基准。装夹须合理、可靠。注意避免在工作中刀具与工件,刀具与夹具发生干涉,避免在(　　)旋转时,发生干涉。

167. 数控机床进行首件加工时,必须经过程序检查(试走程序),(　　),单程序段试切及尺寸检验等阶段。

168. 数控机床操作者应定期(　　)机床各开关手柄,按钮的灵敏性,特别是急停,进给保持、倍率开关、退位开关等。

169. 数控机床操作者班前应进行空运转,并检查(　　)性能是否良好,检查机床是否有异常现象。

170. 数控机床安装刀具时,应注意刀具的使用顺序,安放位置与(　　)的顺序是否一致。

171. 数控机床操作者班前必须检查机床各手柄、开关、按钮是否在正确(　　),严禁非操作人员乱动机床上任何手柄、开关和按钮。

172. M 指令是控制机床(　　)功能的指令,主要用于完成加工操作时的辅助动作。

173. 数控机床的故障,以故障出现的必然性和偶然性,可分为(　　)和随机性故障。

174. 模态指令也称续效指令;一经(　　)段中指定,便一直有效,直到以后出现同组另一指令或被其他指令取消才失效。

175. 数控机床的故障从发生故障的部位可分为(　　)两种。

176. 在编程过程中,有时为了避免尺寸换算,需多次把工件坐标系平移,将工件零点平移至工艺基准处,称为工件(　　)。

177. 在一个加工程序中,若有几个一连串的程序段完全相同或相近,为了缩短程序,可把重复的程序段串单独抽出,编成"(　　)",存储在CNC系统内,反复调用。

178. 所谓断路,就是在闭合回路中发生(　　),使电流不能导通的现象。

179. 偏铣时,若锥齿轮小端齿厚已达要求,而大端齿厚太薄,则应减少回转量,并适当(　　)偏移量,使小端齿厚保持不变,而大端齿厚比原来少切去些。

二、单项选择题

1. 画矩形外花键时,在平行于花键轴线的投影面的视图中,大径及小径(　　)绘制,并用剖面画出一部分或全部齿形。

(A)分别用粗实线和细实线　(B)均用粗实线
(C)分别用细实线和粗实线　(D)均用细实线

2. 画矩形内花键时,在平行于花键轴线的投影面上的剖视图,大径及小径(　　)绘制,并用局部视图画出一部分或全部齿形。

(A)分别用粗实线和细实线　(B)均用粗实线
(C)分别用细实线和粗实线　(D)均用细实线。

3. 下列属于硬质合金材料的牌号是(　　)

(A)T12A　(B)YG8X　(C)GCr15　(D)KT300

4. GCr15是滚动轴承钢的一个牌号,其中含铬量为(　　)。

(A)2%　(B)1.5%　(C)15%　(D)20%

5. 工具钢、轴承钢等锻压后,为改善其切削加工性能和最终热处理性能,常需进行(　　)。

(A)完全退火　(B)去应力退火　(C)正火　(D)球化退火

6. 为了保证刀具刃部性能的要求,工具钢制造的刀具最终要进行(　　)。

(A)淬火　(B)淬火和低温回火　(C)淬火和中温回火　(D)调质

7. 为了保证获得要求的机械性能,一般高速钢最终要进行(　　)。

(A)退火　(B)淬火
(C)一次淬火和三次回火　(D)淬火和一次回火

8. 传动平稳,无噪声,能缓冲吸振的传动是(　　)。

(A)带传动　(B)螺旋传动　(C)斜齿轮传动　(D)蜗杆传动

9. 结构简单,传动比不准确,传动效率低,但本身有过载保护功能的传动是(　　)。

(A)齿轮传动　(B)皮带传动　(C)螺旋传动　(D)链传动

10. 齿轮工作台面平稳性精度,就是规定齿轮在一转中,其瞬时(　　)的变化限制在一定范围内。

(A)传动比　(B)转速　(C)角速度　(D)线速度

11. 传动比大而且准确的传动有(　　)。

(A)带传动　(B)蜗杆传动　(C)链传动　(D)齿轮传动

12. 新标准轴承32208是(　　)。

(A)圆锥滚子轴承　(B)球轴承　(C)滚针轴承　(D)推力球轴承

13. 新标准轴承 NA4900 是(　　)。

(A)球轴承　(B)滚针轴承　(C)圆锥滚子轴承　(D)圆柱滚子轴承

14. 在液压系统中,将机械能转变为液压能的液压元件是(　)。

(A)液压缸　(B)滤油器　(C)溢流阀　(D)液压泵

15. 在液压系统中起安全保障作用的阀是(　　)。

(A)单向阀　(B)溢流阀　(C)顺序阀　(D)节流阀

16. 顺序阀是属于(　　)控制阀。

(A)方向　(B)流量　(C)压力　(D)伺服

17. 液压缸和液压马达属于液压系统的(　　)。

(A)动力部分　(B)控制部分　(C)执行部分　(D)辅助部分

18. 在切削中,影响切削力较大的刀具角度是(　　)。

(A)后角　(B)主偏角　(C)前角　(D)刃倾角

19. 在切削中对刀具耐用度影响最小的是(　　)。

(A)刀具材料　(B)切削速度　(C)进给量　(D)切削深度

20. 切削用量是影响切削温度的主要因素,其中(　　)对切削温度影响最大。

(A)进给量　(B)切削速度

(C)切削深度　(D)切削力度

21. 消减定位误差与夹紧误差的方法是正确选择工件的定位基准,即尽可能选用(　　)为定位基准。

(A)设计基准　(B)工序基准　(C)工艺基准　(D)机床基准

22. 通常夹具的制造误差应是工件在该工序中允许误差的(　　)。

(A)1～3 倍　(B)1/10～1/100　(C)1/3～1/5　(D)等同值

23. 轴类零件用双中心孔定位,能消除(　　)个自由度。

(A)三　(B)四　(C)五　(D)六

24. 任何一个未被约束的物体,在空间具有进行(　　)种运动的可能性。

(A)六　(B)五　(C)四　(D)三

25. 使定位元件所相当的支承点数目刚好等于 6 个,且按(　　)的数目分布在 3 个相互垂直的坐标平面上的定位方法称为六点定位原理。

(A)2∶2∶2　(B)3∶2∶1　(C)4∶1∶1　(D)5∶1∶0

26. 使工件相对于刀具占有一个正确位置的夹具装置称为(　　)装置。

(A)夹紧　(B)定位　(C)对刀　(D)辅助

27. 确定夹紧力方向时,应该尽可能使夹紧力方向垂直于(　　)基准面。

(A)主要定位　(B)辅助定位　(C)止推定位　(D)水平定位

28. 组合夹具是由一些预先制造好的不同形状不同规格尺寸的标准元件和组合件组合而成的,这些元件相互配合部分尺寸精度高、耐磨性好且具有一定的硬度和(　　)性。

(A)耐腐蚀性　(B)较好的互换性　(C)完全互换　(D)好的冲韧性

29. 合理地选择划线(　　),是做好划线工作的关键。

(A)方法　(B)基准　(C)工艺　(D)工具

30. 工件装夹后,在同一位置上进行钻孔、扩孔、铰孔等多次加工,通常选用(　　)钻套。

(A)快换 (B)可换 (C)固定 (D)活动

31. 铰孔是对未淬火的(　　)进行精加工的一种方法。

(A)盲孔 (B)通孔 (C)短盲孔 (D)断续孔

32. 铰孔时铰出的孔呈多边形的主要原因是(　　)。

(A)铰刀转速慢 (B)手铰时转速不均匀

(C)铰孔前所钻的孔不圆 (D)铰刀轴线与铣床主轴不同轴。

33. 在铸件中铰孔时用(　　)润滑。

(A)柴油 (B)矿物油 (C)菜籽油 (D)煤油

34. 以下关于切削液润滑作用说法不正确的是(　　)。

(A)减少切削过程中摩擦 (B)减少切削阻力

(C)显著提高表面质量 (D)降价刀具耐用度

35. 铣削镁合金时,禁止使用(　　)切削液。

(A)水溶液 (B)压缩空气 (C)燃点高的矿物油 (D)燃点高的植物油

36. 圆轴在扭转变形时,其截面上只受(　　)。

(A)正压力 (B)扭曲应力 (C)剪应力 (D)弯矩

37. 运动物体的切向加速度在 $a_t=0$,法向加速度 $a_n\neq0$,该物体作(　　)。

(A)匀速直线运动 (B)变速直线运动

(C)匀速回转运动 (D)变速回转运动

38. 既支承传动件又传递运动,又同时承受弯曲和扭转作用的轴,称为(　　)。

(A)转轴 (B)心轴 (C)主轴 (D)传动轴

39. 在三相四线制电路中,若其中任意一相短路或断路,其他两相将(　　)工作。

(A)正常 (B)不工作 (C)有影响 (D)间断

40. 正弦交流电的最大值等于有效值的(　　)倍。

(A)1/2 (B)21/2 (C)1/21/2 (D)2

41. 金属导体的电阻与(　　)无关。

(A)导线的长度 (B)导线的横截面积

(C)导线材料的电阻率 (D)外加电压

42. 电气故障失火时,不能使用(　　)灭火。

(A)干粉 (B)酸碱泡沫 (C)二氧化碳 (D)四氯化碳

43. 生产上常采用的安全电压为(　　)伏特。

(A)50 (B)45 (C)40 (D)36

44. 把电气设备的金属外壳接到线路系统中的中性线上,称作(　　)。

(A)保护接零 (B)接地保护 (C)保护接中线 (D)保护接地

45. 全面质量管理中常使用的排列图、直方图、因果图等属于(　　)方法。

(A)直接控制 (B)数理统计 (C)检查统计 (D)统计管理

46. 生产人员在质量管理方面必须严格做好"三按和一控"工作。一控是指自控正确率。其正确率应达(　　)。

(A)93% (B)95% (C)98% (D)100%

47. 提高衡量产品质量的尺度,产品质量的优劣,不仅以是否符合国家或上级规定的质量标准来衡量，更重要的是以满足用户需要的程度来衡量，不仅要衡量产品本身的质量，还要衡量(　　)质量。

(A)包装　(B)运输　(C)服务　(D)销售

48. 铣床一级保养是在机床运转(　　)后进行的。

(A)30天　(B)3个月　(C)500天　(D)500小时

49. 生产班组的中心任务，是在不断提高技术理论水平和实际操作技能的基础上，以(　　)为中心，全面完成工厂、车间和工段的生产任务和各项经济技术指标。

(A)提高工作效率　(B)提高经济效益　(C)保证质量　(D)完成任务

50. 铣直齿锥齿轮时，由于(　　)会引起工件齿圈径向圆跳动超差。

(A)铣削时分度头主轴未固紧　(B)齿坯外径与内径同轴度差

(C)分度不准确　(D)操作时对刀不准确。

51. 做好调度工作的计划性是以(　　)为依据，指挥生产。

(A)生产作业计划　(B)以车间分配的任务

(C)生产进度　(D)出产进度

52. 调整铣床工作台镶条的目的是为了调整(　　)的间隙。

(A)工作台与导轨　(B)工作台丝杠螺母

(C)工作台紧固机构　(D)丝杠两端推力轴承

53. X2010型龙门铣床水平主轴的回转角度是(　　)。

(A)±30°　(B)±15°　(C)−15°～+30°　(D)±20°

54. X62W型铣床主轴变速采用(　)机构。

(A)孔盘变速操纵　(B)凸轮变速　(C)液压变速　(D)齿轮变速

55. X2010型龙门铣床的油路中用以调整高压油路压力的是(　　)。

(A)压力继电器　(B)低压溢流阀　(C)减压阀　(D)压力泵

56. X62W型铣床主电动机轴与传动系统是通过(　　)与传动系统的轴Ⅰ连接的。

(A)牙嵌离合器　(B)磨擦离合器　(C)弹性联轴器　(D)超越离合器

57. X2010型龙门铣床的横梁夹紧与升降运动是通过(　　)互相自动联锁的。

(A)电气系统　(B)机械装置　(C)液压系统　(D)数控系统

58. X62W型铣床的主轴不能在0.5 s内制动的主要故障原因是(　　)。

(A)主电动机故障　(B)转速控制继电器失调

(C)弹性联轴器损坏　(D)摩擦片失灵

59. X62W型铣床主轴的中轴承是决定主轴工作平性的主要轴承，采用(　　)。

(A)单列深沟球轴承　(B)推力轴承　(C)圆锥滚子轴承　(D)滚针轴承

60. X2010型龙门铣床作台是通过(　　)传动来获得纵向进给的。

(A)蜗杆副　(B)齿轮齿条　(C)丝杠螺母　(D)凸轮顶杆

61. X2010型龙门铣床主轴轴承间隙调整时，调整环磨削量为需要减少的径向间隙的(　)倍。

(A)3　(B)6　(C)12　(D)9

62. X62W型铣床在使用时，铣削稍受一些阻力，工作台即停止进给，这是由于(　　)失灵造成的。

(A)安全离合器　(B)摩擦离合器　(C)联轴器　(D)牙嵌离合器

63. 滚子链轮国家标准采用(　　)端面齿形。

(A)凸形　(B)凹形　(C)斜形　(D)球形

64. 通常在铣床上铣削加工的是(　　)凸轮。

(A)等速运动　(B)等加速运动　(C)等减速运动　(D)等加速-等减速运动

65. 强力铣削是采用(　　)的切削方法。

(A)高速　(B)大铣削宽度　(C)大进给量　(D)大铣削强度

66. 一标准直齿锥齿轮,其 $m=3$ mm,$z=17$,$\delta=60°$,则其齿顶圆直径为(　　)。

(A)50 mm　(B)52 mm　(C)53 mm　(D)54 mm

67. 铣削球面时,铣刀回转轴心线与球面工件轴心线的交角称为轴交角,若轴交角 $\beta=45°$,则工件倾斜角或铣刀倾斜角 α 为(　　)。

(A)45°　(B)60°　(C)90°　(D)180°

68. 用分度头铣削圆盘凸轮,分度头主轴和水平方向成一夹角后进行铣削的方法称为(　　)。

(A)垂直铣削法　(B)倾斜铣削法　(C)靠模铣削法　(D)凸轮铣具法

69. 圆锥齿轮的节锥母线与外锥母线间的夹角叫(　　)。

(A)节锥角　(B)顶锥角　(C)齿顶角　(D)铣削角

70. 由球面加工方法可知,铣刀回转轴线与球面工件轴心线的交角 β 确定球面的(　　)。

(A)形状　(B)尺寸　(C)粗糙度　(D)加工位置

71. 铣削一正梯形牙嵌离合器,已知齿槽深 $T=6$ mm,齿形角 $\theta=16°$,则齿槽铣削时三面刃铣刀侧刃偏离中心距离 $e=$(　　)。

(A)3tan8°　(B)6tan8°　(C)3cot8°　(D)3cos8°

72. 高精度的锥齿轮应在(　　)加工。

(A)卧工铣床　(B)立式铣床　(C)专用机床　(D)插床

73. 正梯形牙嵌离合器的齿顶线和槽底线与齿侧斜面中间线(　　)。

(A)平行　(B)相交　(C)异面　(D)垂直

74. 正梯形牙嵌离合器齿侧是斜面,斜面(　　)通过离合器的轴线。

(A)与齿顶交线　(B)与槽底交线　(C)中间线　(D)1/3 处线

75. 牙嵌离合器是依靠(　　)上的齿与槽相互嵌入或脱开来达到传递和切断动力的。(B、1、X)

(A)端面　(B)外圆柱面

(C)内圆柱面　(D)与轴心线成一定夹角的平面

76. 已知一矩形牙嵌离合器的齿数 $z=5$,离合器齿部孔径 $d=40$ mm,选用三面刃铣刀铣削加工,所选铣刀宽度应小于等于(　　)。

(A)11.75 mm　(B)16 mm　(C)18 mm　(D)20 mm

77. 铣削矩形牙嵌离合器时,三面刃铣刀的宽度应小于(　　)的齿槽宽度。

(A)工件外径处　(B)工件齿部孔径处　(C)二分之一　(D)三分之一

78. 铣削端面凸轮时,左螺旋面应采用(　　)立铣刀。

(A)直齿　(B)左旋左刃　(C)右旋右刃　(D)左旋右刃

79. 锥齿轮铣刀的厚度(　　)小端齿槽宽度。

(A)略小于　(B)不小于　(C)等于　(D)略大于

80. 铣削较小直径的球面时,由于铣刀回转直径较小,因此切刀应选取(　　)后角,保证铣削顺利。

(A)较小　(B)较大　(C)负　(D)零度

81. 在铣床上镗台阶孔时,镗刀的主偏角应取(　　)。

(A)60°　(B)75°　(C)90°　(D)45°

82. 在卧式铣床上按划线铣削直线成形面较难连接部位时,应选用(　　)。

(A)宽度较小的窄槽铣刀　(B)宽度较大的宽槽铣刀

(C)半圆成形铣刀　(D)较宽的三面刃铣刀

83. 铣削正三角形牙嵌离合器选用(　　)。

(A)30°双角铣刀　(B)60°双角铣刀　(C)60°单角铣刀　(D)30°单角铣刀

84. 用立铣刀铣削内球面时,立铣刀直径(　　)选取。

(A)可任意　(B)应按 $d>d_i$　(C)应按 $d_i<d<d_m$　(D)$d>d_m$

85. 铣削具有凹圆弧的直线成形面,铣刀的直径应(　　)。

(A)小于等于最小凹圆弧直径

(B)大于等于最大凹圆弧直径

(C)在最小凹圆弧直径和最大凹圆弧直径之间

(D)大于最小凹圆弧直径

86. 成形铣刀的刀齿一般都是铲齿背,前角一般是(　　)。

(A)正值　(B)零度　(C)负值　(D)30°

87. 铣削偶数齿矩形牙嵌离合器时,若因工件尺寸限制铣刀直径不能满足限制条件时,则应使用(　　)。

(A)宽度较大的三面刃铣刀　(B)直径较大的三面刃铣刀

(C)直径小于齿槽最小宽度的立铣刀　(D)宽度较小的三面刃铣刀

88. 如果卧式升降台铣床工作台纵向移动对工作台面的平行度超差,当用角铁安装工件铣平面,且角铁装置面与进给方向垂直则会影响工件的(　　)。

(A)平行度　(B)垂直度　(C)平面度　(D)粗糙度

89. 如果升降台铣床的升降台移动对工作台面的垂直度精度超差,则将影响工件的(　　)和垂直度。

(A)平行度　(B)平面度　(C)粗糙度　(D)直线度

90. 如果卧式升降台铣床工作台横向移动对主轴回转中心线的平行度精度超差,则会影响工件加工面对基准面的平行度和(　　)。

(A)对称度　(B)平面度　(C)垂直度　(D)粗糙度

91. 如果万能卧铣工作台回转中心对主轴回转中心线的位置误差超差,则扳工作台铣螺旋槽时,会影响工件的(　　)。

(A)对称度　(B)粗糙度　(C)位置精度　(D)形状精度

92. 用螺旋齿圆柱铣刀铣削时,为了保证刀轴与铣床主轴锥体的紧密贴合,装刀时应注意使(　　)铣削力指向主轴。

(A)轴向　(B)径向　(C)切向　(D)纵向

93. 锥齿轮偏铣时，若采用先确定分度头主轴转角的方法，分度头主轴转角按式(　)近似确定。

(A)$N=(1/6\sim1/8)n$　(B)$N=n$

(C)$N=(1/5\sim1/20)n$　(D)$(1/3\sim1/4)n$

94. 偏铣锥齿轮齿槽一侧时，分度头主轴转角方向与工作台横向移动方向(　)。

(A)相同　(B)相反　(C)先相同后相反　(D)先相反后相同

95. 铣削三面刃铣刀端面齿槽时，分度头主轴的仰角Φ与(　)有关。

(A)刀齿棱边宽度　(B)三面铣刀直径　(C)齿数和齿槽角　(D)齿深

96. 铣削正三角形牙嵌离合器时，分度头主轴仰角须按公式计算，仰角数值与(　)有关。

(A)齿数、齿形角　(B)齿深、齿部外圆直径

(C)齿深、齿部内孔直径　(D)齿形、齿深

97. 铣削矩形牙嵌离合器时，若在立式铣床上用三面刃铣刀铣削，分度头主轴应(　)。

(A)与工作台面垂直　(B)与工作台面和纵向进给方向平行

(C)与工作台面和横向进给方向平行　(D)与工作台面倾斜

98. 铣削偶数齿矩形牙嵌离合器时，铣完齿的一侧，铣另一侧时应将工作台横向移动一个槽宽距离，同时使分度头主轴回转一个(　)角度。

(A)$180°/z$　(B)$160°/z$　(C)$360°/z$　(D)$360°/3z$

99. 铣削单柄球面计算分度头(或工件)倾斜角与(　)有关。

(A)球面位置　(B)球面半径和工件柄部直径

(C)铣刀尖回转直径　(D)球体大小

100. 若偏铣锥齿轮时采用计算分度头回转量N的方法，其中$N=A/540z$ r，A称为齿坯基本回转角，A的数值可查表获得，与(　)有关。

(A)分锥角δ　(B)模数m

(C)刀号和R/b的比值　(D)齿数

101. 在卧式铣床上用三面刃铣刀采用垂向进给铣削矩形牙嵌离合器，此时分度头主轴应与(　)。

(A)工作台面和纵向进给方向平行　(B)垂直工作台面

(C)工作台面和横向进给方向平行　(D)工作台面倾斜

102. 锥齿轮偏铣时，为了使分度头主轴能按需增大或减小微量的转角，可采用(　)方法。

(A)增大或减小横向偏移量　(B)消除分度间隙

(C)较大的孔圈数进行分度　(D)调节分度间隙

103. 为了达到矩形牙嵌离合器的齿侧要求，对刀时三面刃铣刀的侧刃旋转平面应(　)。

(A)通过分度头主轴回转中心　(B)偏离分度头主轴回转中心

(C)对称分度头主轴回转中心　(D)绕过分度头主轴回转中心

104. 铣削刀具(　)时，应计算分度头仰角。

(A)圆柱面螺旋齿　(B)圆柱面直齿　(C)端面齿和锥面齿　(D)圆柱面斜齿

105. 大量生产时，花键孔应采用(　　)加工工艺。

(A)刨削　(B)拉削　(C)插削　(D)滚削

106. 如果立式升降台铣床主轴回转中心线对工作台面的垂直度超差，升降工作台镗孔时，则(　　)。

(A)孔轴线会歪斜　(B)孔粗糙度不好　(C)孔呈椭圆形　(D)孔轴线扭曲

107. 在立铣上镗椭圆半径，已知长轴直径 $D=80$ mm，短轴直径 $d=40$ mm，立铣头倾斜角为(　　)。(此时工件椭圆轴芯线处于水平位置)

(A)90°　(B)30°　(C)0°　(D)60°

108. 在铣床上钻孔时，若采用机动进给，进给量在(　　)范围内选取。

(A)0.05～0.10 mm/r　(B)0.1～0.3 mm/r

(C)1～2 mm/r　(D)0.5～1 mm/r

109. 在铣床上采用机用铰刀铰孔时，切削速度一般选(　　)左右。

(A)30 m/min　(B)20 m/min　(C)5 m/min　(D)15 m/min

110. 在铣床上镗孔，孔呈椭圆形状的主要原因是(　　)。

(A)铣床主轴与进给方向不平行　(B)镗刀尖磨损

(C)工件装夹不当　(D)工作台进给爬行

111. 在铣床上镗孔时，若镗刀伸出过长，产生弹性偏让或刀尖磨损，会使(　　)。

(A)孔距超差　(B)孔径超差　(C)孔轴线歪斜　(D)孔呈椭圆

112. 在铣床上镗孔，若孔壁出现振纹，主要原因是(　　)。

(A)工作台移距不准确　(B)镗刀刀尖圆弧半径较小

(C)镗刀杆刚性差或工作台进给时爬行　(D)工件装夹不当

113. 在铣床镗孔，孔出现锥度的原因之一是(　　)。

(A)铣床主轴与进给方向不平行　(B)镗杆刚性差

(C)切削过程中刀具磨损　(D)工件装夹不当

114. 在万能卧铣上用齿轮盘铣刀铣削蜗轮时，刀具外径最好比与蜗轮啮合的蜗杆外径大(　　)模数。

(A)0.2　(B)0.4　(C)0.5　(D)1

115. 如果在蜗杆的轴向剖面中，齿形是直线形状的，则此蜗杆叫作(　　)蜗杆。

(A)摆线　(B)渐开线　(C)阿基米德　(D)法向直廓

116. 从啮合原理来看，应用(　　)蜗杆传动最好，但是它的蜗轮滚刀制造很困难。

(A)阿基米德　(B)法向直廓　(C)轴向直廓　(D)渐开线

117. 在万能卧铣上铣削一模数等于 5，头数等于 3 的蜗杆，应选用(　　)号正齿轮盘铣刀。

(A)8　(B)6　(C)4　(D)1

118. 在万能卧铣上用齿轮盘铣刀铣蜗杆时，如果机床工作台面扳角度不准确，则会造成(　　)。

(A)齿面粗糙度不好　(B)齿形误差超差　(C)齿厚不对　(D)齿数不对

119. 在单件生产修配或无标准链轮刀具时，当齿数大于(　　)齿时，常采用直线齿形。

(A)40 (B)30 (C)20 (D)10

120. 没有专用的链轮铣刀时,可用( )号正齿轮盘铣刀来铣削滚子链轮,因为它与链轮齿侧廓形较接近。

(A)8 (B)4 (C)2 (D)6

121. 用立铣刀展成铣削,滚子链轮,主要适用于缺乏专用铣刀与( )链轮。

(A)节距较大 (B)齿数较多 (C)节径较大 (D)外径较大

122. 没有专用铣刀时,常用三面刃铣刀或( )铣刀加工齿形链链轮。

(A)双角度 (B)单角度 (C)键槽 (D)立

123. 铣削直齿圆锥齿轮时,由于( ),会引起工件齿面产生波纹和表面粗糙度较大。

(A)刀轴弯曲 (B)分度不准确 (C)铣刀安装不好 (D)齿坯装夹误差大

124. 铣直齿锥齿轮时,在装夹时齿坯基准端面与轴心线垂直度不好,会引起( )误差超差。

(A)齿形和齿厚 (B)齿距 (C)齿向 (D)齿圈径向圆跳动

125. 铣削直齿锥齿轮时,由于( ),会造成工件齿距误差超差。

(A)分度不准 (B)刀轴弯曲

(C)操作时对刀不准 (D)机床主轴的轴向窜动量过大

126. 铣削直齿锥齿轮时,由于操作时偏移量和回转量控制不好,会引起工件的( )误差超差。

(A)齿距 (B)齿向 (C)齿形和齿厚 (D)齿圈径向圆跳动

127. 采用纵向进给铣削直齿锥齿轮,首先应安装并校正分度头,使分度头主轴轴线与( )垂直并将分度头扳起一个仰角 δ_f,δ_f 为锥齿轮的根锥角,再按 $n=40/z$ 来进行分度。

(A)铣刀刀杆 (B)工件轴线 (C)横向工作台 (D)纵向工作台

128. 采用回转量与偏移量相结合的方法,铣削直齿锥齿轮齿侧余量时,当齿槽中部铣好后,将( )旋转一个角度,然后通过试切法来确定工作台偏移量 S。

(A)分度头 (B)分度头主轴 (C)工件 (D)铣刀杆

129. 在铣床上铣削一直齿圆锥齿轮,齿数 $Z=17$,节锥角等于 60°,应选用( )号锥齿轮盘铣刀。(各刀号加工齿数范围:3 号,17~20;4 号,21~25;5 号,26~34;6 号,35~54;sin60°=0.866;cos60°=0.5)

(A)3 (B)4 (C)5 (D)6

130. 在铣床上加工一直齿锥齿轮,其节锥角 $\phi=26°34'$,齿顶角 $\theta_a=2°34'$,齿根角 $\theta_f=3°4'$,加工时分度头主轴应扳起一个铣削角度为( )。

(A)29°38′ (B)29°8′ (C)24° (D)23°30′

131. 锯齿形离合器,它的整个齿形是向轴线上一点收缩,铣削时一般采用单角铣刀铣削,铣刀廓形夹角 θ 等于( )。

(A)槽形角 ε (B)180°/z (C)90°/z (D)36°

132. 采用三面刃盘铣刀铣削( )齿离合器时,常将工件多转一个 1°~2°的小角度,然后将所有齿槽的一侧依次再铣去一些。这种方法一般用于铣削要求较高的离合器。

(A)偶数矩形 (B)奇数矩形 (C)等高梯形 (D)梯形收缩

133. 铣削尖齿形离合器,常采用( )铣刀。铣刀的角度要与尖齿形离合器槽形角相吻合。

(A)立 (B)专用成形 (C)对称双角 (D)盘形三面刃

134. 铣削梯形等高齿离合器，常采用专用成形铣刀，应使铣刀的廓形角 θ 等于离合器的槽形角 ε，铣刀廓形的有效工作高度应( )，而铣刀的齿顶宽 B 应小于齿槽的最小宽度。

(A)无严格要求 (B)小于离合器的齿高

(C)等于离合器齿高 (D)大于离合器的齿高

135. 铣削梯形收缩齿离合器，应选择廓形角 θ 等于离合器齿槽角 ε，刀具齿顶宽 B 等于离合器槽底宽，切削刃有效工作高度( )。

(A)大于离合器外圆处的齿深 (B)等于离合器外圆处的齿深

(C)小于离合器外圆处的齿深 (D)等于离合器小内圆处的齿深

136. 铣削螺旋齿离合器时，除了要进行分度外，还要配挂交换齿轮，使工件( )，只有使两个运动密切配合，才能铣出符合图样要求的螺旋齿离合器。

(A)只是进给 (B)一面进给，一面旋转

(C)先旋转，后进给 (D)先进给，后旋转

137. 在卧式铣床用三面刃铣刀铣削( )牙嵌式离合器时，分度头主轴与工作台面处于垂直位置。

(A)梯形收缩齿 (B)锯齿形齿 (C)矩形齿 (D)尖齿

138. 由于盘铣刀柱面齿刃口缺陷，立铣刀端刃缺陷或立铣头轴线与工作台面不垂直，会引起梯形等高齿和矩形齿离合器( )。

(A)齿侧工作面粗糙度达不到要求 (B)一对离合器结合后贴合面积不够

(C)一对离合器结合后齿数不够 (D)槽底未接平，有明显的凸台

139. 铣削矩形偶数齿离合器时，第一次调整铣刀一面侧刃对准工件中心，通过分度铣出各齿槽相同的侧面，然后将工件横向移动一个刀宽的距离，使铣刀的另一侧对准工件中心，同时将工件转过一个齿槽角(α)( )，然后再依次分度铣出齿槽的另一侧各面。

(A)$\alpha=180°/z$ (B)$\alpha=\varepsilon/2$

(C)$\cos\alpha=(\tan 90°/z)\times(\cot\theta/2)$ (D)$\cos\alpha=(\tan 180°/z)\cot\theta$

140. 铣削等速凸轮时，由于分度头和立铣头相对位置不正确，会引起工件( )。

(A)表面粗糙度达不到要求 (B)工作型面形状误差大

(C)升高量不正确 (D)导程不准确

141. 铣削( )凸轮时，为减少螺旋面"凹心"现象，使铣削出的凸轮工作型面趋于正确。可将铣刀中心左(右)偏移一距离。

(A)圆柱螺旋槽 (B)非等速圆盘 (C)圆柱端面 (D)等速圆盘

142. 在铣削圆柱螺旋槽凸轮时，如果铣刀直径小于滚子直径时，为避免出现喇叭口等毛病，必须将铣刀( )。

(A)中心线与工件中心线倾斜一定角度 (B)中心与工件中心重合

(C)轴线与工件轴线交于某一特殊点 (D)中心向左(右)偏移一定距离

143. 铣削球面时，由于工件与夹具不同轴，使加工出的球面( )。

(A)表面呈交叉形切削:"纹路"，外口直径扩大，底部出现凸尖

(B)表面呈单向切削:"纹路"形状呈橄榄形

(C)粗糙度达不到要求

(D)半径不符合要求

144. 铣削外球面时,铣刀刀尖回转直径的计算公式为:(　　)。

(A)$d_c=(D_2-d_2)1/2$　　(B)$d_c=(2R_H)1/2$

(C)$d_c=2[R_2-(R_H/2)]1/2$　　(D)$d_c=2R\times\cos\alpha$

145. 铣削凸圆弧时,刃具半径(　　),铣削凹圆弧时,立铣刀半径必须等于或小于凹圆弧半径,否则曲线外形将被破坏。

(A)大于凸圆弧半径 (B)小于凸圆弧半径 (C)不受限制 (D)等于凸圆弧半径

146. 铣削曲线外形时,应始终保持(　　),尤其是两个方向进给时,更应注意,否则容易折断铣刀或损坏工件。

(A)先顺后逆　(B)先逆后顺　(C)顺铣　(D)逆铣

147. 刀具开齿时,偏移量的计算错误会引起(　　)。

(A)前角偏差　(B)分齿不均匀　(C)齿槽形状不对　(D)刃带不符合要求

148. 铣削圆柱面螺旋齿槽时,工件台转角主要应根据被加工刀具的(　　)确定。

(A)前角　(B)螺旋角　(C)后角　(D)齿槽角

149. 用单角度铣刀进行圆柱面直齿刀具开齿时,前角 γ 的大小由(　　)保证。

(A)工作铣刀廓形　(B)分度头等分数　(C)横向偏移量 S　(D)铣削深度 H

150. 铣螺旋面时的进刀和退刀,实质上是通过改变螺旋面的(　　)来达到的。

(A)方向　(B)形状　(C)导程　(D)起始位置

151. 用单角铣刀进行开齿时,升高量 H 计算错误会引起(　　)。

(A)刃带宽度不对　(B)分齿不均匀　(C)齿槽角偏差　(D)前角不对

152. 双角铣刀的齿槽属于(　　)。

(A)端面齿　(B)圆锥面直齿　(C)圆柱面斜齿　(D)圆柱面螺旋齿

153. 铣削三面刃铣刀齿槽时,铣刀的切向选择与(　　)有关。

(A)齿形和齿深　　(B)齿槽角和齿形

(C)铣削方式和切入端槽形　　(D)前角 γ_0 和横向偏移量 S

154. 检验升降台铣床工作台面的平面度时,工作台面(　　)。

(A)横向只许凸　(B)横向只许凹　(C)纵向只许凸　(D)纵向只许凹

155. 采用盘形齿轮铣刀铣削的锥齿轮,一般是用齿厚游标卡尺在锥齿轮背锥上测量(　　)齿形的厚度。即该处分度圆弦齿厚和弦齿高。

(A)大端　(B)小端　(C)中间　(D)任意处

156. 检测圆柱凸轮(　　)精度时,可将凸轮基准面放在平台上,用百分表或游标卡尺进行检测。

(A)螺旋面对轴线相对位置　　(B)螺旋面与基准面相对位置

(C)最高点与中心线相对位置　　(D)最低点与中心的相对位置

157. 对于偏置直动凸轮,应将百分表测头放在(　　)进行测量,检测时,可同时测出凸轮曲线所占中心角 θ 和升高量 H,通过计算得出凸轮的实际导程值。

(A)中心　　(B)某一基准部位

(C)靠近工件外圆处　　(D)偏距为 e 处的位置上

158. X6132 型铣床工作台纵、横、垂直三个方向的运动部件与导轨之间的间隙大小，一般用摇动工作台手感的轻重来判断，也可以用( )来检验间隙大小，一般以不大于 0.04 mm 为合适。

(A)塞尺 (B)游标卡尺 (C)百分表 (D)千分表

159. 用水平仪检验机床导轨的直线度时，若把水平仪放在导轨的右端，气泡向左偏 2 格，若把水平仪放导轨道左端，气泡向右端偏 2 格，则此导轨是( )。

(A)直的 (B)中间凸的 (C)中间凹的 (D)向右倾斜的

160. 在测量厚度分别为 15 mm、21 mm 和 24.5 mm，其基本偏差和公差均为 0 和 0.012 mm的三个工件时，以采用( )来测量较为简便。

(A)百分尺 (B)百分表 (C)杠杆式千分尺 (D)杠杆式卡规

161. 在立式铣床上用三面刃铣刀铣削矩形牙嵌离合器，若采用升降规，量块组和百分表测量齿侧的中心位置时，一般选用的量块组尺寸为( )。

(A)工件外圆直径 (B)工件齿部孔径

(C)1/3 工件外圆直径 (D)1/2 工件外圆直径

162. 圆柱凸轮的导程是通过测量( )，并经过计算来进行检验的。

(A)曲线所占中心角和升高量 (B)曲线所占中心角和基圆直径

(C)曲线升高量和基圆直径 (D)曲线升高量的极值

163. 用综合检验方法检验一对离合器接合齿数时，一般要求接触齿数不少于整个齿数的( )。

(A)3/4 (B)1/2 (C)1/3 (D)1/4

164. 使用杠杆卡规检验工件时，若指针偏离零位，指向负值表示工件比量块( )。

(A)精度低 (B)精度高 (C)小 (D)大

165. X62W 型铣床工作台垂向进给速度与纵向和横向进给速度的关系是( )。

(A)1∶1 (B)1∶3 (C)3∶1 (D)2∶1

166. 救护触电者做法错误的是( )。

(A)当触电者还未失去知觉时，应立刻让其运动，以保持清醒

(B)应立即进行现场救护并及时送往医院

(C)当触电者出现心脏停跳时，应在现场进行人工呼吸

(D)当触电者，还未失去知觉时，应将其抬到空气流通温度适宜的地方休息

167. 通用结构钢采用代表屈服点的拼音字母( )，屈服点数值(单位为 MPa 和规定的质量等级，脱氧方法等符号表示。

(A)H (B)T (C)Q (D)R

168. 金属材料在冲击力的作用下，仍保持不破裂的能力称为( )。

(A)韧性 (B)塑性 (C)抗疲劳性 (D)弹性

169. 伸长率符号为( )。

(A)ψ (B)σ_b (C)δ (D)F

170. 将钢加热到一定温度，经保温后快速在水(或油中)冷却的热处理方法称( )。

(A)正火 (B)淬火 (C)退火 (D)回火

171. W6M05Cr4V2A1 是( )高速钢。

(A)特殊用途　(B)新型　(C)通用　(D)较好

172. W18Cr4V是钨系高速钢,属于(　　)高速钢。

(A)特殊用途　(B)新型　(C)通用　(D)较好

173. 对于曲轴等受力比较复杂的零件多采用(　　)热处理。

(A)退火＋淬火　(B)淬火＋低温回火　(C)正火＋回火　(D)调质处理

174. 工件斜度为∠1∶50,工件长250 mm,铣削时工件两端垫铁高度的差值H是(　　)。

(A)5 mm　(B)50 mm　(C)75 mm　(D)7.5 mm

175. 基本尺寸相同的、相互结合的(　　)公差带之间的关系称为配合。

(A)轴与轴　(B)孔与孔　(C)孔与轴　(D)面与面

三、多项选择题

1. 常见的对刀方法有(　　)。

(A)试切对刀法　(B)机械检测对刀仪法

(C)光学检测对刀仪法　(D)调试法

2. 以下关于刀具齿槽铣削加工说法正确的是(　　)。

(A)根据刀具的齿槽角或齿槽法向截形角选择适当廓形的工作铣刀

(B)根据图样规定的前角值、齿背后角、锥面齿和端面齿的有关参数,计算调整数据,调整和确定铣削位置,使工作铣刀和被加工刀具处于正确的相对位置

(C)铣削螺旋齿槽时,按法向前角调整铣削位置,按计算后的导程配置交换齿轮,使工作铣刀与被加工刀具具有正确的相对运动关系

(D)一般较浅的齿槽可以一次加工完成

3. 等速凸轮工作形面形状误差大的主要原因是(　　)。

(A)铣削过程中,进给量过大造成

(B)铣刀偏移中心铣削时,偏移量计算错误

(C)铣刀的几何形状误差;如锥度,母线不直等

(D)分度头和立铣头相对位置不正确

4. 工艺基准按用途不同,可分为(　　)。

(A)加工基准　(B)装配基准　(C)测量基准　(D)定位基准

5. 液压传动系统一般由(　　)组成。

(A)动力元件　(B)执行元件　(C)控制元件　(D)辅助元件

6. 液压传动系统与机械、电气传动相比较具有的优点是(　　)。

(A)易于获得很大的力　(B)操纵力较小、操纵灵便

(C)易于控制　(D)传递运动平稳、均匀

7. 液压传动系统与机械、电气传动相比较存在的不足是(　　)。

(A)有泄漏　(B)传动效率低

(C)易发生振动、爬行　(D)故障分析与排除比较困难

8. 中间继电器由(　　)等元件组成。

(A)线圈　(B)磁铁　(C)转换开关　(D)触点

9. 接触器由(　　)等元件组成。

(A)线圈　(B)磁铁　(C)骨架　(D)触点

10. 蜗轮蜗杆机构传动的特点是(　　)。

(A)摩擦小　(B)摩擦大　(C)效率低　(D)效率高

11. 属于齿轮及轮系的机构有(　　)。

(A)圆柱齿轮机构　(B)圆锥齿轮机构

(C)定轴轮系　(D)行星齿轮机构

12. 圆锥齿轮又叫(　　)。

(A)斜齿轮　(B)伞齿轮　(C)八字轮　(D)螺旋齿轮

13. 螺旋齿轮机构常用于(　　)等齿轮加工。

(A)剃齿　(B)铣齿　(C)珩齿　(D)研齿

14. 行星齿轮机构具有(　　)等特点。

(A)轴线固定　(B)速比大　(C)可实现差动　(D)体积小

15. 根据所固定的构件不同,四杆机构可划分为(　　)等机构。

(A)双曲柄　(B)双摇杆　(C)曲柄摇杆　(D)导杆

16. 棘轮机构常用于(　　)等机械装置。

(A)变速机构　(B)进给机构　(C)单向传动　(D)止动装置

17. 凸轮与被动件的接触方式主要有(　　)。

(A)平面接触　(B)面接触　(C)尖端接触　(D)滚子接触

18. 常用的变向机构有(　　)。

(A)三星齿轮变向机构　(B)滑移齿轮变向机构

(C)圆锥齿轮变向机构　(D)齿轮齿条变向机构

19. 链传动的特点是(　　)。

(A)适宜高速传动　(B)传动中心距大

(C)啮合时有冲击　(D)运动不均匀

20. 链传动按用途可分为(　　)。

(A)传动链　(B)连接链　(C)起重链　(D)运输链

21. 凸轮机构的种类主要有(　　)。

(A)圆盘凸轮　(B)圆柱凸轮　(C)圆锥凸轮　(D)滑板凸轮

22. 液压系统按控制方法划分,有(　　)。

(A)手动液压控制　(B)电动液压控制　(C)气动液压控制　(D)机械液压控制

23. 直线的投影(　　)。

(A)永远是直线　(B)可能是一点　(C)不可能是点　(D)不可能是曲线

24. 标注为“M24×1.5”的螺纹是(　　)。

(A)粗牙普通螺纹　(B)左旋螺纹　(C)细牙普通螺纹　(D)右旋螺纹

3. GB/T 1096 键 16×10×100 表示(　　)。

(A)普通 A 型平键　(B)普通 B 型平键　(C)键宽 $b=16$ mm　(D)键宽 $b=10$ mm

25. 机械传动在机器中的主要作用是(　　)。

(A)改变运动速度　(B)改变运动方向

(C)增加机器的功率　　　　　　　(D)传递动力

26. 摩擦型传动带按其截面形状分为(　　)等。

(A)平带　　(B)方型带　　(C)V带　　(D)圆型带

27. 电气故障失火时,可使用(　　)灭火。

(A)四氯化碳　　(B)水　　(C)二氧化碳　　(D)干粉

28. 发现有人触电时做法正确的是(　　)。

(A)不能赤手空拳去拉触电者

(B)应用木杆强迫触电者脱离电源

(C)应及时切断电源,并用绝缘体使触电者脱离电源

(D)无绝缘物体时,应立即将触电者拖离电源

29. 碳素钢按质量分类,有(　　)。

(A)碳素工具钢　　(B)普通碳素钢　　(C)优质碳素钢　　(D)高级优质碳素钢

30. 铸铁一般分为(　　)。

(A)白口铸铁　　(B)灰铸铁　　(C)可锻铸铁　　(D)球墨铸铁

31. 影响金属材料可切削加工性的因素有工件材料的(　　)、导热系数等力学性能和物理性能。

(A)硬度　　(B)强度　　(C)塑性　　(D)韧性

32. 以下材料中,(　　)是合金结构钢。

(A)40Cr　　(B)12CrMo　　(C)25Mn　　(D)2A50

33. 金属热处理工艺大体可分为(　　)三大类。

(A)调质处理　　(B)整体热处理　　(C)表面热处理　　(D)化学热处理

34. 零件的机械加工精度主要包括尺寸精度、(　　)。

(A)机床精度　　(B)刀具精度　　(C)几何形状精度　　(D)相对位置精度

35. 关于铣床说法正确的是(　　)。

(A)升降台式铣床具有固定的升降台

(B)卧式升降台铣床主轴轴线与工作台台面平行

(C)万能工具铣床能完成镗、铣、钻、插等切削加工

(D)龙门铣床属于大型铣床

36. 常用的铣床有(　　)等。

(A)升降台式铣床　　(B)万能工具铣床　　(C)龙门铣床　　(D)平面铣床

37. 铣床床身的(　　)对铣削效率和加工质量影响很大,因此,床身一般用优质灰铸铁做成箱体结构,并经过精密加工和时效处理。

(A)刚性　　(B)强度　　(C)精度　　(D)重量

38. X6132 型铣床功率大,转速高、操纵方便、适宜加工中小型(　　)等。

(A)平面　　(B)特形面　　(C)齿轮　　(D)螺旋面

39. 关于 X6132 型铣床的结构特点,正确的说法有(　　)。

(A)轴Ⅰ的转速与电动机相同　　　　(B)工作台最大回转角度为$\pm 45^\circ$

(C)主轴箱内共有 6 根传动轴　　　　(D)主轴由 2 个轴承支承

40. 下列合金牌号中,(　　)不属于钨钴类硬质合金。

(A)YTl5 (B)YG6 (C)YW2 (D)YA6

41. 一圆柱铣刀尺寸标记为63×80,表示( )。

(A)铣刀外径63 (B)铣刀外径80 (C)铣刀长度80 (D)铣刀内径63

42. 端铣刀的主要几何角度包括前角、后角( )。

(A)刃倾角 (B)主偏角 (C)螺旋角 (D)副偏角

43. 圆柱铣刀的几何角度主要包括( )。

(A)前角 (B)后角 (C)螺旋角 (D)刃倾角

44. 影响切削力的因素包括( )。

(A)刀具几何参数 (B)工件材料 (C)切削用量 (D)刀具材料

45. 常用铣刀材料有( )。

(A)高速工具钢 (B)硬质合金钢 (C)碳素钢 (D)铸钢

46. 工艺基准可分为( )。

(A)定位基准 (B)测量基准 (C)装配基准 (D)安装基准

47. 基准的种类分为( )两大类。

(A)定位基准 (B)测量基准 (C)设计基准 (D)工艺基准

48. 选择定位精基准选择时,应尽量采用( )为定位基准。

(A)设计基准 (B)装配基准 (C)安装基准 (D)测量基准

49. 属于通用夹具的是( )。

(A)平口虎钳 (B)分度头 (C)回转工作台 (D)心轴

50. 工作装夹后用百分表校正,下列说法正确的是校正工件的( )。

(A)径向跳动 (B)上母线相对于工作台台面的平行度

(C)轴向跳动 (D)侧母线相对于纵向进给方向平行度

51. 以下关于切削液润滑作用的说法正确的是( )。

(A)减少切削过程中摩擦 (B)减小切削阻力

(C)显著提高表面质量 (D)降低刀具耐用度

52. 在铣床上铣削平面的方法有( )两种。

(A)对称铣 (B)不对称铣 (C)周铣法 (D)端铣法。

53. 下列说法错误的是( )。

(A)铣削矩形工件时,对各面铣削的先后顺序没有要求

(B)采用端铣刀铣削矩形工件,选择刀具时对直径没有要求

(C)铣削第一个面,即基准面,任一个面都可充当

(D)铣削矩形工件前,应用卡尺检验毛坯各面加工余量

54. 平面度检测方法有( )。

(A)采用样板平尺检测 (B)采用涂色对研法检测

(C)采用百分表检测 (D)使用游标卡尺检测

55. 尺寸精度可用( )等来检测。

(A)游标卡尺 (B)千分尺 (C)卡规 (D)直角尺

56. 下列说法错误的是( )。

(A)对刀不准可造成尺寸公差超差

(B)测量不准不能造成尺寸公差超差
(C)铣削过程中,工件有松动现象,可造成尺寸公差超差
(D)刻度盘格数摇错或间隙没有考虑,可造成尺寸公差超差
57. 铣削平面时垂直度超差的主要原因有(　　)。
(A)对刀不准
(B)平口钳与工作台面不垂直
(C)基准面与固定钳口贴合不好
(D)基准面本身精度差,在装夹时造成误差
58. 铣削平行面时造成平行度误差的主要原因有(　　)。
(A)机床用平口虎钳导轨面与工作台台面不平行或工件基准面与工作台台面不平行
(B)固定钳口贴合面与工件基准面有垂直度误差
(C)端铣时,进给方向与铣床主轴轴线不垂直
(D)周铣时,铣刀圆柱度差
59. 三面刃盘铣刀具有(　　)特点。
(A)直径较大　(B)刀齿尺寸较大　(C)容屑槽尺寸较小　(D)容屑槽尺寸较大
60. 铣削阶台的方法有(　　)。
(A)采用一把三面刃铣刀铣削阶台　(B)采用组合三面刃铣刀铣削阶台
(C)采用立铣刀铣削阶台　(D)采用端铣刀铣削阶台
61. 阶台、直角沟槽的(　　)能用游标卡尺直接测出。
(A)宽度　(B)平面度　(C)深度　(D)长度
62. 在铣床上用锯片铣刀切断工件时应该(　　)。
(A)尽量采用手动进给
(B)尽量采用自动进给
(C)切断较薄工件时,应使锯片铣刀的外圆稍低于工件底面
(D)切断过程中发现铣刀产生停刀现象时,应先停止工作台进给,后停止主轴转动
63. 键槽是要与键配合的,键槽的(　　)要求较高。
(A)深度尺寸精度　(B)宽度尺寸精度
(C)长度尺寸精度　(D)键槽与轴线的对称度
64. 在轴上铣削键槽时,常用的对刀方法有(　　)。
(A)切痕对刀法　(B)划线对刀法　(C)擦边对刀法　(D)环表对刀法
65. 用键槽铣刀铣削轴上键槽,常用方法有(　　)。
(A)分层铣削法　(B)扩刀铣削法　(C)插铣法　(D)螺旋铣削法
66. 铣削键槽的工件装夹可采用(　　)。
(A)平口虎钳装夹　(B)V形架装夹　(C)轴用虎钳装夹　(D)分度头装夹
67. 铣削半圆键槽,正确的说法是(　　)。
(A)可以用三面刃铣刀进行铣削
(B)选择与半圆键槽规格相等的半圆键槽铣刀
(C)只能在立式铣床上进行铣削
(D)在立式铣床或卧式铣床上均可进行铣削

68. V形槽槽角的检测方法有(　　)。
(A)游标万能角度尺检测　　(B)用角度样板检测
(C)用标准量棒间接检测　　(D)用正弦规检测
69. 常为长方体,按夹角分类通常分为(　　)等几种。
(A)30°　　(B)90°　　(C)120°　　(D)150°
70. 槽可采用(　　)的方法铣削。
(A)用双角度铣刀铣削
(B)采用改变铣刀切削位置的方法铣削
(C)改变工件装夹位置的方法铣削
(D)用角度铣刀时不必先在工件上铣出窄槽
71. 立式铣床上用立铣刀加工V形槽时,(　　)操作是正确的。
(A)应先将立铣头转过V形槽半角并固定
(B)应先将立铣头转过V形槽夹角并固定
(C)当铣好一侧后应把工作台转过180°
(D)当铣好一侧后应把工件转过180°
72. 用双角度铣刀铣削V形槽时,一般(　　)进行铣削。
(A)只能一次进给　　(B)分三次进给
(C)铣刀尽可能远离铣床主轴　　(D)铣刀尽可能靠近铣床主轴
73. 铣削T形槽时,错误的做法是(　　)。
(A)先用立铣刀铣出直角沟槽,再用T形槽铣刀铣出槽底
(B)如果T形槽两端是封闭的,应在T形槽的两端各钻一个落刀孔
(C)直接用T形槽铣刀铣出直角沟槽和槽底
(D)先用锯片铣刀铣出直角沟槽,再用T形槽铣刀铣出槽底
74. 铣削T形槽应(　　)。
(A)经常退出铣刀,清除切屑
(B)充分浇注切削液
(C)铣刀切出工件时应改为手动缓慢进给
(D)采用较小的进给量和较高的切削速度
75. 在铣削燕尾槽时应先加工直角槽,可使用(　　)铣刀。
(A)立铣刀　　(B)三面刃铣刀　　(C)燕尾槽铣刀　　(D)锯片铣刀
76. 在普通铣床上铣削外花键的方法有(　　)。
(A)单刀铣削　　(B)组合铣刀铣削
(C)花键滚刀展成法铣削　　(D)成形铣刀铣削
77. 铣床一般只能铣削以大径定心的矩形齿外径花键,这种花键一般有(　　)工艺要求。
(A)尺寸精度　　(B)大径与小径的同轴度
(C)表面结构　　(D)键的形状精度和等分精度
78. 在铣床上用单刀铣外花键,花键两侧面的铣削,选择(　　)的标准三面刃铣刀。
(A)外径尽可能小　　(B)外径尽可能大
(C)铣刀的宽度以铣削中不伤及邻键齿为准　　(D)铣刀的宽度应尽量小一些

79. 外花键槽底圆弧面(小径)的铣削可选用(　　)。
(A)细齿锯片铣刀　(B)成形刀头
(C)较窄的三面刃铣刀　(D)较宽的三面刃铣刀
80. 形成圆柱螺旋线的三个基本要素是(　　)。
(A)圆柱的直径　(B)螺旋角　(C)导程　(D)旋向
81. 决定齿轮大小的两大要素是(　　)。
(A)模数　(B)齿顶隙系数　(C)齿数　(D)压力角
82. 铣齿时,铣齿刀与被加工齿轮的(　　)必须一致。
(A)齿顶高　(B)模数　(C)压力角　(D)全齿高
83. 基圆直径与下列参数中(　　)有关。
(A)m　(B)z　(C)d　(D)e'
84. 测直齿圆柱齿轮一般测量方法中包括(　　)。
(A)公法线长度测量　(B)压力角测量
(C)分度圆弧齿厚测量　(D)固定弧齿厚测量
85. 直齿圆柱齿轮的铣削前准备工作包括(　　)等。
(A)熟悉图样　(B)确定进刀补充值　(C)检查齿坯　(D)安装、校正分度头
86. 铣削直齿圆柱齿轮出现齿数和图样要求不符是由于(　　)。
(A)分度计算错误　(B)选错了分度盘孔圈
(C)没消除分度头间隙　(D)铣刀模数或刀号选错
87. 检验直齿圆柱齿轮铣削质量时发现齿厚、齿高不正确可能产生的原因是(　　)。
(A)铣削深度调整不对　(B)选错分度盘孔圈
(C)铣刀模数或刀号选错　(D)铣刀未对准中心
88. 铣削斜齿圆柱齿轮时,铣刀选择及铣削前的准备工作与铣削直齿圆柱齿轮不同的是(　　)。
(A)安装分度头的方法　(B)校正分度头的方法
(C)需将工作台扳转一个角度　(D)需计算交换齿轮
89. 铣削斜齿圆柱齿轮时,导程不准确是由于(　　)造成的。
(A)导程计算有误　(B)挂轮计算有误
(C)挂轮配置错误　(D)工件径向跳动大
90. 铣削斜齿条时的装夹,可分为(　　)。
(A)横向装夹工件　(B)纵向装夹工件　(C)倾斜工件装夹　(D)偏转工作台装夹
91. 划线工具按用途分为(　　)。
(A)基准工具　(B)量具　(C)绘划工具　(D)夹持工具
92. 划线基准选择应根据图纸所标注的尺寸界限、工件的几何形状大小及尺寸的精度高低或重要程度而定,其基本原则是(　　)。
(A)以两个相互垂直的平面或直线为基准
(B)以一个平面或一条直线和一条中心线为基准
(C)以两条相互垂直的中心线为基准
(D)以两个相互平行的平面或直线为基准

93. 下列工具中(　　)属于划线基准工具。

(A)平板　(B)方箱　(C)垫铁　(D)千斤顶

94. 划线时,针尖要紧靠导向工具的边缘,划针(　　)。

(A)上部向外侧倾斜 15°～20°　(B)上部向外侧倾斜 15°

(C)与划线移动方向垂直　(D)向划线移动方向倾斜 45°～75°

95. 孔的主要工艺要求包括孔的(　　)。

(A)尺寸精度　(B)孔的形状精度　(C)孔的位置精度　(D)孔的表面结构

96. 麻花钻一般用来钻削(　　)的孔。

(A)精度较低　(B)表面结构要求低　(C)精度较高　(D)表面结构要求高

97. 标准麻花钻主要由(　　)几部分组成。

(A)切削部分　(B)导向部分　(C)校准部分　(D)刀柄

98. 麻花钻钻孔中出现孔径增大,误差大的原因可能是(　　)。

(A)钻头左、右切削刃不对称　(B)钻头弯曲

(C)钻床主轴摆差大　(D)钻头刃带磨损

99. 下列说法中,正确的是(　　)。

(A)钻头直径愈小,螺旋角愈大

(B)钻孔时加切削液的主要目的是提高孔的表面质量

(C)孔将钻穿时,进给量必须减小

(D)钻头前角大小与螺旋角有关(横刃处除外),螺旋角愈大,前角愈大

100. 下列说法中,正确的是(　　)。

(A)铰孔时,铰削余量愈小,铰后的表面愈光洁

(B)铰孔结束后,铰刀应正转退出

(C)铰孔时,铰刀刃口上粘附的切屑瘤会造成孔径扩大

(D)铰孔可以纠正孔位置精度

101. 加工孔的通用刀具有(　　)。

(A)麻花钻　(B)扩孔钻　(C)铰刀　(D)滚刀

102. 下列是铰孔时孔径扩大的原因的是(　　)。

(A)铰刀校准部分的直径大于铰孔所要求的直径

(B)铰刀浮动不灵活,且工件不同轴

(C)铰刀弯曲

(D)铰刀刃口上粘附的切屑瘤,增大了铰刀直径

103. 磨床使用的砂轮是特殊的刀具,又称磨具,磨料是制造磨具的主要原料,直接担负着切削工作。目前常用的磨料有(　　)等。

(A)棕刚玉　(B)白刚玉　(C)黑碳化硅　(D)绿碳化硅

104. 磨削加工的实质是工件被磨削的金属表层在无数磨粒的瞬间(　　)作用下进行的。

(A)挤压　(B)刻划　(C)切削　(D)摩擦抛光

105. 磨床使用的砂轮一般用法兰盘安装。法兰盘主要由(　　)等组成。

(A)法兰底盘　(B)法兰盘　(C)衬垫　(D)内六角螺钉

106. 外圆磨削的进给运动为(　　)。

(A)工件的圆周进给运动 (B)工件的纵向进给运动
(C)砂轮的横向吃刀运动 (D)砂轮的垂直进给运动

107. 平面磨削的进给运动为(　　)。
(A)工件的纵向(往复)进给运动 (B)砂轮的圆周进给运动
(C)砂轮的横向进给运动 (D)砂轮的垂直吃刀运动

108. 使用磨床磨削工件,当工件与砂轮的接触面较大时,为避免工件烧伤和变形,应选择(　　)砂轮。
(A)粗粒度 (B)低硬度 (C)高硬度 (D)细粒度

109. 常用的机械零件的毛坯有(　　)等几种。
(A)铸件 (B)型材件 (C)锻件 (D)焊接件

110. 大型零件通常采用(　　)毛坯。
(A)自由锻件 (B)砂型铸件 (C)焊接件 (D)粉末冶金件

111. 铸件的主要缺点是(　　)。
(A)内部组织疏松 (B)生产成本高 (C)力学性能较差 (D)材料利用率低

112. 锻件常见缺陷(　　)。
(A)裂纹 (B)折叠 (C)夹层 (D)尺寸超差

113. 自由锻件的特点是(　　)。
(A)精度和生产率较低 (B)精度和生产率较高
(C)适合小型件和大批生产 (D)适合大型件和小批生产

114. 铣床工作前,应检查(　　)是否正常。
(A)油路 (B)冷却、润滑系统 (C)刀具 (D)限位挡铁

115. 铣床的维护保养工作认真与否,会直接影响铣床的(　　)。
(A)效率 (B)精度 (C)润滑 (D)使用寿命

116. 铣床的日常维护保养工作主要有(　　)。
(A)润滑 (B)定保 (C)小修 (D)清洁

117. 铣床(　　)等运动部位的润滑对于其精度和使用寿命影响极大。
(A)主轴 (B)齿轮 (C)传动丝杠 (D)导轨

118. 常采用(　　)进行铣床润滑。
(A)30号机械油 (B)40号机械油 (C)2号锭子油 (D)润滑脂

119. 一般需要对铣床(　　)等几个部分进行润滑。
(A)变速箱 (B)进给箱 (C)升降台和工作台 (D)工作台的轴承

120. 变速箱的润滑方法主要有(　　)。
(A)飞溅润滑 (B)柱塞泵润滑 (C)滴油杯润滑 (D)绳芯加油器润滑

121. 铣床升降台和工作台一般采用(　　)等方式进行润滑。
(A)飞溅润滑 (B)柱塞泵润滑 (C)手动油泵 (D)绳芯加油器

122. 要经常清除切屑和赃物,特别要注意铣床(　　)等部位的清洁,以减少机件的磨损。
(A)导轨 (B)主轴 (C)丝杠 (D)螺母

123. 加工过程中,发现(　　)等不正常现象,应及时停车检查,并加以排除。
(A)工件振动 (B)切削负荷增大 (C)台面抖动 (D)异常声音

124. 组合铣刀与一般铣刀相比，具有(　　)等特点。
(A)刃磨和重磨简单　(B)能缩短机动时间
(C)减少辅助时间　(D)提高加工效率
125. 可以通过(　　)来缩短辅助时间。
(A)缩短工件装夹时间　(B)提高铣削速度
(C)减少工件的测量时间　(D)缩短刀具更换时间
126. 通过(　　)等途径可以缩短基本时间。
(A)提高切削用量　(B)多刀同时切削
(C)多件加工　(D)减少加工余量
127. 通过(　　)等途径可以缩短辅助时间。
(A)提高切削速度　(B)使辅助动作机械化和自动化
(C)使辅助时间与基本时间重合　(D)减少背吃刀量
128. 为了使辅助时间与基本时间全部或部分地重合，可采用(　　)等方法。
(A)多刀加工　(B)使用专用夹具
(C)多工位夹具　(D)连续加工
129. 计量仪器按照工作原理和结构特征，可分为(　　)。
(A)机械式　(B)电动式　(C)光学式　(D)气动式
130. 在铣床上铣削花键有(　　)等铣削方法。
(A)组合铣刀铣削　(B)单刀铣削　(C)T 形槽铣刀铣削　(D)成形铣刀铣削
131. 影响难加工材料切削性能的主要因素包括(　　)。
(A)硬度高　(B)塑性和韧性大　(C)导热系数低　(D)刀瘤积屑严重
132. 铣床主轴精度检验包括(　　)。
(A)运动精度　(B)位置精度　(C)形状精度　(D)工作精度
133. 下列属于铣床主轴精度检验项目的有(　　)。
(A)主轴锥孔轴心线的径向圆跳动　(B)悬梁导轨对主轴旋转轴线的平行度
(C)主轴套筒移动对工作台面的垂直度　(D)主轴轴肩支承面的端面跳动
134. 下列属于铣床工作台精度检验项目的有(　　)。
(A)工作台的平面度　(B)工作台横向移动对工作台面的平行度
(C)升降台垂直移动的直线度　(D)工作台纵向和横向移动的垂直度
135. 铣床工作精度检验包括(　　)。
(A)工作台精度　(B)主轴精度
(C)铣床调试　(D)铣床试切
136. 铣床试切是按标准试切工件铣削(　　)，并按图样要求进行检验。
(A)平面　(B)曲面
(C)垂直面　(D)平行面
137. 属于 X2010 型龙门铣床定期检查的项目有(　　)。
(A)工作台下的传动蜗杆磨损情况　(B)横梁锁紧机构的可靠性
(C)各导轨压板镶条间隙　(D)各铣头主轴轴承间隙
138. 数控铣床由(　　)组成。

(A)数控介质　　(B)数控装置
(C)伺服机构　　(D)机床

139. 在数控铣床中,属于附属设备的是(　　)。
(A)对刀装置　　(B)显示器　　(C)机外编程器　　(D)冷却系统

140. 在数控铣床中,(　　)属于操作系统。
(A)键盘　　(B)步进电机　　(C)开关　　(D)按钮

141. 气动量仪的主要特点是(　　)。
(A)常用于单件检验　　(B)检验效率高
(C)用比较法进行检验　　(D)不接触测量

142. 可转位铣刀的主要特点有(　　)。
(A)刀具寿命长　　(B)生产效率高
(C)不利于刀具标准化　　(D)经济效果好

143. 可转位刀片可以采取(　　)的安装方式。
(A)反装　　(B)平装　　(C)正装　　(D)立装

144. 可转位刀片的定位方式主要有(　　)。
(A)三向定位点接触式　　(B)三向定位线接触式
(C)三向定位面接触式　　(D)三向定位点面接触式

145. 可转位刀片的夹紧方式主要有(　　)。
(A)下顶式　　(B)上压式　　(C)楔块式　　(D)侧挤式

146. 铣床夹具通常按(　　)进行分类。
(A)通用夹具　　(B)专用夹具　　(C)组合夹具　　(D)可调夹具

147. 专用夹具的特点是(　　)。
(A)结构紧凑　　(B)使用方便
(C)加工精度容易控制　　(D)产品质量稳定

148. 组合夹具的特点是(　　)。
(A)组装迅速　　(B)能减少制造成本　　(C)可反复使用　　(D)周期短

149. 下列属于铣床夹具组成部分的有(　　)。
(A)定位件和夹紧件　　(B)夹具体
(C)对刀件和导向件　　(D)其他元件和装置

150. 适用于平面定位的有(　　)。
(A)V形支承　　(B)自位支承　　(C)可调支承　　(D)辅助支承

151. 常用的夹紧机构有(　　)。
(A)斜楔夹紧机构　　(B)螺旋夹紧机构
(C)偏心夹紧机构　　(D)气动、液压夹紧机构

152. 难加工材料切削性能差主要反映在(　　)。
(A)刀具寿命明显降低　　(B)已加工表面质量差
(C)切屑形成和排出较困难　　(D)切削力和单位切削功率大

153. 如果万能卧铣工作台回转中心对主轴回转中心线的位置误差超差,则扳工作台铣螺旋槽时,会影响工件的性质,以下说法不正确的是(　　)。

(A)对称度 (B)粗糙度 (C)位置精度 (D)形状精度

154. 常见的对刀方法有(　　)。

(A)试切对刀法 (B)机械检测对刀仪法

(C)光学检测对刀仪法 (D)坐标法

155. 以下关于刀偏量设置的目的说法正确的有(　　)。

(A)刀偏量的设置过程称为对刀操作，刀偏量设置的目的即通过对刀操作，将刀偏量人工算出后输入 CNC 系统

(B)把对刀时屏幕显示的有关数值直接输入 CNC 系统，由系统自动换算出刀偏量，存入刀具数据库

(C)消除刀具切削过程的自然磨损产生的误差

(D)消除机床误差

156. 以下说法不正确的是(　　)。

(A)等速圆盘凸轮的工作曲面是一种变速升高的曲面

(B)凸轮升高量就是凸轮工作曲线最高点和最低点距离之差

(C)凸轮旋转一个单位角度，从动件上升或下降的距离称为凸轮升高率

(D)工作曲线旋转一周时的升高量称为导程

157. 以下关于垂直铣削法加工步骤，说法正确的是(　　)。

(A)根据凸轮从动件滚子直径的尺寸选择立铣刀的直径

(B)安装交换齿轮时，需要根据铣刀旋转方向和凸轮螺旋线方向确定中间轮的选用

(C)圆盘凸轮铣削时的对刀位置根据从动件的位置来确定

(D)铣削时，转动分度头手柄，使凸轮工作曲线起始法向线位置对准铣刀切削部位

158. 以下说法不正确的是(　　)。

(A)垂直铣削法是指加工时，工件和立铣刀的轴线都和工作台面相垂直的铣削方法

(B)垂直铣削法适用于有几条工作曲线的凸轮铣削

(C)垂直铣削法是在分度头与工作之间配置交换齿轮，实现工件匀速转动

(D)以上三种说法都正确

159. 下列关于直齿锥齿轮盘形铣刀描述正确的是(　　)。

(A)有 8 把一套的 (B)有 15 把一套的

(C)刀号按照实际齿数确定 (D)刀号按照当量齿数确定

160. 偏铣直齿锥齿轮时，下列描述正确的是(　　)。

(A)铣右侧时，分度头向左转 (B)铣右侧时，分度头向右转

(C)铣右侧时，工作台向右移 (D)铣右侧时，工作台向左移

161. 铣削直齿锥齿轮时应注意(　　)。

(A)当量齿数计算方法与斜齿圆柱齿轮相同 (B)必须检查齿坯顶锥角

(C)必须检查齿坯齿顶圆直径 (D)偏铣另一侧时，必须消除分度头传动间隙

162. 在铣削螺旋齿槽时，下列关于干涉现象描述正确的是(　　)。

(A)总会产生干涉现象 (B)螺旋角越小，干涉越严重

(C)齿槽越深，干涉越严重 (D)工作铣刀直径越大，干涉越严重

163. 在铣削螺旋齿槽时，选择工作铣刀主要是选择铣刀的(　　)。

(A)宽度　(B)形状　(C)角度　(D)切削方向

164. 在铣削螺旋齿槽时,刀齿棱边宽度不一致的原因是(　　)。

(A)工件装夹后径向跳动大　(B)分度头主轴与尾座不平行

(C)工件装夹后变形　(D)偏移量计算有误

165. 在铣削螺旋齿槽时,前角数值不对的原因是(　　)。

(A)工件装夹后径向跳动大　(B)工作铣刀未对好中心

(C)工作台实际转角不正确　(D)偏移量计算有误

四、判 断 题

1. 配合代号由孔和轴的公差带代号组合而成,并写成分数形式,分子代表孔公差代号,公母代表轴公差带代号。(　　)

2. 选择公差等级时,首先要考虑保证配合的精度。(　　)

3. 在零件图中,国家标准规定非配合尺寸的公差等级在IT12～IT18范围内。(　　)

4. 位置公差是零件几何尺寸的位置所允许的变动量。(　　)

5. 基本视图的投影规律是:主俯仰视长对正;主左右后高齐平;俯、左、仰、右宽相等;主视后视长相同。(　　)

6. W18Cr4V是钨系高速钢的代表,它含钨18%,含铬4%,含钒小于1.5%。(　　)

7. 金属材料的工艺性能是指金属材料是否易于加工成型的性能。(　　)

8. 碳钢硬度为HB180时,切削性能不好。(　　)

9. 为了获得足够低的硬度,合金钢退火采用较碳钢更慢的冷却速度和更长的退火时间。(　　)

10. 为了提高钢的硬度和耐磨性,对钢要进行调质处理。(　　)

11. 碳素工具钢经热处理后,有良好的硬度、耐磨性及红硬性,适合作高速切削刀具。(　　)

12. 齿轮的两基圆的内公切线就是齿轮的啮合线。(　　)

13. 链传动和齿轮传动的传动比均为$i_{12}=n_1/n_2=z_2/z_1$,故都能保证恒定的瞬时传动比。(　　)

14. 使用滚动式从动杆的凸轮机构,凸轮的理论轮廓曲线与实际轮廓曲线是相等的。(　　)

15. 标准直齿圆锥轮规定大端的几何参数是标准的,$\alpha=20°$;$h_a^*=1$;$c^*=0.2$。(　　)

16. 凸轮机构主要由凸轮,从动件和活动机架所组成。(　　)

17. 在任何一种刀具中,前角的选择是非常重要的,前角选择多大合适,要看采用什么刀具,加工工件的材料,精加工还是粗加工等情况来决定。(　　)

18. 在切削中,吃刀深度与走刀量越大,都会使切削力显著增加。(　　)

19. 在切削中,吃刀深度对切削力的影响是,吃刀深度增加1倍,则切削力也增加1倍。(　　)

20. 刀具的主偏角对切削力的影响较小。(　　)

21. 车削细长轴时,因其刚性差,常采用较大的主偏角($\Phi=75°$或$90°$),使用切削液,可使切削力减小。(　　)

22. 影响刀具寿命的主要因素，即刀具磨损的主要原因是机械磨损和热磨损。（ ）

23. 机械磨损是由于切屑与刀具后面，工件已加工表面和刀具前面之间剧烈摩擦而引起的。（ ）

24. 尖齿铣刀和铲齿铣刀的刃磨是在外圆磨床上进行的。（ ）

25. 刀具刃磨对刀面的要求是表面光滑，粗糙度小。（ ）

26. 刀具刃磨对刀刃的要求是刀刃的平面度和完整程度好。（ ）

27. 氧化铝砂轮，韧性好，硬度稍低，常用来磨合金钢、高速钢刀具。（ ）

28. 碳化硅砂轮，硬度高，切削性能好，但较脆，用来磨硬质合金刀具。（ ）

29. 根据加工精度选择砂轮时，粗磨应选用软的，粒度号小的砂轮，精磨应选用硬的，粒度号小的砂轮。（ ）

30. 刀具磨损到一定程度后，应重新刃磨或更换新刀。因此，要对刀具规定一个允许磨损量的最小值，这个值称为刀具的磨钝标准，或称为磨损限度。（ ）

31. 零件的加工精度越高，则加工误差越小。（ ）

32. 加工误差的产生是由于在加工前和加工过程中，由机床、夹具、刀具和工件组成的工艺系统存在很多的误差因素。（ ）

33. 机床、夹具、刀具和工件组成的工艺系统，受到力与热的作用时，都会产生变形误差。（ ）

34. 在加工过程中形成的相互有关的封闭尺寸图形称为工艺尺寸链图。（ ）

35. 一个尺寸链中有两个封闭链。（ ）

36. 封闭环的基本尺寸等于各增环的各基本尺寸之和减去各减环的各基本尺寸之和。（ ）

37. 通用机床型号由基本部分和辅助部分组成，基本部分需统一管理，辅助部分由企业自定。（ ）

38. 机床型号中的主参数用折算值表示，折算值必须大于1。（ ）

39. 所有铣床型号中主参数表示的名称均为工作台台面宽度。（ ）

40. 基尔霍夫电流定律是通过节点的各支路电流之间关系的定律，其一般式是$\sum I=0$。（ ）

41. 工作机械的电气控制线路由动力电路、控制电路、信号电路和保护电路等组成。（ ）

42. 安全用电的原则是不接触低压带电体，不靠近高压带电体。（ ）

43. 中间继电器是根据某一输出信号，能够换接多个回路的自动控制电器。（ ）

44. 铣削铸铁时最好戴口罩操作。（ ）

45. 劳动保护的基本任务是：积极开展生产中安全保护工作，力争消灭工伤事故，保障工人生命安全；防止和根治职业病；保障工人的身体健康。（ ）

46. 所谓全面质量管理就是全方位的质量管理。（ ）

47. 全面质量管理是一门企业现代化管理科学，是提高质量，提高企业素质，提高经济效益的有效方法。（ ）

48. 生产班组的中心任务是搞好班组的建设和团结。（ ）

49. 在编制车间生产作业计划时，要保证上级规定的生产任务。落实生产任务时必须逐

级分配,做到层层下达,层层保证。安排各级生产作业计划任务时,要使它们在每一段时间内都满负荷,并均衡地出产产品。(　　)

50. 生产作业控制的主要内容有生产进度控制,出产进度控制,在制品占用量控制和生产调度四部分。(　)

51. 正梯形牙嵌离合器的齿槽底与工件轴线不垂直,成一定夹角。(　　)

52. 由于奇数齿与偶数齿矩形牙嵌离合器相比有较好的工艺性,所以奇数齿矩形牙嵌离合器应用较广泛。(　　)

53. 铣削正三角形牙嵌离合器时,为保证齿侧啮合,应使齿顶成一直线。(　　)

54. 铣削偶数齿矩形牙嵌离合器时,铣刀不能通过整个端面,这是因为两个相对齿的同名侧面在同一个通过工件轴线的平面上。(　　)

55. 铣削正三面形牙嵌离合器,分度头主轴仰角 α 计算时,与离合器的齿数和齿形角有关。(　　)

56. 正梯形牙嵌离合器的两侧斜面夹角为齿形角 θ 的 1/2。(　　)

57. 铣削正三角形牙嵌离合器选用的双角铣刀刀尖圆弧应尽可能小,以保证齿侧的接触面积。(　　)

58. 锥齿轮分度圆弦齿厚计算公式与圆柱直齿轮相同,但公式中的齿数应以锥齿轮的当量齿数 z_v 代入计算。(　　)

59. 刃磨麻花钻主要是刃磨主切削刃和前面。(　　)

60. 锥齿轮的节锥是指两个锥齿轮啮合时相切的两个圆锥。(　　)

61. 铣削正三角形牙嵌离合器通常选用 30°单角铣刀。(　　)

62. 莫氏锥柄钻头直径≥3～14 mm。(　　)

63. 正梯形牙嵌离合器的齿顶应略小于槽底,这样才能保证齿侧斜面在啮合时接触良好。(　　)

64. 调整 X2010 型龙门铣床的横梁夹紧机构时,只须调整夹紧,松开情况就可以了。(　　)

65. 夹具的定位元件、对刀元件、刀具引导装置、分度机构、夹具体的加工与装配所造成的误差,将直接影响工件的加工精度。为保证零件的加工精度,一般将夹具的制造公差定为相应尺寸公差的 1/3～1/5。(　　)

66. 组合夹具是由一些预先制造好的不同形状,不同规格的标准元件和组合件组合而成的。这些元件,相互配合部分尺寸精度高、耐磨性好,且具有一定的强度和较好的互换性。(　　)

67. 由螺柱、压板、偏心件和其他元件组合而实现夹紧工件的机构称为偏心夹紧机构。(　　)

68. 选择锥齿轮铣刀时,应按其实际齿数选择刀号。(　　)

69. 用成形铣刀铣削时,应根据铣刀最小直径选择切削速度,并应比普通铣刀降低 20%～30%,以提高铣刀的使用寿命。(　　)

70. 锥齿轮铣刀的模数以大端为依据。齿形曲线是以小端为依据。(　　)

71. 三面刃铣刀是一种常用的盘形铣刀,其齿槽分别在圆柱面和两端面上均匀分布。(　　)

72. 根据铣刀分类方法，角度铣刀属于锥面直齿刀具，而键槽铣刀则属于圆柱面直齿刀具。(　　)

73. 在立式铣床镗孔，镗刀刀尖的圆弧要适当，否则会影响孔的表面质量。(　　)

74. 由于铣削加工后的刀具齿槽还需经过热处理和磨削加工，因此，前角值在铣削加工时不需控制。(　　)

75. 采用倾斜铣削法铣削圆盘凸轮时，立铣刀的螺旋角应选得小一些。(　　)

76. 铣削端面凸轮时，左螺旋面应采用左旋左刃铣刀。(　　)

77. 锥齿轮铣刀的厚度以小端设计，并比小端的齿槽稍薄一些。(　　)

78. 成形铣刀的切削性能较差，因此可先用具有合适前角的成形铣刀粗铣，然后用标准前角的成形铣刀精铣。(　　)

79. X62W 型铣床工作台纵向进给轴向间隙大，只需调整两端推力轴承间隙即可消除。(　　)

80. X2010 型龙门铣床各进给部分离合器的啮合与脱开均由液压系统控制。(　　)

81. X62W 型铣床的双螺母间隙调整机构的作用是消除工作台丝杠与螺母之间的间隙。(　　)

82. 龙门铣床的纵向进给运动是由工作台实现的，垂向和横向进给运动由主轴沿横梁和立柱运动实现。(　　)

83. X2010 型龙门铣床中低压溢流阀用以调整润滑油路的压力。(　　)

84. 当铣床工作台稍受阻力就停止进给，其主要原因是进给安全离合器失灵。(　　)

85. X62W 型铣床变换主轴转速时，出现变速手柄推不到原位，这是变速微动开头接触时间太长的缘故。(　　)

86. X62W 型铣床工作台的最大回转角度是±45°。(　　)

87. X62W 型铣床主轴变速时，齿轮发生严重撞击声，这是因为微动开关未导通的缘故。(　　)

88. X62W 型铣床的工作台垂向和横向进给发生联动或无进给，故障的主要原因是鼓轮位置变动或行程开关触杆位置变动。(　　)

89. X62W 型铣床工作台在进给时晃动，这时可略锁紧工作台，以减小导轨镶条间隙。(　　)

90. 用倾斜法铣多导程圆盘凸轮，当各段曲线升高量相等时，应选取较小的分度头仰角来计算铣刀切削刃长度。(　　)

91. 采用分度头主轴挂轮法铣削小导程圆柱凸轮时，一般应摇动分度手柄进行铣削，也可用工作台机动进给。(　　)

92. 在卧铣上铣削锥齿轮时，分度头主轴应扳起一个锥角 δ。(　　)

93. 铣削梯形等高齿离合器和铣削梯形收缩齿离合器的方法一样，分度头仰角 α 计算公式也完全相同。(　　)

94. 铣削梯形收缩齿离合器和铣削尖齿离合器的方法基本相同，分度头仰角 α 的计算公式也完全相同。(　　)

95. 在铣床上铰孔不能纠正孔的位置精度。(　　)

96. 在铣床上镗孔时，若垂向进给出现爬行，则会产生椭圆孔。(　　)

97. 在铣床上用固定连接法安装铰刀,若铰刀有偏摆,会使铰出的孔径超差。(　　)

98. 在铣床上镗孔时,用测量法调整镗刀的尺寸,镗刀杆外圆到镗刀尖的尺寸应为 $d_{杆}+R_{孔}$。(　　)

99. 为了保证孔的形状精度,在立式铣床上镗孔前,应找正铣床主轴轴线与工作台面的垂直度。(　　)

100. 在铣床上铰孔时,铰孔完毕后应停车退出铰刀。(　　)

101. 在立式铣床上镗孔,采用主轴套筒移动进给时,若立铣头主轴轴线与工作台面不垂直,会引起孔的轴线歪斜。(　　)

102. 在铣床上铰孔时,切削速度一般在 10 m/min 左右。(　　)

103. 在铣床上用锥齿轮铣刀加工锥齿轮,是一种高精度的锥齿轮加工方法(　　)

104. 铣削锥齿轮中间齿槽时,由于齿坯大端最高部位仅一点,因此目测较难控制对刀位置,故在逐渐升高工作台时,需往复移动工作台,观察切痕进行对刀。(　　)

105. 锥齿轮的当量齿数与斜齿圆柱齿轮的当量齿数含义相同,其计算方法也是相同的。(　　)

106. 锥齿轮偏铣前,应以中间槽铣削位置为准,使工件正反旋转相同角度,同时横向移动工作台,使小端齿槽重新对准铣刀,分别铣去齿槽两侧余量,使大端齿厚达到要求。(　　)

107. 铣床上铣出的锥齿轮齿形曲线是不精确的,当齿轮的齿数越少,齿轮宽度越小时,其误差也就越大。(　　)

108. 当锥齿轮的齿宽小于 $R/3$ 时,偏铣齿侧的目的是为了使其大小端的齿厚达到要求。(　　)

109. 锥齿轮偏铣时,若经测量,小端齿厚与大端齿厚有相等余量,这时,可增加横向偏移量,使大端和小端同时达到齿厚要求。(　　)

110. 锥齿轮偏铣时,若经测量小端齿厚已达到,而大端还有余量,这时应增加偏转角和偏移量,使大端多铣一些。(　　)

111. 铣削锥齿轮时,若分度头精度低、齿坯装夹时与分度头主轴同轴度误差大、分齿操作误差等是引起齿形误差的主要原因。(　　)

112. 铣削奇数齿矩形牙嵌离合器时,一次能铣出两个不同齿侧。(　　)

113. 铣削正梯形牙嵌离合器过渡齿侧时,铣刀侧刃应偏离中心一个距离 e,偏距 e 与工件分齿角有关。(　　)

114. 铣削齿数为 z 的偶数齿矩形牙嵌离合器时,铣削次数至少需要 $2z$ 次。(　　)

115. 铣削正梯形和矩形牙嵌离合器时,三面刃铣刀宽度的计算方法是相同的。(　　)

116. 铣削偶数齿矩形牙嵌离合器时,铣完各齿槽同一侧后,分度头主轴需转过二分之一分齿角,使齿槽另一侧处于铣削中心位置。(　　)

117. 铣削矩形牙嵌离合器时,应调整铣刀对称工件中心。(　　)

118. 铣削偶数齿矩形牙嵌离合器时,各齿槽同一侧面铣削完毕,应使三面刃铣刀的另一侧刃移到工件的中心位置,移动的距离应为铣刀实际宽度的二分之一。(　　)

119. 矩形牙嵌离合器的齿侧是通过工件轴线的切向平面。(　　)

120. 铣削螺旋槽圆柱凸轮时，进刀、退刀、吃刀量操作均应在转换点位置进行。（ ）

121. 用回转台垂直铣削法铣削圆盘凸轮时，计算交换齿轮可应用公式 $I=40P_{丝}/P_{h}$。（ ）

122. 铣削端面凸轮时，铣刀对中应偏移一段距离进行铣削，偏移方向按螺旋面方向确定。（ ）

123. 在调整立铣刀铣削圆弧面位置前，必须找正铣刀中心与工件中心的相对位置，而与回转工作台无关。（ ）

124. 铣削圆柱凸轮螺旋槽时，凸轮螺旋槽的夹角精度可通过分度手柄转数和圈孔数进行控制。（ ）

125. 用立铣刀铣削直线成形面时，铣刀直径应根据最小外圆弧确定。（ ）

126. 用立铣刀铣削内球面时，内球面底部出现凸尖的原因是立铣刀刀尖最高切削点偏离工件中心位置。（ ）

127. 由凹圆弧与凹弧相连接的轮廓形面应先加工半径较大的凹圆弧面。（ ）

128. 用回转工作台铣削直线成形面适用于圆弧和直线构成的直线成形面。（ ）

129. 铣削螺旋齿槽时，与普通螺旋槽铣削方法完全相同，只需要配置交换齿轮、扳转工作台、达到导程要求就可以了。（ ）

130. 铣削刀具齿槽时，齿向要求是指齿槽必须符合图样规定的直齿槽或螺旋齿槽，以及螺旋齿槽的螺旋角和螺旋方向。（ ）

131. 铣削三面刃铣刀齿槽时，若用划线对刀调整单角铣刀铣削位置，对刀时，试切深度越浅越好。（ ）

132. 为了保证三面刃铣刀圆柱面齿槽前刀面和端面齿槽前刀面连接平滑，必须按相同的横向偏移量 s 调整铣削位置。（ ）

133. 铣削三面刃端面齿槽时，调整横向偏移量是为了获得端面齿前角。（ ）

134. 三面刃铣刀圆柱面齿槽前刀面不平整的主要原因可能是工作台零位不准。（ ）

135. 三面刃铣刀的齿槽深度常通过多次试切一个齿槽来进行控制。（ ）

136. 铣削三面刃铣刀圆柱面齿槽时，调整铣刀横向偏移量 s 必须注意方向，否则可能会加工出负前角的刀具。（ ）

137. 成批生产中，牙嵌式离合器常用的检验方法是对离合器的接触齿数和贴合面积进行检验。（ ）

138. 用改装千分尺测量孔距，是在普通千分尺测量面上用铜管或塑料管套上一粒钢球，此时千分尺上的读数应为实测距离减去钢球直径。（ ）

139. 检查齿坯顶锥角时，应使万能角度尺的直尺和基尺测量面通过齿坯轴线，以使测量准确。（ ）

140. 凸轮型面位置精度检验是指检验曲线型面所占的中心角。（ ）

141. 用齿厚游标卡尺测量锥齿轮大端齿厚时，齿高游标卡尺测量面应与齿顶圆接触，齿厚测量平面应与背锥面素线平行。（ ）

142. 数控机床操作者必须全面掌握本机床操作使用说明书内容。（ ）

143. 数控机床操作者允许擅自修改程序。（ ）

144. 数控机床操作者应能看懂图纸，工艺文件、程序、加工顺序及编程原点，并且能够进

行简单的编程。( )

145. 在没有自动锁紧功能的数控机床中,一般也不将不用的运动方向锁死。( )

146. 数控机床零件加工完后,应将程序用磁带或纸带记录下来,妥善保管,没用的程序应该抹掉。( )

147. 数控机床操作者在加工中可以随意打开控制系统机柜。( )

148. 数控机床的速度和精度等技术指标,主要由伺服系统性能决定。( )

149. 伺服系统又称随机系统,通过它发出的脉冲指令去驱动执行件。( )

150. 伺服驱动系统与伺服执行机构共同组成数控机床的进给系统。( )

151. 步进电机和电液脉冲马达常作为闭环控制数控机床的伺服驱动元件。( )

152. 数控机床中的过载报警属于硬件报警形式。( )

153. 在开环控制的数控机床伺服系统中,常用直流伺服电机作为驱动元件。( )

154. 开环控制数控机床没有检测反馈装置,机床加工精度不高。( )

155. 在数控机床中,随机性故障是指只要满足一定的条件,机床或数控系统部分必然出故障。( )

156. 闭环控制数控机床装有检测反馈装置,在加工中时刻检测机床移动部件的位置,以期达到更高的加工精度。( )

157. 硬件故障是指程序编制等错误造成的故障。( )

158. 数控机床中的回零又称回机床参考点。( )

159. 软件故障是指只有更换已损坏的器件才能排除的故障。( )

160. 数控机床定期回零可消除进给运动部件的坐标积累误差。( )

161. 数控机床中的有关过热报警是属于硬件报警形式。( )

162. 子程序以内的加工程序称为“主程序”。( )

163. 一般数控机床应该开机后先回零,再进行对刀、自动加工等操作,并定期回零。( )

164. 机床参考点是数控机床上的一个固定基准点,一般位于机床固定部位的极限位置。( )

165. 有了刀具长度补偿功能,编程者可在不知道刀具长度的情况下,按假定的标准刀具长度编程。( )

166. 用齿厚游标卡尺测量固定弦齿厚时,应根据齿轮齿数计算测量值。( )

167. 用公法线长度测量法测量标准直齿圆柱齿轮时,应计算公法线长度和跨测齿数。( )

168. 用查表法查取公法线长度,表中的数值通常是以 $m=1$ mm 的数值列出的。( )

169. 选择齿轮铣刀时,须根据图样中工件的模数 m 和齿形角 α 确定铣刀号数。( )

170. 铣削直齿圆柱齿轮时,为了保证齿槽对称轴线,应将圆棒嵌入齿槽内用翻身法进行检测,以确定微量调整数据。( )

171. 调整齿轮吃刀量时,应根据齿厚或公法线长度的测量值与图样尺寸的差值垂向调整工作台,以保证齿轮精度。( )

172. 当铣刀模数、刀号选择错误时,会造成齿厚不正确。( )

173. 工件径向圆跳动大会引起齿轮齿距误差过大。( )

174. 当直齿圆柱齿轮的基圆直径无限大时，渐开线齿廓便成为直线。（ ）

175. 直齿条铣削时通常选用 8 号齿轮盘铣刀，因此 8 号铣刀的齿形线是直线。（ ）

176. 齿条是直径无限大的直齿圆柱齿轮，所以齿条的齿顶高与弦齿高是相等的。（ ）

177. 铣削斜齿圆柱齿轮时，应按当量齿数 Z_v 计算分度手柄转数。（ ）

178. 测量斜齿圆柱齿轮时，公法线长度的跨测齿数应根据当量齿数计算。（ ）

179. 铣削斜齿条时，盘形铣刀轴线与工件侧面的夹角为螺旋角 β。（ ）

180. 在工件的一个表面上划线，称平面划线。（ ）

五、简 答 题

1. 在铣床上铰孔应注意哪些事项？

2. 为什么奇数齿矩形牙嵌离合器有较好的加工工艺性？

3. 专用铣夹具上设置定向装置的目的是什么？

4. 简述铣削等速凸轮工艺要求。

5. 简述 X2010 型铣床横梁夹紧机构调整要求和方法（见图 1）。

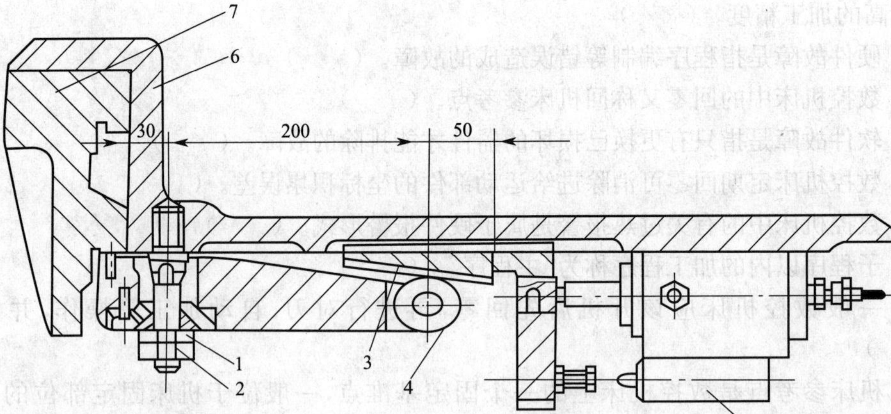

图 1 X2010 型铣床横梁调整机构

1、2—螺母；3—楔块；4—滚子；5—行程开关；6—横梁；7—立柱

6. 当工件用双孔定位时，试根据定位原理分析，为什么其中一个短销采用削边销？

7. 用三面刃铣刀铣削偶数齿矩形齿离合器时，除了应计算铣刀宽度 B 外，为什么还要计算所选择的铣刀直径？如果计算后不能满足条件，应如何处理？

8. 简述直齿锥齿轮铣刀的特点。

9. 用倾斜法铣削圆盘凸轮，为什么要预算立铣刀切削部分长度？

10. 能否借用同模数、同号数的标准圆柱齿轮铣刀加工直齿锥齿轮？为什么？

11. 削螺旋圆柱凸轮时，如果所选的立铣刀直径小于滚子直径，铣削时仍将铣刀中心对准工件中心，将会出现何种弊病？应如何解决？

12. 简述 X62W 型铣床中弹性联轴器、安全离合器和片式摩擦离合器的所在部位及其作用。

13. X6132 型铣床工作台导轨间的间隙是怎样调整的?

14. 主轴变速箱内各根传动轴的轴承外环,一端与箱体固定,而另一端在箱体内不作轴向固定,有何实用意义?

15. 铣床操作过程中常见的故障有哪些?

16. 立式升降台铣床的主轴回转中心线对工作台面的垂直度精度超差时,用端铣刀铣平面及镗孔会产生哪些质量问题?

17. 模具型腔铣削时,如何掌握修锉余量?

18. 何谓阶梯铣削? 在何种情况下采用阶梯铣削?

19. 在卧铣上利用分度法铣削花键轴时,校正工件的三要素是什么?

20. 麻花钻在刃磨后,若两个主切削刃不对称,则对钻孔将会带来哪些不良后果?

21. 为什么 X6132 型铣床的升降丝杠要用双层丝杠?

22. 对铣床来说,铣削时造成振动的主要原因有哪两个方面? 应调整到什么数值范围较合适?

23. 铣削刀具端面齿槽时,为什么要调整分度头仰角? 怎样调?

24. 在分度头上装夹工件铣削圆盘凸轮有哪两种方法? 简述其特点和适用范围。

25. 试分析铣床上镗孔产生孔的圆度不好的原因。

26. 铰孔余量选择不当,将会造成哪些不良后果?

27. 为什么在铣床上用锥齿轮铣刀铣削标准锥齿轮时要进行偏铣?

28. 在铣床上铣削锥齿轮时,常用哪几种偏移方法?

29. 简述尖齿离合器和梯形收缩齿离合器齿形的特点。

30. 在铣削奇数齿矩形齿离合器时,为了获得齿侧间隙,一般采用哪两种方法?

31. 为什么铣削尖齿离合器时,分度头主轴要仰起一个角度 α?

32. 矩形齿离合器的齿形有何特点? 奇数齿和偶数齿矩形齿离合器的铣削方法有何不同?

33. 造成一对矩形齿离合器接合时接触齿数少或无法嵌入的主要原因有哪些?

34. 铣削端面凸轮时,为什么铣出的螺旋面会产生“凹心”现象?

35. 在回转工作台上铣削由圆弧和直线组成的直线成形面时,怎样保证曲线各部分的连接质量?

36. 用成形铣刀铣削直线成形面时应注意哪些事项?

37. 为什么在铣削内球面时底部会出现“凸尖”? 怎样消除“凸尖”?

38. 镗孔时,控制孔中心距的方法,一般有哪几种?

39. 铣削正齿轮的方法有哪两种?

40. 简述滚子链链轮铣削后齿形不正确的原因。

41. 简述链轮铣削后,节距超差的原因。

42. 铣削球面时球面半径不符合要求有哪些原因?

43. 等速圆柱端面凸轮采用何种螺旋面? 铣削时怎样调整铣刀位置?

44. 试分析铣削等速凸轮升高量偏差过大的原因。

45. 铣削由凹凸圆弧和直线相连接的曲线外形时,立铣刀直径应如何选择?

46. 球面呈单向切削“纹路”,形状如橄榄形的原因是什么?

47. 等速凸轮工作形面形状误差大的主要原因是什么？
48. 圆盘凸轮铣削时为什么必须注意铣削方向？
49. 铣削凸轮时，怎样才能处于逆铣状态？
50. 在铣床上铣削等速圆盘凸轮，试比较垂直铣削法和倾斜铣削法有何不同。
51. 简述刀具齿槽铣削加工要点。
52. 一对离合器铣削后，一般如何检验接触齿数和贴合面积？
53. 在铣床上加工直齿锥齿轮，一般应如何测量？
54. 为什么用目测检验球面时，如果切削“纹路”是交叉状的，即表明球面形状是正确的？
55. 何谓数控机床？
56. 数控机床的特点是什么？
57. 什么是编程？
58. 手工编程的一般步骤是什么？
59. 简述数控机床工作原理。
60. 何谓机床（机械）坐标系？
61. 何谓工件（编程）坐标系？
62. 机床坐标系中的“X、Y、Z”和“X'、Y'、Z'”有何区别？
63. 常见的对刀方法有几种？
64. 简述试切对刀法的使用方法。
65. 简述机械检测对刀仪法的使用方法。
66. 简述光学检测对刀仪对刀的使用方法。
67. 简述刀偏量设置的目的。
68. 何谓模态指令？
69. 何谓非模态指令？
70. 在数控加工中，刀具与工件的装夹注意事项是什么？

六、综 合 题

1. 已知图 2 示的两视图，请补画三视图。

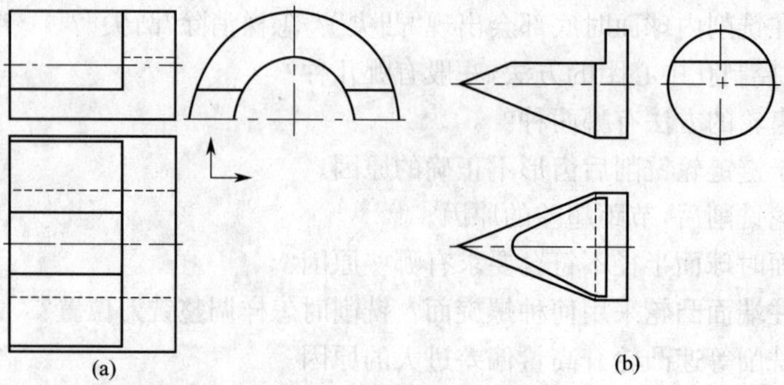

图 2

2. 找出图 3 中缧纹画法的错误,并画出正确的图形。

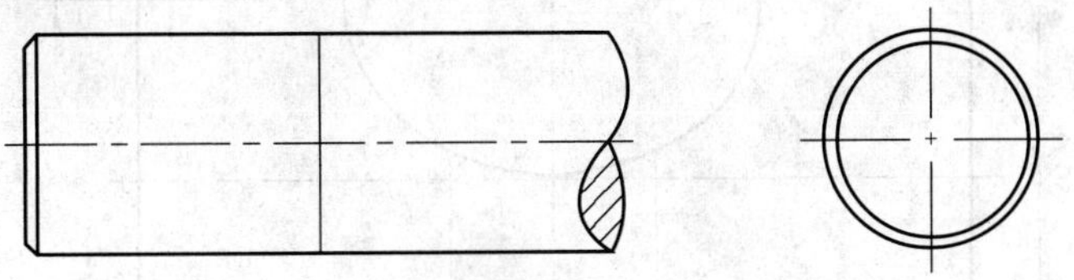

图 3

3. 分析图 4,作出指定的剖面图。

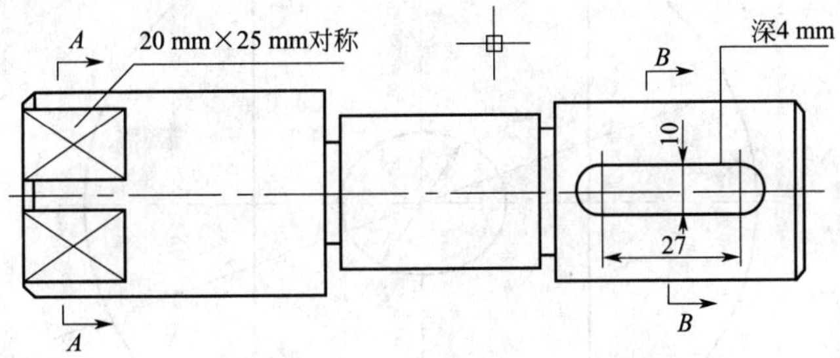

图 4

4. 已知图 5(a)、(b)的两视图,请补画第三视图。

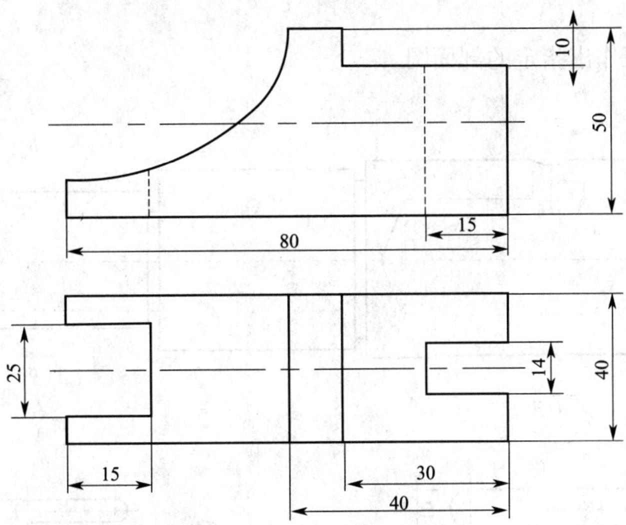

(a)

图 5

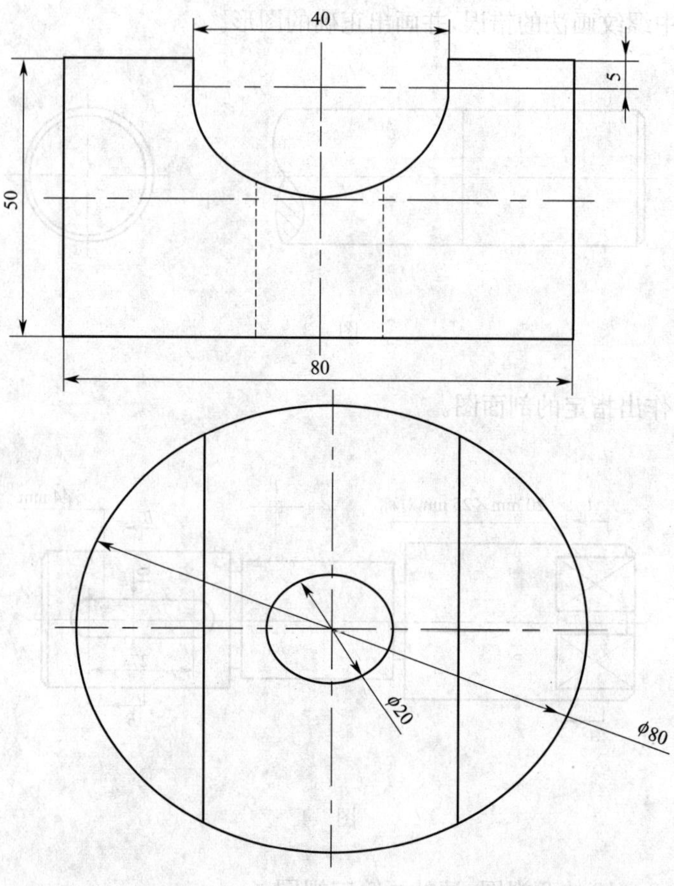

(b)

图 5

5. 分析图 6,请作出指定的剖面图。

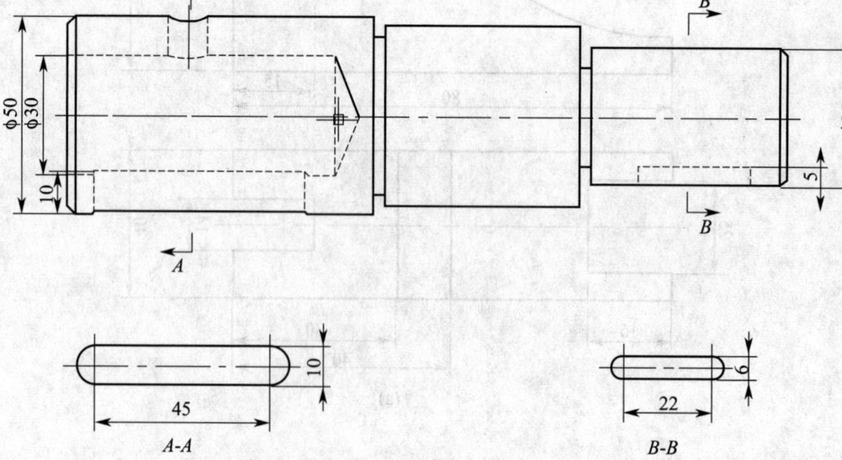

图 6

6. 如图 7 所示，根据给定的螺纹要素，请画出视图 M16 内螺纹，螺纹有效长度 30 mm，孔口倒角 1.5×45。

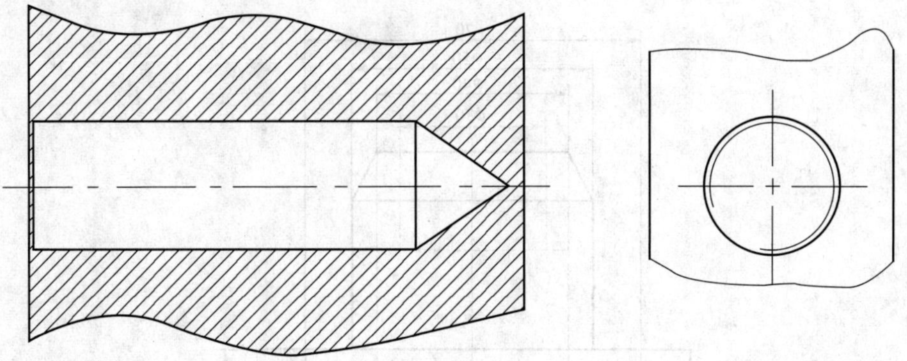

图 7

7. 已知图 8(a)、(b)的两视图，请补画第三视图。

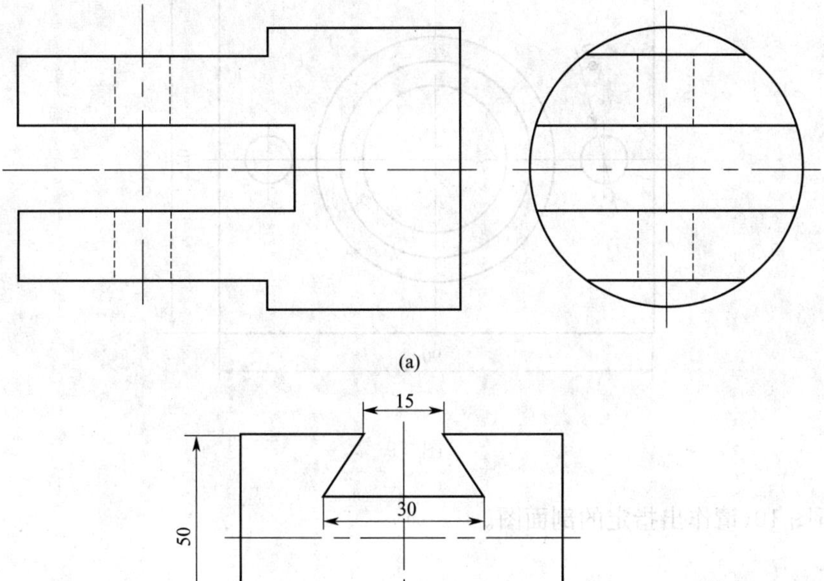

(a)

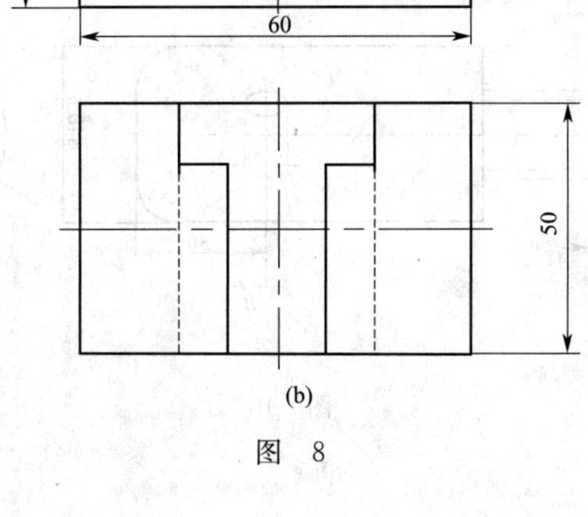

(b)

图 8

8. 将图 9 中的主视图,改画为半剖视图。

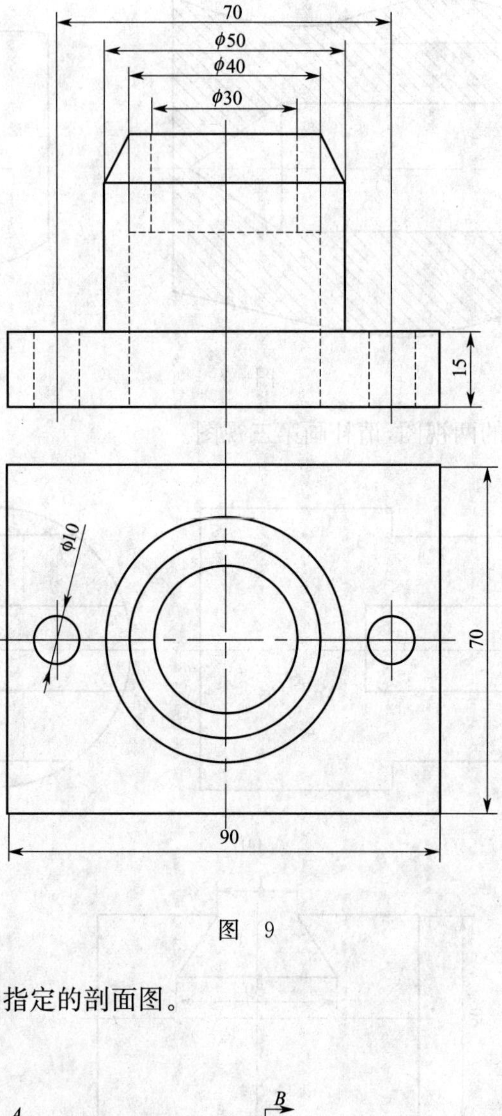

图 9

9. 分析图 10,请作出指定的剖面图。

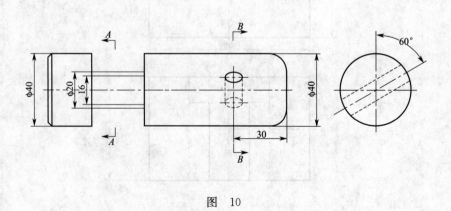

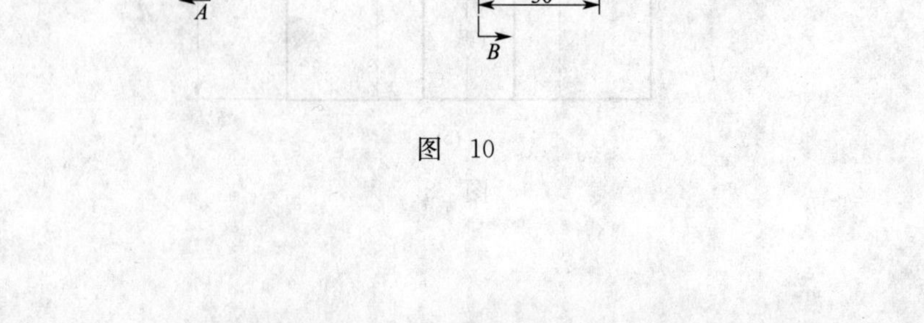

图 10

10. 分析图 11,请作出指定的剖面图。

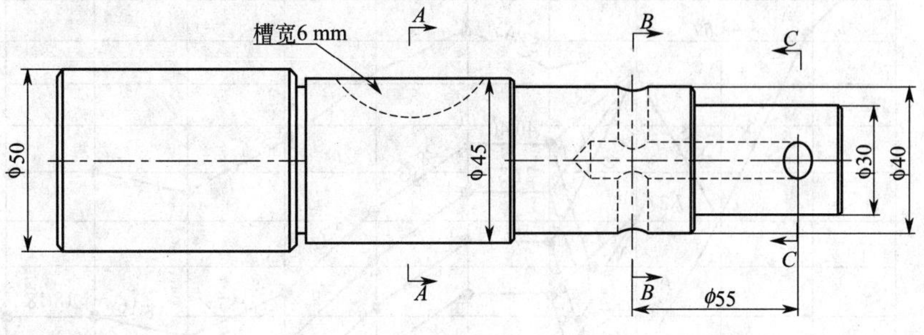

图 11

11. 根据 X62W 型铣床主轴传动系统转速分布图(图 12),列出 30 r/min、95 r/min 和 235 r/min 的计算式。

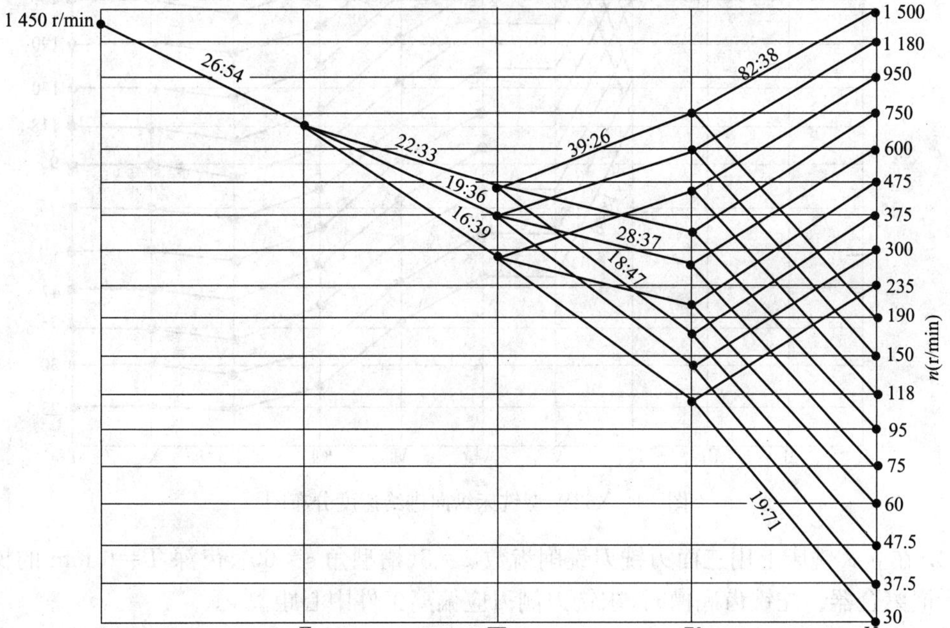

图 12

12. 在卧式铣床上用三面刃铣刀铣削矩形牙嵌离合器,已知齿数 $z=6$,齿部孔径 $d=40$ mm,齿深 $T=10$ mm。试确定标准三面刃铣刀的宽度 L 和外径 d_0。

13. 根据 X62W 型铣床纵向进给速度分布图(见图 13),列出 23.5 mm/min、60 mm/min 和 150 mm/min 的计算式。

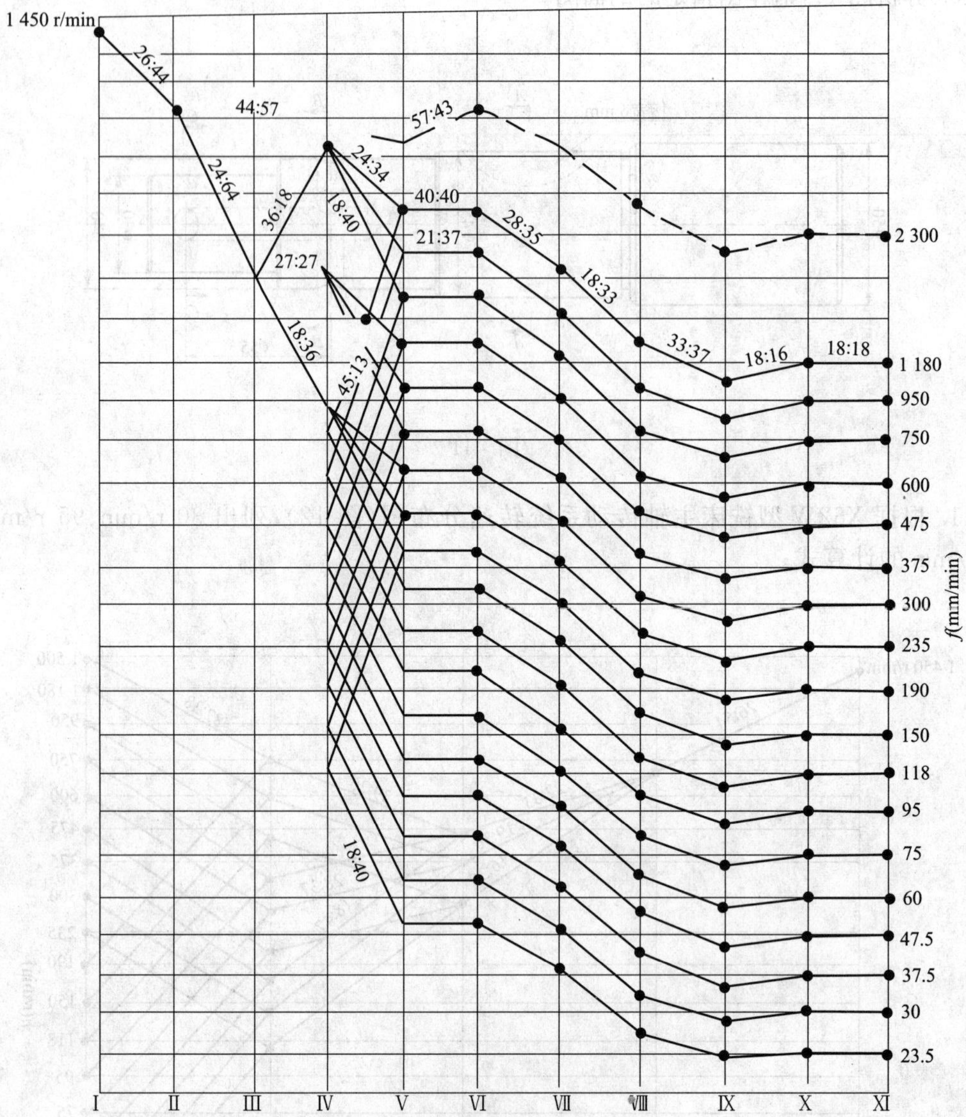

图 13 X62W 型铣床纵向进给速度分布图

14. 在立式铣床上用三面刃铣刀铣削齿数 $z=5$、槽型角 $\varepsilon=60^\circ$、齿深 $T=6$ mm 的梯形等高齿牙嵌离合器。先铣齿底槽时，求铣刀侧刃应偏离工件中心距离 e。

15. 铣削一标准锥齿轮，已知 $m=3$ mm，$z_1=50$（配偶齿轮 $z_2=30$，$\sum=90^\circ$）。试求小端模数 m_i 和当量齿数 z_v。

16. 测得一尖梯形牙嵌离合器齿数 $z=40$，齿槽底部与工件轴线的夹角为 $86^\circ06'$。试求离合器的齿形角 θ。

17. 在卧铣上铣削齿数 $z=20$，锥角 $\delta=45^\circ$ 的直齿圆锥齿轮，应选择几号锥齿轮盘铣刀？（$\cos45^\circ=0.707$；各刀号加工齿数范围：3 号，17～20；4 号，21～25；5 号，26～34；6 号，35～54）

18. 在 X62W 型铣床上用螺旋齿圆柱铣刀铣平面，铣刀直径 $D=100$ mm，齿数 $Z=10$，主轴转速 $n=95$ r/min，每分钟进给量 $S=47.5$ mm/min，铣削宽度 $B=8$ mm，铣削深度 $t=$

60 mm。求铣削时的总切削面积 $F_{总}$。(取小数点后面三位小数)

19. 用单角铣刀在直径为 80 mm 的圆盘铣刀刀坯上铣圆周齿槽,要求前角 $\gamma=10°$,刀齿深 $h=6$ mm,求工作台横向偏移量 S 和垂直升高量 H。

20. 已知正三角形牙嵌离合器齿面内锥角为 172°12′,试求离合器铣削时分度头主轴仰角 α 和离合器分齿时分度手柄转数 n。

21. 一只标准直齿圆锥齿轮,已知锥角 $\delta=26°34'$,齿顶角 $\theta_a=2°34'$,齿根角 $\theta_f=3°4'$。问:(1)车削齿坯时,顶锥角 δ_a 为多少?(2)在卧铣上用锥齿轮盘铣刀铣削时,分度头应扳起的角度 δ_f 为多少?

22. 一对蜗杆蜗轮,其 $z_1=1$,$z_2=40$,$m=3$ mm,$\gamma=4°45'$。求它们的分度圆弦齿厚和弦齿高。

23. 用垂直进给加工一椭圆孔,要求长轴 $D=50$ mm,短轴 $d=25$ mm,求加工时机床主轴与椭圆孔轴线的倾斜角 α。

24. 铣削一椭圆半孔,孔的轴线与工作台面平行,已知椭圆长轴长为 80 mm,短轴长为 40 mm,求铣床主轴倾斜角 β。

25. 镗削一长轴为 180 mm、短轴为 160 mm 的椭圆孔。求刀尖回转半径和立铣头偏转角度。

26. 在立铣上用立铣刀加工一内球面,已知球面半径 $R=25$ mm,深度 $H=15$ mm。试确定立铣刀直径 d_e 及倾斜角 α_0。

27. 加工一单柄球面,其柄部直径 $D=30$ mm,球面半径 $R=30$ mm,求倾斜角 α。

28. 用单角钝刀铣圆柱面直齿槽,已知圆柱铣刀外径 $D=100$ mm,前角 $\gamma=5°$,齿槽深 $h=15$ mm,求工作铣刀偏移量 S 和升高量 H。($\sin5°=0.087\,2$,$\cos5°=0.996\,2$)

29. 在卧式铣床上用单角铣刀铣削三面刃铣刀圆周齿槽,已知齿槽角 $\theta=60°$前角 $\gamma_0=15°$,齿数 $z=20$,工件外径 $D=100$ mm,试求:(1)刀具对中后,横向偏移量 s;(2)用棱边宽度控制吃刀量时,若棱边宽度余量为 0.15 mm,垂向升高量。

30. 用 $S=10°$的双角铣刀在直径为 80 mm 的圆盘槽铣刀刀坯上开圆周齿,要求前角 $\gamma=0°$,刀齿深 $h=5$ mm,求工作台横向移偏量 S 和垂直升高量 H。

31. 在卧式铣床上用三面刃铣刀铣削矩形牙嵌离合器,已知齿数 $z=5$,齿部孔径 $d=40$ mm,试确定标准三面刃铣刀的宽度 L,并用编号方法表示奇数齿矩形牙嵌离合器齿侧的铣削次序。

32. 铣削一正梯形牙嵌离合器,已知齿形角 $\theta=16°$,齿数 $z=5$,离合器孔直径 $d=50$ mm,齿深 $T=7$ mm。试求铣削加工数据 n、L 和 e。

33. 用三面刃铣刀铣削正梯形牙嵌离合器底槽,已知铣刀偏离中心距 $e=0.441$ mm,离合器齿槽深 $T=5$ mm,试求离合器的齿形角 θ。

34. 用切削部分长度 $L=45$ mm 的立铣刀在立式铣床上以倾斜法加工厚度 $B=15$ mm 的等速圆盘凸轮,若凸轮上一段工作曲线升高量 $H=20.5$ mm,试求加工该段工作曲线时分度头最小倾斜角 α_{min}。

35. 在立式铣床上铣削一单柄外球面,已知柄部直径 $D=30$ mm,外球面半径 $SR=30$ mm,试求单柄球面坯件球头部圆柱长度 L。

铣工(中级工)答案

一、填空题

1. 刨面	2. 局部	3. 箭头	4. 省略
5. 定形尺寸和定位尺寸	6. 垂直于	7. 表面粗糙度和平面度	
8. V面或正面	9. 圆	10. 椭圆	11. 主视、俯视、左视
12. 低温长时间	13. 摩擦力	14. 执行部分	15. 高速钢
16. 高的红硬性	17. 钨钴类	18. 几何	19. 位置
20. 最大	21. 最大值	22. 相变磨损	23. 后刀面
24. 前刀面	25. 刀具几何形状正确	26. 丧失切削	27. 热变形
28. 理想几何参数	29. 基准位移	30. 磨损	31. 封闭
32. 最小极限	33. 最大极限	34. 加工	35. 角度线
36. $\sum I_{入}=\sum I_{出}$	37. 小于	38. 定子和转子	39. 发送
40. 参考点	41. 0.02 s	42. 热继电器	43. 电磁工作台
44. 科学	45. 机床保养	46. 以次充好	47. 工艺纪律
48. 通镗杆	49. 社会生活	50. 职业	51. 道德原则
52. 继承性	53. 精神文明	54. 思想道德	55. 特征的
56. 特殊的工作	57. 法规	58. 工艺文件	59. 刀具
60. 符合规定	61. 用电	62. 维修	63. 清洁
64. 几何形状	65. 32	66. 阿基米德	67. 不变
68. 铣床主轴	69. 45°	70. 轴线	71. 平行顺序
72. 导程	73. 阿基米德(轴向直廓)		74. 轴向
75. 4	76. 30	77. 齿槽底部	78. 铲齿
79. 右旋右	80. 同一把双角	81. 立	82. 端
83. 适当减小	84. $Z_{当}=z/\cos\alpha$	85. 大于或等于 3	86. 凸半圆
87. 键槽	88. 当量	89. 小	90. 大
91. 电磁铁剩磁太大	92. 滚针	93. 轴承的间隙	94. 塞铁
95. $\pm30°$	96. 快速	97. $+30°$和$-15°$	98. 椭圆
99. 槽宽或槽深	100. 圆锥滚子	101. 弹性联轴器	102. 水平铣头
103. 进给	104. 负	105. 垂直	106. 水平
107. 表面粗糙度	108. 两切削刃	109. 钻头轴线	110. 碰镗杆法
111. 表面粗糙度值	112. 小	113. 平行	114. 螺旋
115. 小	116. 大	117. 向左	118. 向右

119. 少	120. 纵向丝杠	121. 连续分齿(断续展成)	
122. 齿向误差	123. 刀尖	124. 大	125. 旋转平面
126. 贴合面积不够	127. 齿侧不能贴合	128. 增减中间轮	129. 干涉
130. 刀尖运动	131. 120×6/60=12	132. 69.28	133. 变大
134. 50	135. 倾斜	136. 小于	137. 圆锥母线
138. $L/\tan 30° \times \pi$	139. 宽	140. 狭	141. 偏移量 S
142. 球面几何形状	143. 径向跳动	144. 测量销	145. 表面粗糙度
146. 法向	147. 8″	148. 最大差值	149. 凹
150. 尺寸控制不准	151. 试切件	152. 几何形状	153. 0.03
154. 直线度	155. 0.04	156. 等分度	157. 位置
158. 伺服系统	159. 控制器	160. 伺服系统	161. 自动换刀数控
162. 点位直线控制数控		163. 开环控制数控	164. 控制对象
165. 报警内容	166. 工作台	167. 轨迹检查	168. 检查
169. 润滑系统	170. 程序要求	171. 位置	172. "开-关"
173. 系统性故障	174. 程序	175. 硬件故障和软件故障	
176. 零点的偏置	177. 子程序	178. 断线	179. 减小

二、单项选择题

1. A	2. B	3. B	4. B	5. D	6. B	7. C	8. A	9. B
10. A	11. B	12. A	13. B	14. D	15. B	16. C	17. C	18. B
19. D	20. B	21. B	22. C	23. C	24. A	25. B	26. B	27. A
28. C	29. B	30. A	31. B	32. C	33. D	34. D	35. A	36. C
37. D	38. A	39. A	40. B	41. D	42. B	43. D	44. C	45. B
46. D	47. C	48. D	49. B	50. B	51. A	52. A	53. C	54. A
55. B	56. C	57. A	58. B	59. C	60. A	61. C	62. A	63. B
64. A	65. C	66. D	67. A	68. B	69. C	70. D	71. A	72. C
73. A	74. C	75. A	76. A	77. B	78. C	79. A	80. B	81. C
82. A	83. B	84. C	85. A	86. B	87. C	88. B	89. A	90. C
91. D	92. A	93. A	94. B	95. C	96. A	97. B	98. A	99. B
100. C	101. A	102. C	103. A	104. C	105. B	106. C	107. D	108. B
109. C	110. A	111. B	112. C	113. C	114. B	115. C	116. D	117. A
118. B	119. C	120. D	121. A	122. B	123. A	124. C	125. A	126. C
127. A	128. B	129. C	130. D	131. A	132. B	133. C	134. D	135. A
136. B	137. C	138. D	139. A	140. B	141. C	142. D	143. B	144. A
145. C	146. D	147. A	148. B	149. C	150. D	151. A	152. B	153. C
154. D	155. A	156. B	157. D	158. A	159. B	160. C	161. D	162. A
163. B	164. C	165. B	166. A	167. C	168. A	169. C	170. B	171. B
172. C	173. D	174. A	175. C					

三、多项选择题

1. ABC	2. ABC	3. BCD	4. BCD	5. ABCD	6. ABCD	7. ABCD
8. ABD	9. ABCD	10. BC	11. ABCD	12. BC	13. ACD	14. BCD
15. ABC	16. BCD	17. ACD	18. ABC	19. BCD	20. ACD	21. ABCD
22. ABCD	23. BD	24. CD	25. AC	26. ABD	27. ACD	28. ACD
29. ABC	30. BCD	31. ABCD	32. ABCD	33. AB	34. BCD	35. CD
36. BCD	37. ABC	38. ABC	39. ABCD	40. ABC	41. ACD	42. AC
43. ABD	44. ABC	45. BC	46. AB	47. ABC	48. CD	49. AB
50. ABCD	51. ABD	52. ABC	53. CD	54. ABC	55. ABC	56. ABC
57. ACD	58. BCD	59. ABCD	60. ABD	61. ABCD	62. ABD	63. AD
64. BD	65. ABCD	66. AB	67. ABCD	68. BD	69. ABC	70. BCD
71. ABC	72. AD	73. CD	74. ABC	75. AB	76. ABD	77. ACD
78. AC	79. ABC	80. ACD	81. AC	82. BC	83. ABC	84. ACD
85. ACD	86. AB	87. AC	88. CD	89. ABC	90. CD	91. ABCD
92. ABC	93. AB	94. AD	95. ABCD	96. AB	97. ABD	98. ABC
99. CD	100. BC	101. ABC	102. ABCD	103. ABCD	104. ABCD	105. ABCD
106. ABC	107. ACD	108. AB	109. ABCD	110. ABC	111. AC	112. ABCD
113. AD	114. ABD	115. BD	116. AD	117. ACD	118. ABCD	119. ABCD
120. ABC	121. BCD	122. ACD	123. ABCD	124. BCD	125. ACD	126. ABCD
127. BC	128. CD	129. ABCD	130. ABD	131. ABC	132. AB	133. ABCD
134. ABCD	135. CD	136. ACD	137. ABCD	138. ABCD	139. AC	140. ACD
141. BCD	142. ABD	143. BD	144. ACD	145. BC	146. ABCD	147. ABCD
148. ABCD	149. ABCD	150. BCD	151. ABCD	152. ABCD	153. ABC	154. ABC
155. AB	156. ABD	157. ABC	158. BCD	159. ABD	160. AC	161. BCD
162. ACD	163. BCD	164. ABC	165. BCD			

四、判 断 题

1. √	2. ×	3. √	4. ×	5. √	6. √	7. √	8. ×	9. √
10. ×	11. ×	12. √	13. ×	14. ×	15. √	16. ×	17. √	18. √
19. √	20. ×	21. √	22. √	23. ×	24. ×	25. ×	26. ×	27. √
28. √	29. ×	30. ×	31. √	32. √	33. √	34. √	35. ×	36. √
37. √	38. ×	39. ×	40. √	41. √	42. √	43. ×	44. √	45. ×
46. ×	47. √	48. ×	49. √	50. ×	51. ×	52. √	53. ×	54. √
55. √	56. √	57. √	58. √	59. ×	60. √	61. ×	62. √	63. ×
64. ×	65. √	66. ×	67. √	68. ×	69. ×	70. ×	71. √	72. ×
73. √	74. ×	75. ×	76. ×	77. √	78. √	79. ×	80. √	81. ×
82. √	83. ×	84. √	85. ×	86. √	87. ×	88. √	89. ×	90. √
91. ×	92. ×	93. ×	94. √	95. √	96. ×	97. √	98. ×	99. √

100.×	101.√	102.×	103.×	104.√	105.×	106.√	107×	108.√
109.×	110.√	111.×	112.√	113.×	114.√	115.×	116.√	117.×
118.×	119.×	120.√	121.×	122.√	123.×	124.√	125.×	126.√
127.×	128.√	129.×	130.√	131.×	132.√	133.×	134.√	135.×
136.√	137.√	138.√	139.√	140.×	141.√	142.√	143.×	144.√
145.×	146.√	147.×	148.√	149.×	150.√	151.×	152.√	153.×
154.√	155.×	156.√	157.×	158.√	159.×	160.√	161.×	162.×
163.√	164.×	165.√	166.×	167.√	168.√	169.×	170.√	171.×
172.√	173.√	174.√	175.×	176.√	177.×	178.√	179.√	180.√

五、简 答 题

1. 除应正确选择铰刀尺寸,铰孔时切削用量和切削液外,还须注意以下事项:(1)若安装铰刀采用固定连接,必须进行找正,防止铰刀偏摆,否则铰出的孔会超差(1.5 分)。(2)铰刀退出工件时不能停转,要等铰刀退出工件后再停转,铰刀不能倒转(1.5 分)。(3)铰刀的轴线与钻、扩后孔的轴线要同轴,最好钻、扩、铰连续进行(1 分)。(4)铰刀在使用过程中要防止磕碰刀刃,以免碰毛后损坏铰孔精度(1 分)。

2. 矩形牙嵌离合器的齿侧是通过工件轴线的径向平面,根据奇数齿矩形牙嵌离合器的齿侧分布特征,铣刀进给可以同时铣出两个齿的不同侧面(2 分),例如铣 5 齿离合器时,只要 5 次铣削行程即可将各齿的左、右两侧铣好(1 分)。而铣削偶数齿矩形牙嵌离合器时,一次行程只能铣出一个齿侧。因此,奇数齿矩形牙嵌离合器与偶数齿矩形牙嵌离合器相比有较好的加工工艺性,因而得到优先选用(2 分)。

3. 设置定向装置的目的是:通过它与机床 T 形槽的配合,使夹具的纵长方向和工作台纵向行程方向一致(4 分)。同时可承受一部分扭转力矩(1 分)。

4. 铣削等速凸轮一般应达到如下工艺要求:(1)凸轮工作型面应具有较小的表面粗糙度值(1 分)。(2)凸轮工作型面应符合预定的形状,以满足从动件接触方式的要求(1 分)。(3)凸轮工作型面应符合规定的导程(或升高量、升高率)、旋向、基圆、槽深等要求(1.5 分)。(4)凸轮工作型面应与某一基准部位处于正确的相对位置(1.5 分)。

5. X2010 型铣床横梁在沿立柱升降运动停止时,通过电气—液压—机械,会自动锁紧。横梁上的夹紧机构应注意按以下要求调整:(1)首先松开锁紧螺母,使楔块和滚子保持规定的尺寸 50 mm,然后旋紧锁紧螺母,检查松开和夹紧情况(2.5 分)。(2)调整楔块上的碰块,使楔块松开后退至极限位置前碰开行程开关,停止楔块松开动作(2.5 分)。

6. 如果用两个短圆柱销定位,此时 A 销限制 XY 两个自由度(2 分);则 B 销限制 XZ 两个自由度,X 被重复限制,形成过定位(2 分);采用削边销的目的是为了消除过定位(1 分)。

7. 铣削偶数齿矩形齿离合器时,三面刃铣刀不能通过离合器的整个端面,每次进刀只能铣出一个齿的一侧(2 分)。为了保证铣刀不切伤对面的齿,对三面刃铣刀直径要进行计算,校验(2 分)。如果计算后不能满足条件或借不到合适直径的三面刃铣刀,则应改用立铣刀在立式铣床上加工(1 分)。

8. 直齿锥轮铣刀的齿形曲线是按锥齿轮的大端齿形设计的(1 分),但为了保证在铣削过程中切削刃能通过锥齿轮小端齿槽,铣刀的厚度是按锥齿轮的小端齿槽宽度设计的(4 分)。

9. 应用倾斜法铣削凸轮(2 分)。由于铣刀轴线与水平进给方向倾斜，切削开始时，在铣刀下部进行，逐渐上升至铣刀上部，因此，在加工前要预算铣刀长度(3 分)。

10. 不能借用同模数、同号数的标准圆柱齿轮铣刀铣削直齿锥齿轮，因各标准直齿锥齿轮铣刀的齿形曲线是按锥齿大端齿形设计的，但铣刀的厚度是按锥齿轮小端齿槽宽度设计的，它的厚度仅为标准圆柱齿轮铣刀厚度的 2/3(3 分)。如果借用同模数、同号数的标准圆柱齿轮铣刀铣削标准直齿锥齿轮，则锥齿轮小端齿槽将会被铣得太宽而使齿轮报废(2 分)。

11. 将使铣出的螺旋槽形状不正确，槽口出现喇叭口等多种弊病(1 分)。解决的方法是将铣刀中心对准工件中心后(1 分)，再将铣刀中心向左或向右偏移工件中心一个距离，使铣削时铣刀的切削线和滚子工作时与螺旋面的接触线重合(3 分)。

12. 弹性联轴器由两半部分组成，一半安装在主电动机轴上(1 分)，另一半安装在主轴变速箱的轴Ⅰ上(1 分)，其作用是通过联轴器上的橡胶圈，在运转时吸收振动和承受冲击，使电动机轴传动平稳(1 分)。安全离合器和片式摩擦离合器安装在进给变速箱轴Ⅲ中部(1 分)，安全离合器是定转矩装置，用来防止工作台进给超载时损坏传动零件；片式摩擦离合器用来接通工作台的快速移动(1 分)。

13. X6132 型铣床工作台导轨间的间隙是通过调整工作台的镶条调整机构来实现的(1 分)，调整时，先松开调整螺杆上的两个紧定螺母(1 分)，然后转动调整螺杆，使镶条向前移动，以消除导轨之间的间隙(1 分)，间隙大小是否合适，一般可用摇动工作台的轻重来判断(1 分)。调整合适后，再把调整螺杆上的两个紧定螺母紧固好(1 分)。

14. 其实用意义是：可使传动轴在温度变化时有伸缩的余地(2.5 分)；另外也便于制造和装配(2.5 分)。

15. 常见的故障有：(1)铣削时振动大(0.5 分)；(2)工作台快速进给脱不开(0.5 分)；(3)主轴制动不良(0.5 分)；(4)变速齿轮不易啮合(0.5 分)；(5)纵、横向进给有带动现象(1 分)；(6)工作台纵向进给返空程量大(1 分)；(7)进给系统安全离合器失灵(1 分)。

16. 用端铣刀铣平面时，会影响加工面的平面度和平行度(2 分)。镗孔时、工作台进给孔会使孔呈椭圆形(1.5 分)；主轴进给镗孔时会使孔的轴线歪斜(1.5 分)。

17. 型腔铣削时，应根据加工表面的粗糙度(0.5 分)，适当掌握修锉余量，对于铣削比较困难的部位(1 分)，应适当多留修锉量，对于平面直角沟槽等容易加工的部位应尽量提高加工表面粗糙度，减少修锉余量(3.5 分)。

18. 阶梯铣削是指将各刀齿的刀尖分布在刀体的不同半径上(0.5 分)，各相差一个 ΔR 的距离(0.5 分)，同时，各刀尖还由里向外呈阶梯状排列相距 Δt(1 分)，以使工件的全部加工余量沿铣削深度方向分配到各刀齿上(1 分)，若加工余量太大，由于铣床功率和工艺系统刚度(1 分)，强度不足、无法实现一次铣去时可采用阶梯铣削法(1 分)。

19. 铣削花键轴时，必须用百分表校正下列三个要素。(1)工件的径向跳动量(1 分)；(2)工件的上母线相对于工作台面的平行度(2 分)；(3)工件的侧母线相对于工作台纵向轴线的平行度(2 分)。

20. (1)孔径会钻大(1 分)；(2)往往只有一条刀刃参加切削，磨损较快(1 分)；(3)孔的位置容易产生偏歪(1.5 分)；(4)有可能钻出倾斜的孔(1.5 分)。

21. 由于升降台的行程比较大(1 分)，升降台内装丝杆处到底座之间的距离较小(1 分)，用单根丝杠就不能满足要求(1 分)，因此采用双层丝杠(2 分)。

22. 主要是主轴和工作台两方面。(1)主轴轴承太松(0.5 分),主轴轴承的径向和轴向间隙,一般应调整到不大于 0.015 mm(2 分)。(2)造成工作台松动的主要原因是导轨处的镶条太松,调整时可用厚薄规(俗称塞尺)来测定(1 分),一般以不能用 0.04 mm 的厚薄规塞进为合适(1.5 分)。

23. 铣削刀具端面齿时,为保证齿槽外宽内窄,外深内浅,棱边宽度一致,因此分度头主轴须与工作台面成一交角 ϕ(1 分)。调整时,首先按计算值或查表所得的角度值调整(1 分)。在铣削过程中,应根据棱边的等宽情况再予微量调整,内窄外宽应减小 ϕ 值(1.5 分),内宽外窄增大 ϕ 值(1.5 分)。

24. 在分度头上装夹工件铣圆盘凸轮时,根据立铣头轴线(或工件轴线)与工作台面的位置关系,可分为垂直铣削法和倾斜铣削法(1 分)。垂直铣削法是指工件和立铣刀轴线均与工作台面垂直的铣削方法,适用于加工只有一条工作曲线,或是虽然有几条工作曲线,但它们的导程相等,且便于配置交换齿轮的圆盘凸轮(1 分)。倾斜铣削法是指工件和立铣刀轴线平行并都与工作台面成一倾斜角后进行铣削的方法,适用于加工有几个不同导程的工作曲线型面的圆盘凸轮(1 分)。加工时,只须选择一个适当的假定导程 $P_{交}$(1 分),通过调整,改变分度头和立铣头的倾斜角,便可获得不同导程的凸轮工作型面(1 分)。

25. 铣床上镗孔圆度不好的原因有:(1)工件在装夹时变形(1 分)。(2)铣床主轴回转精度差(1 分)。(3)镗杆和镗刀产生弹性变形(1 分)。(4)在立式铣床上镗孔时,未紧固工作台纵、横向(1 分)。(5)工件装夹不牢固,镗削时产生微量位移(1 分)。

26. 铰孔余量的大小直接影响铰孔的质量(2 分)。余量太小,往往不能把上道工序所留下的加工痕迹全部铰出去(1.5 分);余量太大,会使孔的精度降低,表面粗糙度值变大(1.5 分)。

27. 因为锥齿轮的齿形是逐渐向圆锥顶点收缩的(1 分),由于锥齿轮铣刀的廓形是按大端齿形曲线设计的,而刀齿宽度是按齿宽等于 $R/3$ 时的小端齿槽宽度设计的(1 分)。因此,当齿槽中部铣好后,齿轮大端齿厚还有一定的加工余量(1 分),并且余量从小端到大端逐渐增多(1 分),为了达到大端的齿厚要求,必须要进行偏铣,使大端齿槽两侧多铣去一些(1 分)。

28. 常用的偏铣方法是零件绕分度头轴线转动的铣削方法(1 分)。具体操作时,第一种方法是在铣出齿槽中部后(1 分),先确定分度头主轴转角,然后再在横向移动工作台偏铣两侧余量(1 分);第二种方法是在铣出齿槽中部后(1 分),先确定工作台横向移动量,而分度头回转量 N 则由试铣确定(1 分)。

29. 尖齿离合器的齿形特点是:包括齿顶和槽底(1 分),整个齿形向轴线一点收缩,齿槽宽度由外圆向轴心逐渐变窄(1.5 分)。

梯形收缩齿离合器齿形的特点是:齿顶及槽底在齿长方向都等宽(1 分),并且它们的中心线都通过离合器的轴线(1.5 分)。

30. (1)偏移中心法,即将离合器的各齿侧面都铣得偏过中心一个距离(0.1～0.15 mm)(2.5 分)。

(2)偏转角度法,即将离合器的齿槽角铣得略大于齿面角(2°～4°)(2.5 分)。

31. 因为尖齿离合器的齿形特点是整个齿形(包括齿顶和槽底(0.5 分))向轴线上一点收缩,齿槽宽度由外圆向轴心逐渐变窄(2.5 分),所以在铣削时,分度头主轴必须要仰起一个角度 α,使齿槽底处于水平位置(2 分)。

32. 矩形齿离合器的齿形特点是齿顶及槽底均向离合器轴线收缩(0.5 分)。齿侧是一个通过轴心的径向平面(0.5 分)。铣削奇数齿矩形齿离合器时,对刀和调整后(0.5 分),铣刀可以在铣削时穿过离合器的整个端面(0.5 分),每次进给能同时铣出两个齿的不同侧面(0.5 分)。铣削偶数齿矩形齿离合器时,对刀和调整后 0.5,铣刀在铣削时,每次进给只能铣出一个齿的侧面(1 分),不能像铣削奇数齿矩形齿离合器那样穿过离合器的整个端面(1.5 分)。

33. 主要原因有:(1)分度误差太大(1 分)。(2)齿槽角铣得太小(1 分)。(3)工件装夹后与分度头主轴回转轴线不同轴(2 分)。(4)对刀不准(1 分)。

34. 铣削端面凸轮时,如果铣刀的中心对准凸轮的中心(1 分),铣刀的切削线没有发生在螺旋面的直线位置(1 分);同时,螺旋面本身不同直径处螺旋角不同(1 分),铣削过程中存在着干涉现象(1 分)。因此,在靠近中心部分的螺旋面会被多切去一些,从而产生"凹心"现象(1 分)。

35. 为防止铣刀切入轮廓内,保证曲线各部分的连接,可按下列方法铣削:(1)凹、凸圆弧面连接,先加工凹圆弧面(0.5 分)。(2)凹、凹圆弧面连接,先加工半径较小的凹圆弧面(0.5 分)。(3)凸、凸圆弧面连接,先加工半径较大的凸圆弧面(0.5 分)。(4)直线与凹圆弧面连接,先加工凹圆弧面(0.5 分)。(5)直线与凸圆弧面连接,先加工直线部分(1 分)。(6)铣凹圆弧面时,铣刀与转台转向相反,铣凸圆弧时,铣刀与转台转向相同(1 分)。(7)铣刀铣削转换点应落在各段曲线的连接点上(1 分)。

36.(1)成形铣刀的刀齿是铲齿背,前角大都为零度,修磨时只磨前刀面,刃磨后的前角值必须符合设计数据(1 分)。(2)成形铣刀切削性能较差,铣削宽度也较大,且各处余量不均匀,因此可用普通铣刀粗铣,然后用标准前角的成形铣刀精铣(1.5 分)。(3)铣削速度比普通铣刀降低 20%~30%,并应根据铣刀最大直径处切削速度选择。进给量应取较小值,开始切入工件宜用手动进给(1.5 分)。(4)专用成形铣刀应按对刀数据或对刀装置确定铣削位置(1 分)。

37. 内球面底部出现"凸尖"的原因是铣刀刀尖运动轨迹未通过工件端面中心,具体原因如下:(1)工件端面成 90°的两中心线划线不准确,造成工件端面中心位置不准确(1 分)。(2)用立铣刀刀尖对工件中心时偏差过大(1 分)。(3)试铣时工作台垂向调整方向错误(1 分)。(4)立铣头轴线与工作台面交角不正确(1 分)。消除内球面底部凸尖的方法是:先判断凸尖是由立铣刀端齿铣成还是周齿铣成。若由端齿铣成,应略垂向升高工作台;若由周齿铣成,则应略垂向下降工作台,直至凸尖恰好铣去(1 分)。

38.(1)利用铣床手柄处的刻度盘来控制(1 分);(2)利用块规和百分表或千分尺来控制(2 分);(3)用试镗和测量相结合来控制(1 分);(4)利用测量圆柱和千分尺来控制(1 分)。

39. 一种是展成法,它是在专用机床如滚齿机、插齿机等机床上加工的(2 分);另一种是成形法,是在通用机床上加工的,如铣床、刨床等(3 分)。

40.(1)铣国标滚子链链轮时,刀号选择错误(1 分);(2)用通用刀具铣削国标滚子链链轮齿侧(1 分);(3)铣直线滚子链链轮时,分度头回转角度不正常(1 分),或铣两侧时偏移量不相等(1 分),或对刀不准造成困牙(1 分)。

41.(1)分度头回转精度差(1 分);(2)分度手柄摇得不正确(1 分);(3)分度头主轴与工件同轴度不好(1 分);(4)工件装夹不牢,铣削时松动(1 分);(5)铣削时分度头主轴未固紧(1 分)。

42. 铣削时球面半径不符合要求的原因是铣刀刀尖回转直径 d_c 调整不当,具体原因如下:(1)铣削外球面时,用游标卡尺测量试切后的切痕圆直径偏差较大(1 分)。(2)铣刀刀尖铣削过程中磨损严重或崩尖(1 分)。(3)铣刀盘上切刀在铣削过程中发生位移。(4)铣削内球面时立铣刀外径与理论计算选定值偏差较大(1分)。(5)立铣刀安装精度差,铣刀刀尖实际回转直径与d_c偏差较大(1分)。

43. 端面凸轮一般采用直线螺旋面,其型面母线与轴线OO'成90°交角。铣削端面凸轮时(1分),铣刀对中后应偏移一段距离进行铣削(1分),偏移方向按螺旋面方向确定(1分),偏移量可按铣刀半径和螺旋面平均升角计算(1分),有利于减少因不同直径引起的干涉现象,提高螺旋面精度(1分)。

44. 铣削等速凸轮升高量偏差过大的原因是:(1)导程、交换齿轮比、交换齿轮、倾斜角计算错误,或误差值过大(2分)。(2)用倾斜铣削法时,立铣头倾斜角和分度头仰角调整精度差(1分)。(3)铣刀切削位置不正确,偏离从动件啮合位置,或不符合螺旋面形成规律(1分)。(4)交换齿轮配置错误(1分)。

45. 立铣刀直径的选择原则是:对有凹圆弧的工件,铣刀的直径主要由工件上最小凹圆弧的直径来确定(2分),即应该选择半径等于或小于最小凹圆弧半径的立铣刀(1分),对没有凹圆弧的工件可选择较大直径的立铣刀,以保证有足够的刚性(2分)。

46. 主要原因是铣刀轴线与工件轴线不在同一平面内(1.5分)。具体分析,则可能是由工件与夹具不同轴(1.5分);夹具安装,找正不好(1分);工作台调整不当等原因造成的(1分)。

47. 铣刀偏移中心铣削时,偏移量计算错误(1.5分);(2)铣刀的几何形状误差,如锥度,母线不直等(2分);(3)分度头和立铣头相对位置不正确(1.5分)。

48. 因为凸轮铣削时总的进给运动是由直线进给和圆周进给复合而成的(2分),如果在铣削时,铣削方向选择不当,就会出现顺铣(2分),使工作台或分度头在切削力的作用下发生窜动(1分)。

49. 在铣削圆盘凸轮时,为了保证铣削处于逆铣状态,应使铣刀的旋转方向与凸轮的旋转方向相同,而且凸轮平面螺旋线应顺其旋转方向由低向高逐渐铣出(2.5分);在铣削圆柱凸轮时,凡是左螺旋面采用右旋右刃立铣刀,右螺旋面采用左旋左刃立铣刀,均可使铣削处于逆铣状态(2.5分)。

50. 用垂直法铣削圆盘凸轮时,工件和立铣头的轴线都和工作台面相垂直(2分)。用倾斜法铣削圆盘凸轮时,分度头主轴和水平方向成一仰角(1分),同时为使铣削时铣刀轴线与分度头轴线平行,立铣头的转动角度与分度头主轴的仰角应互为余角(2分)。

51. 铣削刀具齿槽时应掌握以下加工要点:(1)根据刀具的齿槽角或齿槽法向截形角选择适当廓形的工作铣刀(1分)。(2)根据图样规定的前角值、齿背后角、锥面齿和端面齿的有关参数,计算调整数据,调整和确定铣削位置,使工作铣刀和被加工刀具处于正确的相对位置(2分)。(3)铣削螺旋齿槽时,按法向前角调整铣削位置,按计算后的导程配置交换齿轮,使工作铣刀与被加工刀具具有正确的相对运动关系(2分)。

52. 检验时,将一对离合器同时以装配基准孔套在标准心轴上(2.5分),接合后用厚薄规或涂色法检查其接触齿数和贴合面积(2.5分)。

53. 在铣床上用锥齿轮盘铣刀铣削的直齿锥齿轮,一般只需测量齿轮的齿厚(1分)。精度要求较低的直齿锥齿轮(1分),通常仅测量齿轮背锥上大端的齿轮分度圆弦齿厚(1分),如果精度要求较高(1分),小端的分度圆弦齿厚也应测量(1分)。

54. 因为目测检验"纹路"的方法是以球面的铣削加工原理为基础的(1分)。球面的铣削加工原理表明,球面是由无数个偏距e和直径d_c相等的截形圆包络而成的(1分)。铣削加工时，切削“纹路”是由刀盘刀尖旋转和工件绕其自身轴线旋转进给铣削而成的(1 分)，如果“纹路”呈交叉状，说明铣削位置准确，符合球面的铣削加工原理，故可表明球面形状是正确的(2 分)。

55. 按加工要求预先编制的程序(1 分)，由控制系统发生出数字信息指令进行工作的机床称为数控机床(4 分)。

56. 数控机床具有下列特点：(1)通用性强(0.5 分)；(2)加工精度高，质量稳定(0.5 分)；(3)加工生产率高(0.5 分)；(4)能加工复杂型面(1 分)；(5)具有高度柔性(1 分)；(6)一机多用、在制品少(分)；(7)机床操作方便、舒适，可以根本改善操作者的劳动条件，减少操作者的劳动强度(1 分)。

57. 所谓编程即把零件的工艺过程(1 分)、工艺参数及其他辅助动作(1 分)，按动作顺序(0.5 分)，按数控机床规定的指令(0.5 分)、格式(0.5 分)、编成加工程序(0.5 分)，再记录于控制介质即程序载体、输入数控装置，从而指挥机床加工(1 分)。

58. 手工编程的一般步骤：(1)确定工艺过程及工艺路线(1 分)；(2)计算刀具轨迹的坐标值(1 分)；(3)编写加工程序(1 分)；(4)程序输入数控系统(1 分)；(5)程序检验(1 分)。

59. 在数控机床上加工零件时，首先需根据零件的形状和尺寸进行分段，并根据工艺要求确定加工程序(1 分)，坐标移动增量、相应的进给速度及主运动速度等参数(1 分)。将上述程序和数据以文字和数字代码形式存储在控制介质上，并逐段传输给数控装置的有关部分(1 分)，数控装置一边进行计算，一边将进给脉冲分配给机床各个坐标的伺服系统。(1 分)伺机系统根据数控装置发出的信息指令，驱动机床有关部件，使刀具和工件严格执行程序规定的相对运动，从而使机床精确地加工出符合图样要求的零件(1 分)。

60. 机床坐标系又称机械坐标系(1 分)，是机床运动部件的进给运动坐标系(1.5 分)，其坐标轴及方向按标准规定(1.5 分)，其坐标原点的位置则由各机床生产厂设定(1 分)。

61. 工件坐标系又称编程坐标系，供编程用(1 分)。为使编程人员在不知道是“刀具移近工件”，还是“工件移近刀具”的情况下(1 分)，就可根据图纸确定机床加工过程，所以规定工件坐标系是“刀具相对工件而运动”的刀具运动坐标系(1 分)。工件坐标系的原点 O_P，也称工件零点或编程零点，其位置由编程者设定(2 分)。

62. X、Y、Z 所指的方向为 X、Y、Z 轴的正方向(2.5 分)，而与 X、Y、Z 相反的方向则用 X'、Y'、Z' 表示(2.5 分)。

63. 有三种：(1)试切对刀法(1 分)。(2)机械检测对刀仪法(2 分)。(3)光学检测对刀仪法(2 分)。

64. 试切方法对刀是使每把刀的刀尖与端面(1.5 分)、外圆母线的交点接触(1.5 分)，利用这一交点为基准(1.5 分)，算出各把刀的刀偏量(0.5 分)。

65. 用机械检测对刀仪对刀，是使每把刀的刀尖与百分表测头接触(1 分)，得到两个方向的刀偏量(1 分)。若有的数控机床具有刀具探测功能，则通过刀具触及一个位置已知的固定触头(1 分)，可测量刀偏量或直径(1 分)、长度(0.5 分)，并修正刀具偏移表(0.5 分)。

66. 用光学检测对刀仪对刀，是使各把刀的刀尖对准对刀镜的十字线中心(2.5 分)，以十字线中心为基准(1.5 分)，得到各刀的刀偏量(1 分)。

67. 刀偏量的设置过程称为对刀操作(2 分)，刀偏量设置的目的即通过对刀操作，将刀偏量人工算出后输入 CNC 系统(1 分)；或把对刀时屏幕显示的有关数值直接输入 CNC 系统(1

分),由系统自动换算出刀偏量,存入刀具数据库(1 分)。

68. 模态指令也称续效指令(2 分),一经程序段中指定,便一直有效(1 分),直到以后程序段中出现同组另一指令(G 指令)或被其他指令取消(M 指令)时才失效(2 分)。

69. 非模态指令也称非续效指令(2.5 分),其功能仅在出现的程序段中有效(2.5 分)。

70.(1)安放刀具时应注意刀具的使用顺序(0.5 分)、刀具的安放位置(0.5 分),必须与程序要求的顺序和位置一致(1.5 分)。(2)工件的装夹除应牢固可靠外(0.5 分),还应注意避免在工作中刀具与工件或刀具与夹具发生干涉(2 分)。

六、综 合 题

1. 如图 1 所示。

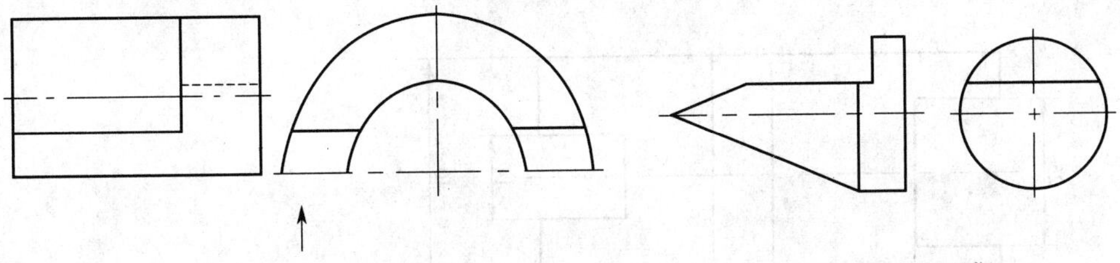

(a) (5分)　　(b) (5分)

图 1

2. 如图 2 所示。(10 分)

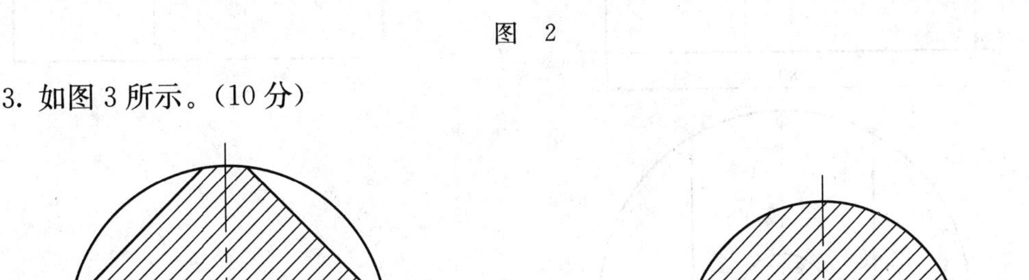

图 2

3. 如图 3 所示。(10 分)

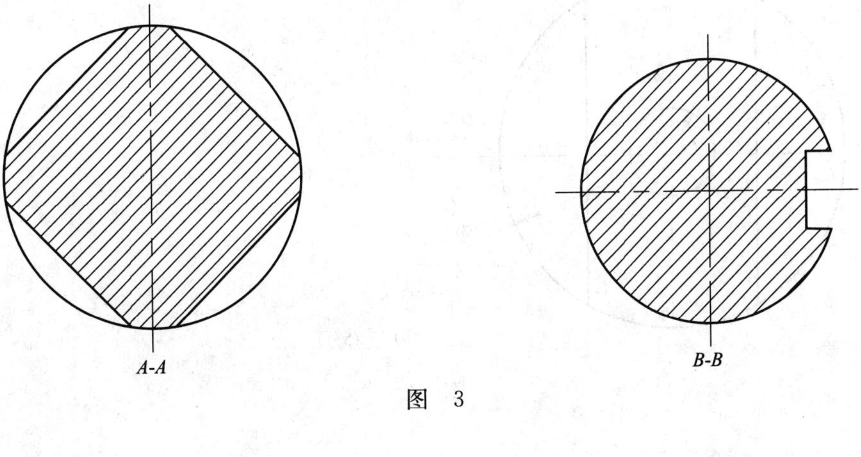

图 3

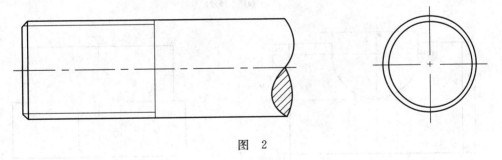

4. 如图 4 所示。

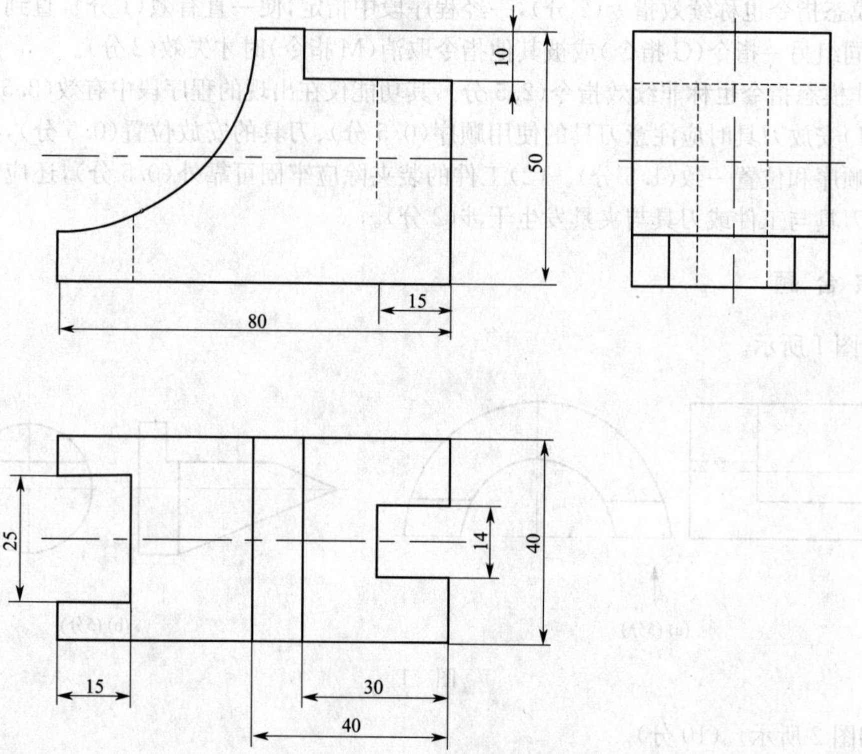

(a)　(5分)

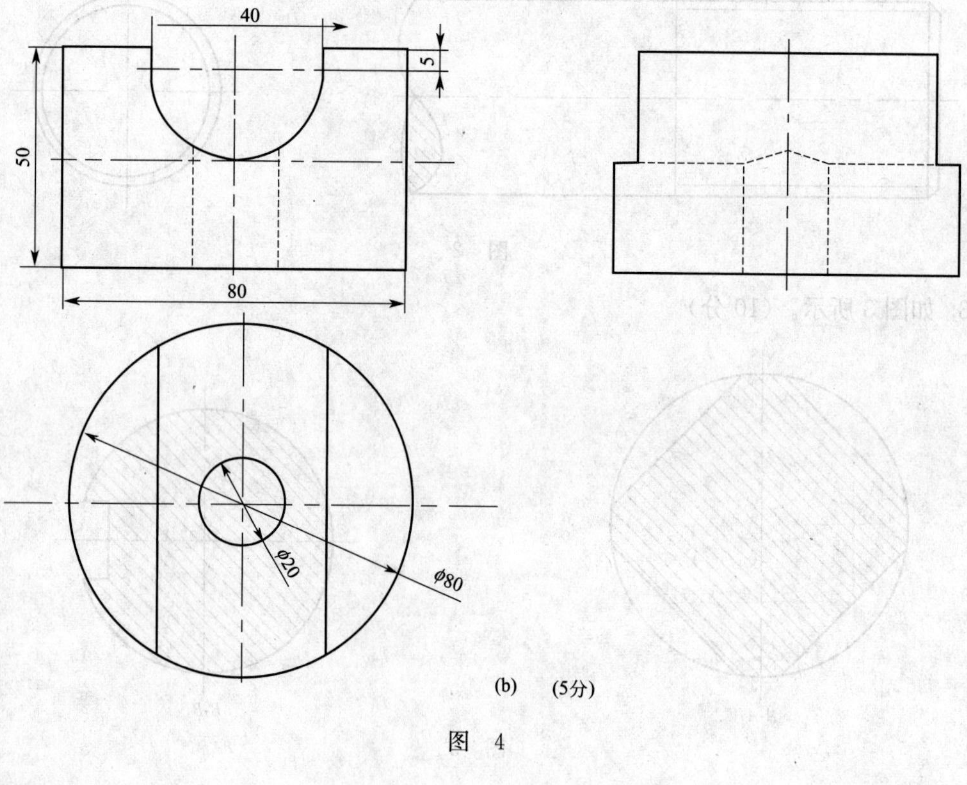

(b)　(5分)

图　4

5. 如图 5 所示。(10 分)

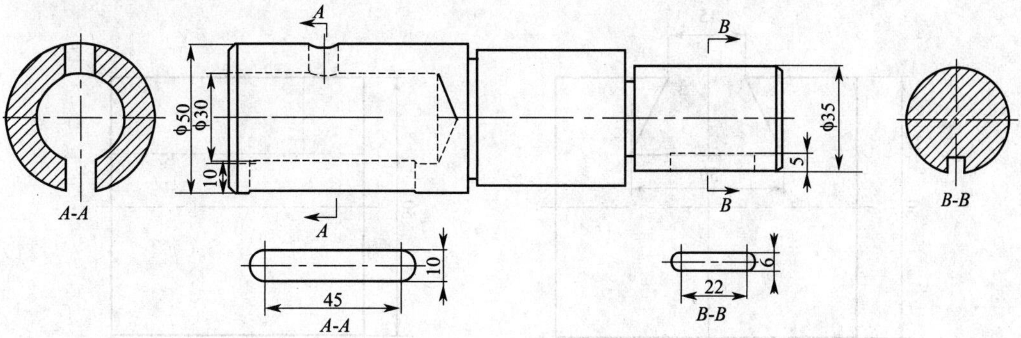

图 5

6. 如图 6 所示。(10 分)

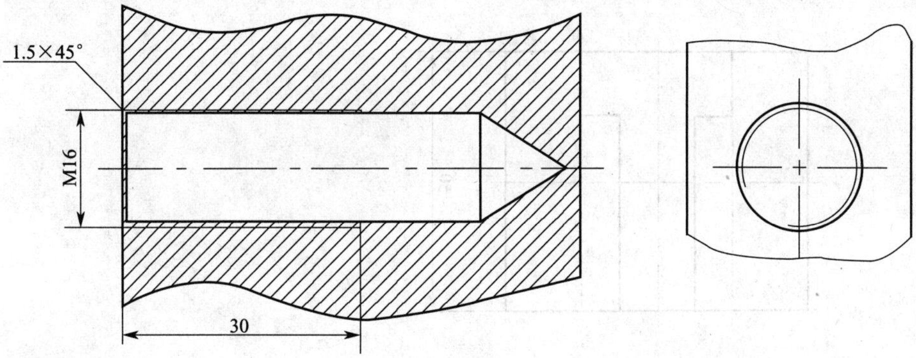

图 6

7. 如图 7 所示。(10 分)

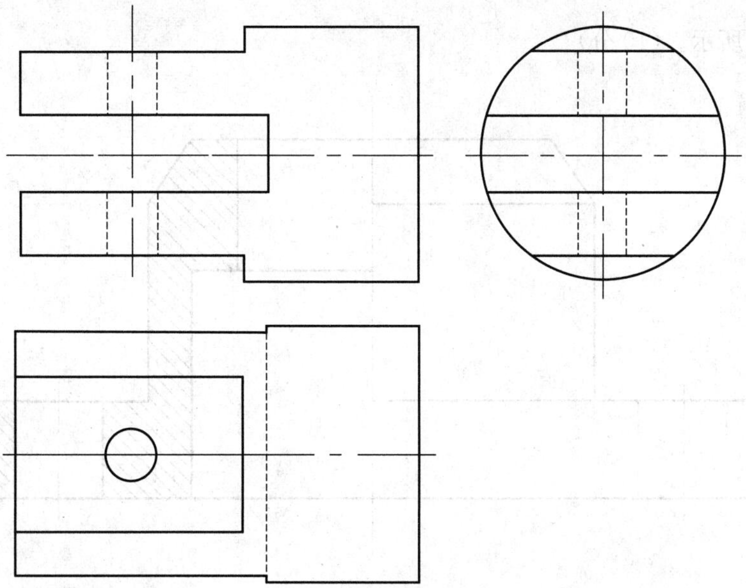

(a) (5分)

图 7

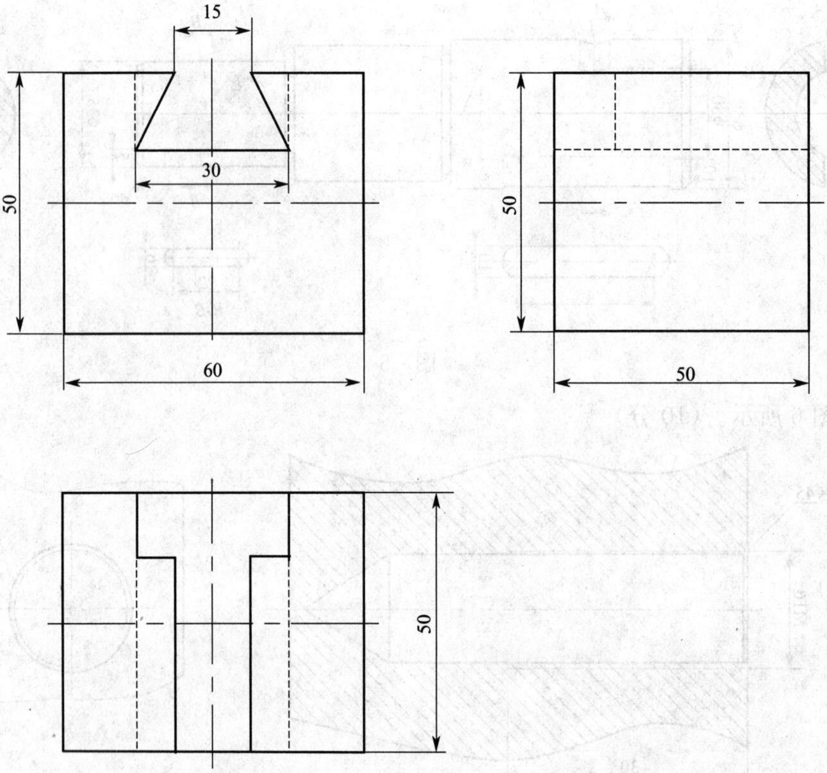

(b) (5分)

图 7

8. 如图 8 所示。(10 分)

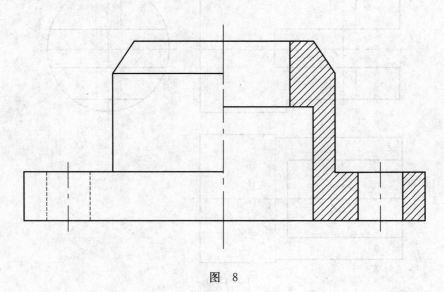

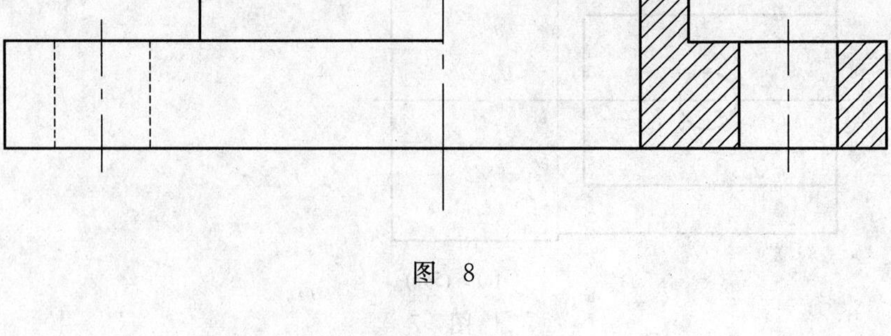

图 8

9. 如图 9 所示。(10 分)

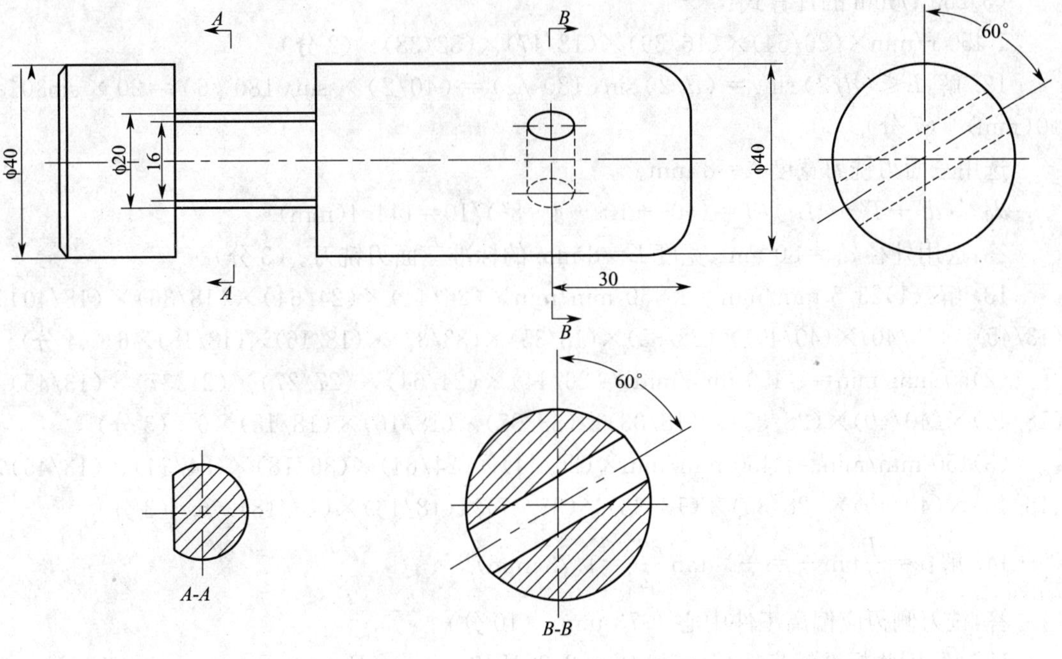

图 9

10. 如图 10 所示。(10 分)

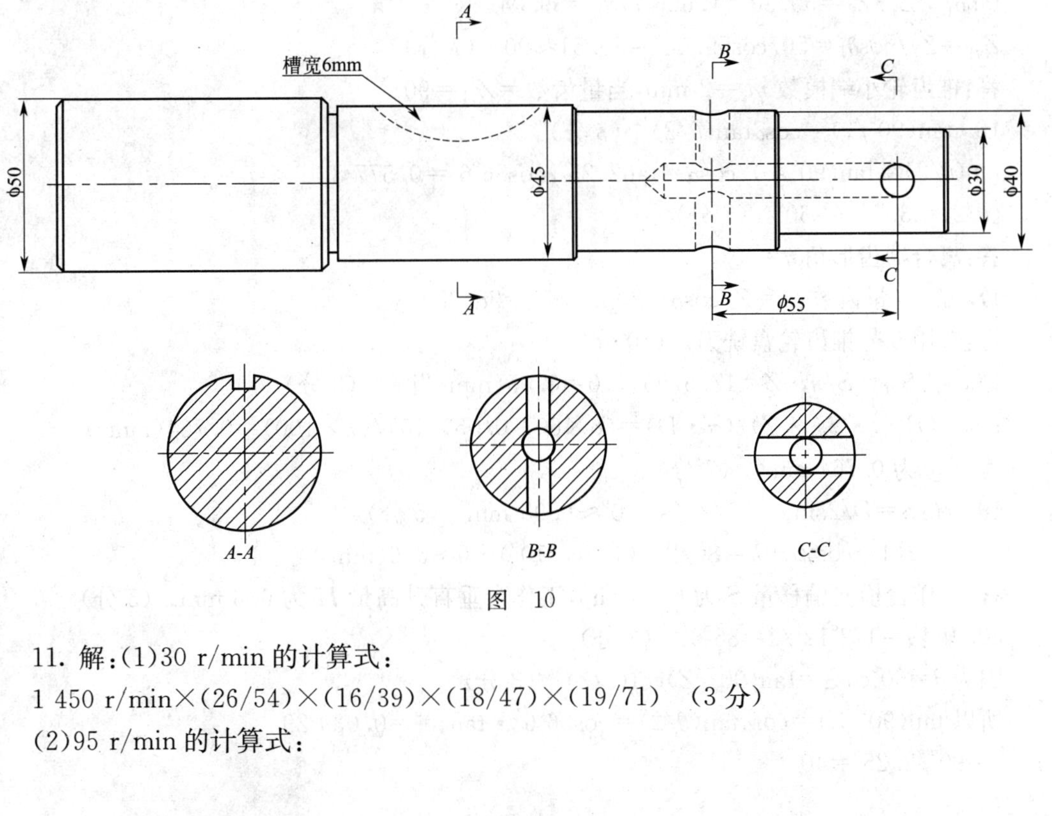

图 10

11. 解:(1)30 r/min 的计算式:

1 450 r/min×(26/54)×(16/39)×(18/47)×(19/71) (3 分)

(2)95 r/min 的计算式:

1 450 r/min×(26/54)×(22/33)×(28/37)×(19/71) （5 分）

(3)235 r/min 的计算式：

1 450 r/min×(26/54)×(16/39)×(18/47)×(82/38) （2 分）

12. 解：$L \leqslant (d/2)\sin\alpha = (d/2)\sin(180°/z) = (40/2)\times\sin(180°/6) = 20\times\sin30° = 10(\text{mm})$ （7 分）

选用三面刃铣刀宽度 $L=8$ mm。

$d_0 \leqslant (d^2+T^2-4L^2)/T = (40^2+10^2-4\times8^2)/10 = 144.4(\text{mm})$

答：选用外径 $d_0=80$ mm，宽度 $L=8$ mm 的标准三面刃铣刀。(3 分)

13. 解：(1)23.5 mm/min=1 450 mm/min×(26/44)×(24/64)×(18/36)×(18/40)×(13/45)×(18/40)×(40/40)×(28/35)×(18/35)×(33/37)×(18/16)×(18/18)×6 （4 分）

(2)60 mm/min=1 450 mm/min×(26/44)×(24/64)×(27/27)×(21/37)×(13/45)×(18/40)×(40/40)×(28/35)×(18/33)×(33/37)×(18/16)×(18/18)×6 （3 分）

(3)150 mm/min=1 450 mm/min×(26/44)×(24/64)×(36/18)×(24/34)×(13/45)×(18/40)×(40/40)×(28/35)×(18/33)×(33/37)×(18/16)×(18/18)×6 （3 分）

14. 解：$e=\frac{T}{2}\tan\frac{\varepsilon}{2}=\frac{6}{2}\times\tan\frac{60°}{2}=1.73(\text{mm})$

答：铣刀侧刃应偏离工件中心 1.73 mm。(10 分)

15. 解：因为标准锥齿轮 $(R-b)/R=2/3$，所以 $m_i=[(R-b)/R]m=2/3\times3=2(\text{mm})$ （3 分）

因为 $Z_{v1}=Z_1/\cos\delta_1$，所以应先计算 δ_1。

$\tan\delta_1=Z_1/Z_2=50/30=1.666\ 7$，$\delta_1=59.04°$

$Z_{v1}=Z_1/\cos\delta_1=50/\cos59.04°=89.51\approx90$ （7 分）

答：锥齿轮小端模数 $m_i=2$ mm，当量齿数 $=Z_{v1}=90$。

16. $\tan(90°/z)=\cos\alpha\tan(\theta/2)$ （3 分）

$\tan(\theta/2)=\tan(90°/z)/\cos\alpha=\tan2.25°/\cos86°6'=0.577\ 8$

$(\theta/2)=30°$　$\theta=60°$ （7 分）

答：离合器齿形角 $\theta=60°$。

17. 解：当量齿数：$Z=Z/\cos\delta=20/\cos45°=28.28$

答：选用 5 号锥齿轮盘铣刀。(10 分)

18. 解：$S_{齿}=S/n\cdot Z=47.5/95\times10=0.05$(mm/齿) （3 分）

$F_{总}=(B\cdot t\cdot S_{齿}\cdot Z)/(\pi\cdot D)=(8\times60\times0.05\times10)/(\pi\times100)=0.764(\text{mm}^2)$

答：$F_{总}$ 为 0.764 mm^2。(7 分)

19. 解：$S=D/2\sin\gamma=80/2\times\sin10°\approx6.95$ mm （5 分）

$H=D/2(1-\cos\gamma)+h=80/2\times(1-\cos10°)+6\approx6.6(\text{mm})$

答：工作台横向偏移量 S 为 6.95 mm，工作台垂直升高量 H 为 6.6 mm。(5 分)

20. 解：$\alpha=172°12'/2=86°6'$ （3 分）

因为 $\theta=60°\cos\alpha=\tan(90°/Z)\cot(\theta/2)$ （3 分）

所以 $\tan(90°/Z)=\cos\alpha\tan(\theta/2)=\cos86°6'\cdot\tan30°=0.039\ 29$

$z=90°/2.25°=40$

$n=40/z=1$ r

答:分度头仰角 $\alpha=86°6'$,分度手柄转数 $n=1$ r。(4 分)

21. 解:顶锥角 $\delta_a=\delta+\theta_a=26°34'+2°34'=29°8'$ (3 分)

根锥角 $\delta_f=\delta-\theta_f=26°34'-3°4'=23°30'$

答:车削齿坯时,顶锥角为 29°8′。铣削时,分度头应扳起 23°30′。(7 分)

22. 解:$d_2=mz_2=3\times40=120$(mm)

$$s_2=\frac{\pi m}{2}=\frac{3.141\ 6\times3}{2}\approx4.71(\text{mm})$$

$$\bar{s}_{n1}\approx s_n\approx\frac{\pi m\cos\gamma}{2}=\frac{3.141\ 6\times\cos4°45'}{2}\approx4.70(\text{mm})$$

$$\bar{h}_{n1}\approx m\approx3\text{ mm}$$

$$\bar{s}_{n2}=s_2\left(1-\frac{s_2^2}{6d_2^2}\right)\cos\gamma=4.71\times\left(1-\frac{4.71^2}{6\times120^2}\right)\cos4°45'\approx4.69(\text{mm})$$

$$\bar{h}_{n2}=m+\frac{s_2^2\cos^4\gamma}{4d_2}=3+\frac{4.71^2\times\cos^4 4°45'}{4\times120}=3.04(\text{mm})$$

答:蜗杆分度圆弦齿厚为 4.70 mm,弦齿高为 3 mm;蜗轮分度圆弦齿厚为 4.69 mm,弦齿高为 3.04 mm。

23. 解:$\cos\alpha=d/D=25/50=1/2$,$\alpha=60°$

答:倾斜角 α 为 60°。(10 分)

24. 解:$\cos\alpha=d/D=40/80=1/2$,$\alpha=60°$ (3 分)

$\beta=90°-\alpha=90°-60°=30°$ (7 分)

答:铣床主轴倾斜角 $\beta=30°$

25. 解:因为 $b=a\cos\theta$(3 分),所以 $\theta=\arccos\frac{b}{a}=\arccos\frac{160}{180}=27°16'$,刀尖回转半径 $R_{刀}=\frac{a}{2}=\frac{180}{2}=90$(mm)

答:刀尖回转半径 90 mm,立铣头偏转 27°16′。(7 分)

26. 解:$d_{cmin}=\sqrt{2RH}=\sqrt{2\times25\times15}\approx27.39$(mm) (3 分)

$$d_{cmax}=2\sqrt{R^2-\frac{RH}{2}}=2\sqrt{25^2-\frac{25\times15}{2}}\approx41.83(\text{mm})\quad(3\text{ 分})$$

现选取 $d_c=40$ mm,$\cos\alpha=\frac{d_c}{2R}=\frac{40}{2R}=\frac{40}{2\times25}=0.8$,$\alpha=36°52'$ (4 分)

答:立铣刀直径 $d_c=40$ mm,并倾斜 36°52′。

27. 解:$\sin2\alpha=D/2R=30/2\times30=0.5$;$2\alpha=30°$;$\alpha=15°$

答:倾斜角 α 为 15°。(10 分)

28. 解:$S=D/2\sin\gamma=(100/2)\times0.087\ 2=4.36$(mm)

$H=D/2(1-\cos\gamma)+h=100/2(1-0.996\ 2)+15=15.19$(mm)

答:$H=15.19$ mm。

29. 解:(1)$s=0.5D\sin\gamma_0=0.5\times100\times\sin15°=12.94$(mm) (5 分)

因此 $\theta=60°$时,垂向上升 1 mm,棱边宽度减小 1.732 mm,当棱边余量为 0.15 mm 时,垂

向上升量=1.5/1.732=0.866 mm。(5分)

答:(1)$s=12.94$ mm;(2)垂向升高量为0.866 mm。

30. 解:$S=(D/2-h)\sin\delta=(80/2-5)\sin10°\approx6.08$ mm (5分)

$H=D/2(1-\cos\delta)+h\cos\delta=80/2(1-\cos10°)+5\cos10°=5.53$(mm)

答:S为6.08 mm,H为5.53 mm。(5分)

31. 解:$L\leqslant(d/2)\sin\alpha=(d/2)\sin(180°/z)=(40/2)\sin(180°/5)=20\sin36°=11.76$(mm) (5分)

选用三面刃铣刀宽度$L=10$ mm。

设5齿离合器的齿侧序号为(1)~(10),按顺序1号齿侧为(1)(2),2号齿侧为(3)(4),3号齿侧为(5)(6),4号齿侧为(7)(8),5号齿侧为(9)(10),铣削时,(1)(6),(2)(7),(3)(8),(4)(9),(5)(10),分五次铣出10个侧面。

答:三面刃铣刀的宽度$L=10$ mm,铣削齿侧的顺序为(1)(6),(2)(7),(3)(8),(4)(9),(5)(10)。(5分)

32. 解:$n=40/z=(40/5)$r$=8$ r

$L\leqslant(d/2)\sin(180°/z)-2\times(T/2)\tan(\theta/2)$

$=(50/2)\sin(180°/5)-2\times(7/2)\tan(16°/2)$

$=25\sin36°-7\tan8°=13.71$(mm)

选$L=10$ mm (5分)

$e=(T/2)\tan(\theta/2)=(7/2)\tan(16°/2)=3.5\tan8°=0.492$(mm)

答:铣削加工数据$n=8$ r,$L=10$ mm,$e=0.492$ mm。(5分)

33. 解:$e=(T/2)\tan(\theta/2)$ (3分)

$\tan(\theta/2)=2e/T=(2\times0.441)/5=0.1764$

$\theta/2=10°,\theta=20°$ (7分)

答:离合器的齿形角$\theta=20°$。

34. 解:$L=B+H\cdot\cot\alpha+10$ (3分)

$\cot\alpha=(L-B-10)/H=(45-15-10)/20.5=0.9756$

$\alpha=45°42'$ (7分)

答:分度头最小倾斜角$\alpha=45°42'$。

35. 解:$\sin2\alpha=D/2SR=30/(2\times30)=0.5$

$2\alpha=30°;\alpha=15°$ (5分)

$L=0.5D\cot\alpha=0.5\times30\times\cot15°=55.98$(mm)

答:球头部圆柱长度$L=55.98$ mm。(5分)

铣工(高级工)习题

一、填 空 题

1. 铣床主轴轴承间隙的大小,取决于铣床的工作性质,粗加工机床轴承间隙取(　　)值。

2. 进行铣床水平调整时,工作台应处于行程的(　　)位置。

3. 铣床水平调整要求是:纵向和横向的水平在 1 000 mm 长度上均不超过(　　　)mm。

4. 在调整转速或进给量时,出现手柄扳不动或推不进,是由于(　　)失灵。

5. 在按“停止”按钮时,主轴不能立即停止或反转,其原因是(　　)调整不好或失灵。

6. 铣床工作精度的检验,是通过对(　　)的试切,对机床在工作状态下的综合性检验。

7. 铣床精度检验主要包括:机床的(　　)精度检验和工作精度检验两个方面。

8. 主轴套筒移动对工作台面的垂直度若超过允差,则会使主轴伸出进给镗出的孔与(　　)歪斜。

9. 当数控机床的某个轴出现超程,要退出超程状态时,必须一直按压超程解除按钮,在(　　)方式下,按该轴反方向按钮退出超程状态。

10. 数控铣床长时间停机后再次启用发生故障时,应首先检查(　　)是否正常

11. 数控装置更换电池时,应在数控装置(　　)下进行。

12. 数控铣床系统报警时,应根据操作引起的报警原因,检查(　　)是否正确。

13. 当新编制的程序第一次使用发生故障时,应检查(　　)是否有错误。

14. 采用闭环控制的数控机床需要利用检测元件进行(　　)和速度检测。

15. 铣削淬火钢时,可根据材料的硬度选择铣刀的前角,材料硬度很高时,前角可取(　　)左右。

16. 铣削钛合金材料时,由于钛合金与碳化钛亲和力强,具有易产生黏结等特点,因此宜选用(　　)类硬质合金铣刀。

17. 铝合金材料塑性好、熔点低、铣削时粘刀严重,故铣刀的前后刀面粗糙度值要小。用硬质合金铣刀应取(　　)类刀片,以减小与铝合金的化学亲和力。

18. 采用面铣刀铣削不锈钢,刃倾角不宜取正值,但考虑其他因素的影响,一般取刃倾角λ_s=(　　)。

19. 纯铜属难加工材料,铣削时切削速度应比铣削钢件时(　　)。

20. 对硬质合金面铣刀,刃倾角的主要作用是抗冲击,一般取(　　),最大不超过 20°。否则轴向分力太大,排屑情况也会变坏。

21. 面铣刀的主偏角影响刀尖强度、散热性能及轴向分力大小。故在工艺系统刚度允许的条件下,尽可能取(　　),一般可取 45°～75°。

22. 工件的装夹包括(　　)与夹紧两个内容。

23. 用作定位基准的表面,其精度应随加工精度的提高而(　　)。

24. 工件上用于定位的表面，是确定工件位置的依据，称为(　　)。

25. 在一个等直径的圆柱形轴上铣一条敞开直角沟槽，需限制工件(　　)个自由度。

26. 在一个等直径的圆柱形轴上铣一条封闭键槽，需限制工件(　　)个自由度。

27. 由定位引起的同一批工件的工序基准在加工尺寸方向上的(　　)，称为定位误差。

28. 定位误差是由(　　)与基准位移误差两项组合而成。

29. 当套类工件内孔精度很高，而加工时工件扭转力矩很小时，可选用(　　)定位。

30. 铣床夹具夹紧机构的主要夹紧力应垂直于主要定位基准，并作用在夹具的(　　)支承上。

31. 在铣床夹具中，最基本的增力和锁紧元件是(　　)。

32. 铣床夹具中，夹紧机构的夹紧力要适当，在考虑夹具结构时，应尽量以(　　)夹紧力来达到夹紧的目的。

33. 组合夹具使用前须用百分表检验的是各定位部位的(　　)。

34. 由于组合夹具各元件接合面都比较平整、光滑，因此各元件之间均应使用(　　)和紧固件。

35. 用数控铣床铣削模具的加工路线是指刀具相对模具型面的(　　)和方向。

36. 铣削凸模平面外轮廓时，一般采用立铣刀侧刃切削，铣刀一般应沿(　　)的切向切入和切离。

37. 数控程序是将零件加工的工艺顺序、运动轨迹与方向、位移量、工艺参数以及(　　)按动作顺序，用数控机床规定的代码和程序格式编制而成的。

38. 编制数控铣床程序时，调换铣刀、工件夹紧和松开等属于(　　)，应编入程序。

39. 用数控铣床铣削成形面轮廓，确定坐标系后，应计算零件轮廓的轨迹和(　　)，如起点、终点、圆弧圆心、交点或切点等。

40. 数控铣削加工前，应进行零件工艺过程的设计和计算，包括加工顺序、铣刀和工件的(　　)、坐标设置和进给速度等。

41. 铣削模具时，定位和找正的基准应尽量与(　　)重合，以减少定位误差。

42. 箱体零件的典型加工路线为：(　　)—孔系加工—次要面加工。

43. 箱体的工艺过程一般应遵循(　　)的加工顺序。

44. 规定零件制造工艺过程和操作方法等的工艺文件称为(　　)。

45. 为了简化作图，在剖视图中，对一些实心杆件和一些标准件，若剖切平面通过其轴线剖切这些零件时，这些零件只画零件外形，不画(　　)。

46. 由正投影图画轴测图时，根据组合体的形状特点，首先选择采用哪种轴测投影；其次选定坐标系，画出(　　)；然后作图。

47. 为了表达零件的内、外部结构形状，对零件的某一方向有对称平面时，可采用(　　)视图。

48. 在用端铣刀铣削薄形大平面时，应采用较小的主偏角和绝对值较大的负刃倾角，使垂直铣削力(　　)，这样可使铣削平稳。

49. 差动分度为避免传动系统及交换齿轮间的间隙影响，选取的假定等分数 z_0 应(　　)等分数 z。

50. 对大质数的等分数，采用差动分度因交换齿轮传动比大，难以安装交换齿轮时，可采用(　　)分度法。

51. 对分度精度要求较高的大质数的等分或锥齿轮的加工时,应用(　　)复式分度法。

52. 万能分度头蜗杆与蜗轮的啮合间隙保持在(　　)mm 范围内。

53. 铣削铝合金时,铣刀前角要大,刀齿要(　　),前后刀面的表面结构参数值要小,以便减小切屑变形和粘刀倾向。

54. 目测检验球面几何形状,如果切削"纹路"是(　　)则表明球面的形状是正确的。

55. 铣成的球面呈橄榄状的原因是铣刀与(　　)不在同一平面内。

56. 采用坐标法加工等加速等减速凸轮曲线是近似凸轮曲线。其误差属于(　　)误差。

57. 目前加工等加速等减速凸轮曲线的最准确和简便的方法,是采用(　　)进行铣削。

58. 非等速凸轮在单件生产时,可采用(　　)法进行加工。

59. 铣削成形面时,铣削速度应根据铣刀切削部位(　　)处的切削速度进行选择。

60. 铣削特形面的特形铣刀,前角一般为(　　),铣刀修磨后,要保持前角不变,否则会影响其形状精度。

61. 一对齿数相等的直齿锥齿轮啮合,当轴交角为 90°时,其分锥角 $\delta=$(　　)。

62. 锥齿轮的当量计算公式为(　　)。

63. 一标准直齿锥齿轮,若模数 $m=3$ mm,齿数 $z=17$,分锥角 $\delta=60°$。其大端齿顶圆直径 $d_a=$(　　)mm。

64. 在卧式铣床上用双分度头差动分度法加工大质数直齿锥齿轮,可大大减小锥齿轮的(　　)误差。

65. 当分度头分度不准确,加工直齿锥齿轮时,会造成(　　)误差增大。

66. 用等螺旋角锥度刀具,采用坐标法加工齿槽,其螺旋角是一个(　　)数值。

67. 铣削螺旋齿刀具齿槽,当工作台转角选择不当时,则会使(　　)值偏差过大。

68. 等前角螺旋齿锥度刀具的齿槽加工,当前角 $\gamma\neq0°$时,大端和小端的工作台横向偏移量是(　　)的。

69. 用单角铣刀加工刀具端面齿槽,当工件圆周齿前角 $\gamma>0°$时,先将单角铣刀端面刃对准工件中心,然后将工作台向铣刀(　　)方向移动一个偏移量。

70. 对于刀具端面齿槽,要保证端齿刃口棱边宽度一致,加工时必须将(　　)的端面倾斜一个角度。

71. 具有端面齿的刀具,当圆柱齿是螺旋齿槽时,其端面齿前角(　　)零度。

72. 当圆柱直齿槽刀具前角 $\gamma>0°$,铣端面齿槽时,调整工作台偏移距离的目的是(　　)。

73. 铣削螺旋齿刀具端面齿槽时,应视与前刀面连接情况,对偏移量 S 和(　　)作适当调整。

74. 铣削螺旋齿刀具齿槽调整过程中,除了考虑齿槽角、前角等因素外,还必须考虑到(　　)对铣削的影响。

75. 铣削螺旋齿刀具齿槽,为了减少干涉现象,一般均选用(　　)铣刀。

76. 铣削交错齿三面刃铣刀螺旋齿槽时,应根据廓形角选择铣刀结构尺寸,同时还必须根据螺旋角选择(　　)。

77. 选用单角度铣刀铣削交错齿三面刃铣刀螺旋齿槽时,工作台扳转角度应比螺旋角 β 值大(　　)。

78. 铣削交错齿三面刃铣刀端面齿槽时,由于干涉,铣成的前刀面与端面的交线一般是(　　)。

79. 铣削交错齿三面刃铣刀外圆齿槽时，应将图样上铣刀(　　)代入公式计算导程和交换齿轮。

80. 在通用铣床上铣削模具时，操作工人通常需掌握改制修磨铣刀和(　　)铣削成形面的操作技能。

81. 用两个半坐标数控铣床加工空间曲面形状时，控制装置只能控制两个坐标，而第三个坐标只做(　　)。

82. 调整蜗轮吃刀量时，应以(　　)为切深参数起点。

83. 在卧式万能铣床上用右旋滚刀对滚精铣右旋蜗轮时，若 $\beta=\gamma_0$，则机床工作台(　　)转动。(γ_0—滚刀导程角，β—蜗轮螺旋角)

84. 用连续分齿断续展成飞刀法铣蜗轮，当配偶是阿基米德蜗杆，而螺旋升角(　　)7°时，飞刀可采用轴向安装。

85. 用三面刃铣刀铣削一奇数齿矩形牙嵌离合器，通过计算刀具宽度为 11.85 mm，则应选择刀具宽度为(　　)mm 的标准三面刃铣刀。

86. 用三面刃铣刀铣削偶数齿矩形牙嵌离合器，当铣好齿槽一侧后，工作台应横向移动一个(　　)的宽度距离，同时工件转过一个齿形角。

87. 用立铣刀铣削偶数齿矩形牙嵌离合器，对刀时应使铣刀(　　)通过工件轴心。

88. 在立式铣床上镗孔，采用垂向进给镗削，调整时校正铣床主轴轴线与工作台面的垂直度，主要是为了保证孔的(　　)精度。

89. 在铣床上镗孔时，若镗刀伸出过长，产生弹性偏让或刀尖磨损，会使(　　)超差。

90. 在单件生产镗削精度高的多孔零件时，一般采用(　　)法加工。

91. 用工件倾斜法铣削斜齿条时，每铣好一齿，工作台应移动的距离为(　　)。

92. 在卧式铣床上铣削一直齿条，其模数 $m=2$ mm，若用量规百分表移距，则量规的尺寸为(　　)mm。

93. 燕尾槽的宽度通常用(　　)和量具配合测量。

94. 铣削 T 形槽时，首先应加工(　　)。

95. 可转位刀片的定位方式大多采用三点式定位，符合(　　)定位原则。

96. 在铣刀的切削刃上开出分屑槽，能使铣刀工作时形成(　　)切屑，这样使铣削过程中切屑的形成、卷曲和排出情况都得到改善，切削刃的散热条件也得到了改善。

97. 蜗杆传动机构可以得到较大的(　　)，而且结构紧凑有自锁性，传动平稳，噪声小。

98. 螺旋机构可将旋转运动变换为(　　)运动。

99. 主轴与工作台面垂直的升降台铣床称为(　　)。

100. 工作台能在水平面内扳转±45°的铣床是(　　)。

101. 切削液根据其性质不同分为以(　　)为主的切削液和以润滑为主的切削液。

102. 以润滑为主的油类切削液润滑性较好，但流动性和(　　)较小，散热效果较差。

103. 划线工作必须按(　　)进行，否则将使划线误差增大，有时甚至使划线产生困难和工作效率降低。

104. 当丝锥的切削部分磨损时可以修磨其(　　)。

105. 中间继电器的结构和(　　)基本相同，只是电磁系统小些，触头多些。

106. 电力拖动由电动机,电动机与生产机械的传动装置,电动机的(　　)三个部分组成。

107. 经常接触的电气设备中的安全照明灯,机床照明灯等多使用(　　)的电压。

108. 按照孔轴公差带相对位置的不同,两种基准制都可以形成间隙配合,(　　)和过盈配合三类配合。

109. 公差与配合的选用主要包括确定(　　),公差等级与配合种类。

110. 在剖视图中,表示滚动轴承时,允许画出对称图形的一半,另一半画出其轮廓,并用细实线画出轮廓的(　　)。

111. 热处理过程一般可分为加热、(　　)和冷却三个步骤。

112. 钢的热处理只改变金属材料的(　　)和性能,而不改变其形状和大小。

113. 选择液压油的主要指标是(　　)。

114. 溢流阀在液压系统中起稳压溢流,安全保护和(　　)作用。

115. 气缸是将压缩空气的能量转变为活塞杆上的机械能,并产生(　　)或旋转运动的装置。

116. 气动控制阀的作用是保证气动(　　)机构(如气缸或气马达等)按规定的程序正常地进行工作。

117. 工作中严格执行工作程序、工作规范、(　　)和安全操作规程,工作认真负责、团结合作。

118. 质量方针是指由企业最高管理者正式颁布的总质量(　　)。

119. 操作者应保持(　　)的清洁完整。

120. 操作时不要站在(　　)的方向,以免切屑飞入眼中。

121. 在铣床机动快速进给时,需将手轮(　　)打开,以防手轮快速旋转伤人。

122. 高速铣削或冲注切削液时,应加放挡板,以防(　　)及切削液外溢。

123. 铣床操作时,(　　)应分类整齐地安放在工具架上,不要随便乱放在工作台上或与切屑等混在一起。

124. 在起动铣床前要检查主轴和(　　)工作是否正常,油路是否畅通。

125. 杠杆千分尺相当于由外径千分尺与(　　)组合而成。

126. 表盘刻度值为 2 μm,测量范围为 0～25 mm 和 25～50 mm 的杠杆千分尺,其测量时总误差不应大于(　　)。

127. 在大量或成批检验同一规格的工件孔径时,气动量仪的测量精度及检验效率都很高,而且具有(　　)的优点。

128. 杠杆卡规是利用(　　)放大原理制造的量仪。

129. 扭簧比较仪除用作测微比较仪外,还可以用作(　　)测量仪。

130. 杠杆千分尺用作绝对测量时,一般可以在(　　)零位观察套筒刻度确定工件尺寸。

131. 杠杆千分尺用作相对测量时,可以在套筒刻度的某一位置观察(　　)确定工件尺寸。

132. 测量范围为 0～20 mm/m 的光学合像水平仪,其零位应在(　　)上。

133. 当光学合像水平仪的基面处于水平状态时,读数应为量程的(　　),通常称为"零位"。

134. 扭簧比较仪是利用扭簧作为尺寸的(　　)的传动机构,使测量杆的直线位移转变成指针的角位移。

135. 光学量仪检验工件直线度时，一要保证精确地沿直线移动，二要保证其严格按支承板长度的(　　)移动。

136. 用作图以端点连接法确定直线度误差时，误差曲线在端点连线之下时，形状为(　　)。

137. 用作图以端点连接法确定直线度误差时，误差值是以误差曲线与端点连线之间的(　　)纵坐标值计。

138. 用作图以最小区域法确定直线度误差时，则以包容误差曲线的两个平行直线之间的(　　)计。

139. 杠杆卡规按测量范围分通常有(　　)mm 类推六种规格。

140. 测量仪器简称量仪，铣床上常用的量仪是利用机械、光学、气动、机械—数字转换或其他原理将长度单位(　　)的测量器具。

141. 复杂型面检验时，须用样板在规定部位检验(　　)。

142. 蜗轮铣削前应按图样检验齿坯各部分尺寸，应根据精度等级和结合方式检验齿坯的(　　)偏差和跳动量。

143. 较准确的复合斜面一般是用(　　)进行检验。

144. 蜗杆测量通常用齿厚卡尺测量法向分度圆弦齿厚，也可用(　　)测量法。

145. 错齿三面刃铣刀各连接面的检验包括端齿前刀面与(　　)前刀面连接以及切削刃棱边宽度等主要内容。

146. 测量端面凸轮时，测量位置应尽量靠近(　　)。

147. 测量蜗杆分度圆弦齿厚时，齿厚卡尺应沿其(　　)位置进行测量。

148. 基准分为(　　)基准和工艺基准两大类。

149. 熔断器用于电阻负载时容量与额定电流(　　)。

150. 接触器主触点(　　)。

151. 中间继电器的作用是(　　)或接通电磁铁。

152. 行程开关的作用是限制保护或(　　)往返控制。

153. 机构在完成运动传递和变换的同时，也完成(　　)的传递和变换。

154. 螺旋齿轮机构常用来传递(　　)间的运动。

155. 液压系统按液流循环方式分，有开式和(　　)两种。

156. 卸荷回路属于(　　)回路。

157. 液压工作介质有液压油和(　　)两类。

158. 液压油(液)划分牌号的依据是(　　)。

159. 水可能从不同的途径混入液压介质，因此，要求液压介质应具有良好的(　　)。

160. 液压系统油箱的油温不能超过(　　)。

161. 时间定额和(　　)是工时定额的两种表现形式。

162. 工时定额是实行计划管理的(　　)。

163. 铣床启动前，应检查各手轮、(　　)、按钮位置是否适当。

164. 铣床工作前，应检查油路、冷却、润滑系统及(　　)是否正常。

165. 操作铣床快速进给接近工件时要(　　)，防止相撞事故。

166. 工件及夹具必须牢固夹紧,(　　)用手锤等敲打扳手。

167. 使用较细刀杆进行铣削加工时,应尽量使铣刀杆(　　)。

168. 高速铣削时,要戴好(　　)。

169. 铣削时,(　　)不许离开工作岗位。

170. 龙门铣床工作时,不得跨越或(　　)在台面上。

171. 每个铣床操作者必须做好(　　)的维护保养工作。

172. 严禁在铣床(　　)上堆放工具及工件等物品。

173. 不许任意拆卸行程挡铁,以防止工作台移动时超过行程极限而损坏(　　)等机床零件。

174. 铣削材料切除率是指铣床在单位时间内切除的(　　),用于表征铣床在一定条件下的生产率。

175. 端铣刀铣削时,同时参加工作的刀齿数较多,生产效率(　　)。

176. 当选用较大螺旋角的圆柱形铣刀铣削平面时,可以提高(　　),从而缩短机动时间。

177. 当铣削宽度较大时,为提高铣削效率,应选用直径(　　)的立铣刀进行加工。

178. 夹具实现快速切换后,可以缩短(　　),提高生产效率。

179. 在大批生产时,可采用快速或简易(　　)缩短工件的装夹时间。

180. 实施夹具(　　)是缩短机械加工辅助时间的途径之一。

181. 由于指状铣刀的强度和刚度较差,通常 $m<$(　　)mm 的蜗杆不宜采用指状铣刀铣削。

182. 断续分齿飞刀铣蜗轮时,刀头切出的齿形相当于配偶蜗杆的(　　)齿形。

183. 在铣床上用连续分齿断续展成飞刀铣削蜗轮,若刀头中径齿厚超差,会造成蜗轮(　　)。

184. 在卧式铣床上用差动分度法铣削大质数锥齿轮,应选用(　　)铣刀铣削。

185. 为使锥度刀具圆锥面上的螺旋角相等,则(　　)应随工件直径变化。

186. 铣削等螺旋角锥度铣刀螺旋齿槽时,若需分度头作变速运动,工作台作匀速运动时,应采用(　　)铣削法。

187. 用凸轮移距法铣削加工等螺旋角锥度刀具,若增大分度头侧轴与凸轮传动轴之间的交换齿轮传动比,可使凸轮的曲线升角(　　)。

188. 用于凸轮移距铣削法专用夹具的圆柱凸轮,其螺旋槽可占有(　　)角度。

189. 采用非圆齿轮调速是使(　　)作变速运动,即铣削小端时转速快,铣削大端时转速慢,而工作台作匀速进给运动的等螺旋角锥度刀具铣削方法。

190. 断续分齿法飞刀铣削蜗轮时,配置交换齿轮须注意正确选择(　　)数目。

191. 断续分齿法飞刀铣削蜗轮时,工作台纵向移动一个齿距,分度头应相应转过(　　)r。

192. 铣削刀具螺旋齿槽时,若交换齿轮配置误差大,会引起(　　)偏差增大。

193. 铣削难加工材料应选用(　　)高速钢。

194. 铣削高温合金等难加工材料,应选用(　　)螺旋角和刃倾角的铣刀。

195. 铣床升降台垂直移动直线度的允差范围是:300 mm 测量长度上为(　　)mm。

二、单项选择题

1. X6132 型铣床纵向、横向和垂直三个方向的进给运动，其进给量可达(　　)种。

(A)14　　(B)16　　(C)18　　(D)20

2. X6132 型铣床主轴的前轴承采用 P5 级精度的(　　)轴承。

(A)角接触球　　(B)圆锥滚子　　(C)滚针　　(D)推力

3. X6132 型铣床进给箱中的片式摩擦离合器用来接通工作台的(　　)。

(A)快速移动　　(B)紧急制动　　(C)进给运动　　(D)进给运动互锁

4. X6132 型铣床进给箱中的安全离合器的扭矩一般取(　　)为宜。

(A)50～100 N·m　　(B)100～160 N·m

(C)160～200 N·m　　(D)200～250 N·m

5. 铣床工作台纵向丝杠的螺纹与螺母之间的间隙在顺铣时，应调整到(　　)范围内。

(A)0　　(B)0.01～0.03 mm　　(C)0.02～0.04 mm　　(D)0.03～0.05 mm

6. 铣床工作台导轨间的间隙，调整时一般以不大于(　　)为宜。

(A)0.01 mm　　(B)0.02 mm　　(C)0.04 mm　　(D)0.05 mm

7. 电磁铁的剩磁太大或是慢速复位的弹簧力不够可以引起铣床(　　)。

(A)工作台快速进给脱不开　　(B)主轴制动不良

(C)变速齿轮不易啮合　　(D)进给系统安全离合器失灵

8. 主轴锥孔中心线的径向跳动量超过允差，则会影响(　　)。

(A)加工表面的平面度　　(B)铣刀使用寿命

(C)铣削力的增大　　(D)加工表面的粗糙度

9. 升降台移动对工作台台面的垂直度超过允差，则会影响加工件的(　　)和上下接刀的平面度。

(A)平行度、垂直度　　(B)尺寸精度

(C)表面结构参数值　　(D)直线度、对称度

10. 在调整转速或进给量时，在扳动手柄的过程中，发现有齿轮严重的撞击声，是由于(　　)的缘故。

(A)微动开关失灵　　(B)机械传动发生故障

(C)微动开关接触时间太长　　(D)操作不当

11. 工作台在进给运动过程中，若超载或遇到意外阻力时，进给运动不能自动停止，是由于(　　)的缘故。

(A)微动开关失灵　　(B)机械传动故障

(C)钢球安全离合器的扭矩太大　　(D)钢球安全离合器的扭矩太小

12. 数控机床的组成部分是(　　)。

(A)硬件、软件、机床、程序

(B)外部设备、数控装置、驱动装置、主机及辅助设备

(C)数控装置、主轴驱动、进给驱动、主机及辅助设备

(D)外部设备、数控装置、控制软件、主机及辅助设备

13. 通常所说的数控系统是指(　　)。

(A)主轴驱动和进给驱动系统　　(B)外部设备和数控装置
(C)数控装置和主轴驱动装置　　(D)数控装置和驱动装置

14. 数控铣床在进给系统中采用步进电机,步进电机按(　　)转动相应角度。
(A)电流变动量　　(B)电压变动量
(C)电脉冲数量　　(D)转速控制继电器

15. 在数控铣床中,滚珠丝杠螺母副是一种新的传动机构,它精密而又(　　),故其用途越来越广。
(A)能自锁　(B)工艺简单　(C)省力　(D)省材料

16. 数控铣床中把脉冲信号转换成机床移动部件运动的组成部分称为(　　)。
(A)控制介质　(B)数控装置　(C)伺服系统　(D)机床本体

17. 在数控铣床上加工变斜角零件的变斜角面应选用(　　)。
(A)键槽铣刀　(B)模具铣刀　(C)成形铣刀　(D)鼓形铣刀

18. 硬质合金铣刀适用于强力铣削和(　　)铣削。
(A)高速　(B)断续　(C)粗加工　(D)精加工

19. 用立铣刀铣削钛合金时,铣刀的副后角 α_0' 一般推荐值为(　　)。
(A)3°～5°　(B)5°～8°　(C)9°～12°　(D)13°～16°

20. 铣削纯金属时,宜采用刃口锋利的铣刀,同时应选取较高的铣削速度,硬质合金铣刀的铣削速度可取(　　)左右。
(A)50 m/min　(B)100 m/min　(C)150 m/min　(D)200 m/min

21. 难加工材料的变形系数都比较大,通常铣削速度达到(　　)左右,切屑的变形系数达到最大值。
(A)0.5 m/min　(B)3 m/min　(C)6 m/min　(D)8 m/min

22. 铣削高温合金时,高速钢铣刀在(　　)时磨损较慢,因此应选择合适的铣削速度。
(A)425～650 ℃　　(B)750～1 000 ℃
(C)1 500～1 800 ℃　　(D)1 800 ℃以上

23. 铣削加工时,使工件在机床上或夹具中有一个正确位置的过程称为(　　)。
(A)定位　(B)夹紧　(C)装夹　(D)定位夹紧

24. 夹具上用以迅速得到机床工作台及夹具和工件相对于刀具正确位置的元件是(　　)。
(A)导向元件　(B)对刀元件　(C)定位元件　(D)连接元件

25. 夹具上的分度板等对定位装置起等分工件作用属于(　　)。
(A)定位元件　(B)导向元件　(C)连接元件　(D)其他元件和装置

26. 夹具上可调节的辅助支承起辅助定位作用,属于(　　)。
(A)定位元件　(B)导向元件　(C)连接元件　(D)其他元件和装置

27. 机床用平口虎钳的活动座属于(　　)。
(A)定位元件　(B)导向元件　(C)连接元件　(D)夹紧元件

28. 组合夹具中各种规格的方形、矩形、圆形基础板和基础角铁等,称为(　　)。
(A)基础件　(B)支承件　(C)定位件　(D)导向件

29. 通常在组合夹具中起承上启下作用的元件称为(　　)。

(A)基础件 (B)支承件 (C)定位件 (D)导向件

30. 影响使用精度的主要原因是组合夹具的(　　)。

(A)刚性较差 (B)各元件精度不高

(C)组合精度容易变动 (D)结构不易紧凑

31. 粗糙不平的表面或毛坯面作定位基准时,应选用(　　)。

(A)可调支承 (B)平头支承钉 (C)圆头支承钉 (D)网状支承钉

32. 面积较大,平面精度较高的基准平面定位选用(　　)作定位元件。

(A)支承钉 (B)可调支承 (C)支承板 (D)辅助支承

33. 在矩形体上铣一条V形槽,需限制工件(　　)自由度。

(A)三个 (B)四个 (C)五个 (D)六个

34. 较宽的V形块定位轴类零件可以限制(　　)自由度。

(A)三个 (B)四个 (C)五个 (D)六个

35. 铣床夹具上选用辅助支承时,辅助支承(　　)。

(A)可限制一个自由度 (B)可限制两个自由度

(C)可限制缺少的自由度 (D)不起限制自由度的作用

36. 在铣床夹具中,应用最普遍的是(　　)夹紧机构。

(A)斜楔 (B)螺旋压板 (C)偏心 (D)铰链

37. 在铣床上用分度头装夹工件铣多齿蜗杆时,每铣好一条齿槽后,将工件转过(　　)r,再铣第二条齿槽。

(A) z_1 (B) $\frac{1}{40}$ (C) $\frac{40}{z_1}$ (D) $\frac{1}{z_1}$

38. 在卧式铣床上用右旋滚刀对滚精铣右旋蜗轮时,若$\gamma_。<\beta$,则工作台逆时针扳转角度$\theta=$(　　)。($\gamma_。$:滚刀导程角,β:蜗轮螺旋角)

(A) $\gamma_。$ (B) β (C) $\beta+\gamma_。$ (D) $\beta-\gamma_。$

39. 在卧式铣床上用左旋蜗轮滚刀对滚精铣左旋蜗轮时,工作台应顺时针转动一个角度(　　)。($\gamma_。$:滚刀导程角,β:蜗轮螺旋角)

(A) $\gamma_。$ (B) β (C) $\beta+\gamma_。$ (D) $\beta-\gamma_。$

40. 联动轴数指的是(　　)。

(A)数控机床的进给轴数 (B)数控机床的进给轴和主轴的总数

(C)能同时参与插补运算的轴数 (D)能同时运动的轴数

41. 一个完整的加工程序应包括(　　)。

(A)程序号、程序段、程序段结束符

(B)准备机能、辅助机能、进给机能、主轴机能

(C)段号、程序段结束符、程序段主体

(D)程序号、程序段号、程序段结束符

42. 数控机床的Z轴及Z轴正向定义为(　　)。

(A)垂直上下运动的轴为Z轴,向上运动的为Z轴正向

(B)前后移动的轴为Z轴,向后运动为Z轴正向

(C)刀具沿刀具中心线运动的轴为Z轴,刀具离开工件的方向为Z轴正向

(D)左右运动的轴为 Z 轴,刀具向右运动为 Z 轴正向

43. 为了使数控机床在完成加工后自动返回到原加工程序的起始点,程序结束符应使用(　　)。

(A)M00　(B)M01　(C)M02　(D)M30

44. 控制主轴正转和反转的指令是(　　)。

(A)M08 和 M09　(B)M03 和 M05　(C)M04 和 M05　(D)M03 和 M04

45. 用数控铣床铣削凹模型腔时,粗精铣的余量可用改变铣刀直径设置值的方法来控制,半精铣时铣刀直径设置值应(　　)铣刀实际直径值。

(A)小于　(B)小于或等于　(C)大于　(D)大于或等于

46. 数控铣床上铣削模具型腔时,铣刀相对零件运动的起始点称(　　)。

(A)机床零点　(B)刀位点　(C)对刀点　(D)换刀点

47. 在数控程序中,通常 G40 表示(　　)。

(A)快速进给　(B)绝对方式指定　(C)暂停　(D)刀径补偿取消

48. 分度头采用差动分度时,交换齿轮的主动轮应安装在(　　)。

(A)分度头主轴上　(B)分度头侧轴上

(C)机床纵向丝杠上　(D)机床横向丝杠上

49. 当分度手柄转动 $\frac{44}{66}$ r 时,调整分度叉使其间包含(　　)个小孔。

(A)43　(B)44　(C)45　(D)46

50. 在分度头对等分数 $z=73$ 进行差动分度时,选取假定等分数 $z_0=$(　　)较好。

(A)75　(B)71　(C)70　(D)69

51. 差动分度当选取的假定等分数 z_0 小于或大于等分数 z 时,则应使分度头的转向与分度手柄转向(　　)。

(A)相同　(B)相反　(C)相同或相反　(D)相反或相同

52. 难加工材料切削性能差主要反映在刀具寿命短、加工表面质量差、切屑形成排出困难,以及切削力和单位切削功率大等四个方面,通常与一般材料比,只要(　　)较明显,即应按难加工材料处理。

(A)某一方面　(B)某两个方面　(C)其中三方面　(D)四个方面

53. 在衡量切削性能难易程度时,应与一般的金属材料相比较,若发现(　　)较明显,便应在切削时按难加工材料进行分析处理。

(A)刀具磨损严重　(B)切屑形成和排出困难

(C)加工表面光亮　(D)尺寸不稳定

54. 对一些塑性变形大、热强度高和冷硬程度严重的材料,端铣时应采用(　　)以显著提高铣刀的寿命。

(A)对称顺铣　(B)对称逆铣　(C)不对称逆铣　(D)不对称顺铣

55. 用硬质合金铣刀切削难加工材料,通常可采用(　　)。

(A)水溶性切削液　(B)油类极压切削液　(C)煤油　(D)柴油

56. 铣削难加工材料,高速钢铣刀粗铣时的磨损限度通常为(　　)。

(A)0.4～0.7 mm　(B)0.6～0.8 mm　(C)0.9～1.0 mm　(D)1.1～1.2 mm

57. 若铣削不锈钢，铣刀的寿命通常确定为(　　)。

(A)60～100 min (B)90～150 min (C)100～200 min (D)120～150 min

58. 把复合斜面化为单斜面加工时，应将工件(　　)进行铣削。

(A)转两个方向角度

(B)和立铣头各转一个角度

(C)沿斜面与基准面交线倾斜一个角度

(D)沿斜面与基准面交线的法向倾斜一个角度

59. 铣削球面时，铣刀回转中心线与球面工件轴心线交角称为轴交角。若轴交角 $\beta=45°$ 时，则工件倾斜角或铣刀倾斜面角 $\alpha=$(　　)。

(A)22°31′ (B)45° (C)67°31′ (D)90°

60. 为了控制球面的半径，铣削外球面时，可沿(　　)作进给运动来改变偏距 e 的大小，从而控制球面半径。

(A)铣刀轴线 (B)工件轴线 (C)工作台升降 (D)工作台左右

61. 铣削圆柱凸轮时，为了保证逆铣，凡是右螺旋面采用(　　)立铣刀。

(A)右旋右刃 (B)右旋左刃 (C)左旋右刃 (D)左旋左刃

62. 铣削圆柱凸轮时，为了保证逆铣，凡是左螺旋面采用(　　)立铣刀。

(A)右旋右刃 (B)右旋左刃 (C)左旋右刃 (D)左旋左刃

63. 铣削一圆柱矩形螺旋槽凸轮，当导程是 P_h 时，外圆柱表面的螺旋角为 30°，则螺旋槽槽底所在圆柱表面的螺旋角(　　)。

(A)≤30° (B)<30° (C)>30° (D)≥30°

64. 铣削端面凸轮，为了避免螺旋面"凹心"现象，铣削右螺旋面时，应使铣刀中心相对工件轴线(　　)偏移一定距离。

(A)向左 (B)向右 (C)向上 (D)向下

65. 在卧式铣床上加工模数 $m=2$ mm 的直齿锥齿轮，铣刀对中后，以齿轮大端为基准，工作台上升(　　)，就可以切削齿槽中部。

(A)4 mm (B)4.4 mm (C)2 mm (D)2.2 mm

66. 用标准锥齿轮铣刀偏铣锥齿轮后，当 $b>\dfrac{R}{3}$ 时，齿轮大小端齿顶边宽度应(　　)。(b—齿宽，R—锥距)

(A)中部大 (B)大端大 (C)小端大 (D)相等

67. 偏铣锥齿轮时，若大小端齿厚均有余量，并且余量相等时，只需适当(　　)，使大小端齿厚均被铣去一些。

(A)减小回转量 (B)增大回转量 (C)减小偏移量 (D)增大偏移量

68. 加工一直齿圆锥齿轮，已知齿数 $z=17$，分锥角 $\delta=60°$时，应选用(　　)号的锥齿轮盘铣刀。

(A)3 (B)4 (C)5 (D)6

69. 标准锥齿轮盘铣刀的宽度是按锥距 R 与齿宽 b 之比，即 $\dfrac{R}{b}=$(　　)时的小端齿槽宽度来确定的。

(A) $\frac{1}{2}$　　(B) $\frac{1}{3}$　　(C)2　　(D)3

70. 铣削刀具齿槽,当偏移量计算错误时,则会使(　　)值偏差过大。

(A)刃倾角　　(B)主偏角　　(C)前角　　(D)后角

71. 铣削刀具端面齿槽或锥面齿槽,当分度头仰角不正确时,则使(　　)不符合要求。

(A)齿槽角　　(B)齿槽等分　　(C)前角　　(D)棱边

72. 铣削螺旋齿刀具齿槽时,在工件条件允许的情况下,工作铣刀的(　　)愈好。

(A)廓形角愈大　　(B)廓形角愈小　　(C)直径愈小　　(D)直径愈大

73. 用一把单角铣刀兼铣齿槽齿背,当单角铣刀廓形角为 45°,齿背角 $\alpha_1=5°$,前角 $\gamma_o=5°$,则铣齿背时工件应转过(　　)。

(A)30°　　(B)35°　　(C)40°　　(D)45°

74. 铣削等前角锥度刀具齿槽,当分度头主轴与工作台进给方向倾斜角选择不当时,则会使(　　)发生变化。

(A)齿槽形状　　(B)齿槽角　　(C)前角　　(D)棱边宽度

75. 等螺旋角锥度刀具,当锥度很小而螺旋角较大时,可用铣削等速螺旋槽的方法。其螺旋角值变化很小,计算导程,直径用(　　)代入。

(A) D　　(B) d　　(C) $\frac{D-d}{2}$　　(D) $\frac{D+d}{2}$

76. 在通用铣床上铣削模具型腔,读图后(　　)是确定铣削加工方法前首要的准备工作。

(A)选择机床　　(B)选择工具

(C)选择切削用量　　(D)对工件作形体分解

77. 用盘铣刀铣蜗轮时,铣刀的外径最好比配偶蜗杆外径大(　　)个模数。

(A)0.2　　(B)0.4　　(C)0.8　　(D)1

78. 在卧式铣床上用齿轮盘铣刀铣蜗杆时,如果工作台扳转角度不准确,会造成(　　)误差超差。

(A)压力角　　(B)齿距　　(C)齿形　　(D)齿厚

79. 在铣床上用飞刀展成法铣蜗轮,若飞刀头安装不正确,会造成(　　)误差超差。

(A)压力角　　(B)齿距　　(C)齿形　　(D)齿厚

80. 连续分齿断续展成飞刀铣削蜗轮时,若蜗轮齿数 z_2 能被蜗杆头数 z_1 除尽,那么一次能(　　)。

(A)铣出 z_1 个齿　　(B)间隔铣出 $\frac{z_2}{z_1}$ 个齿

(C)间隔铣出 $\frac{2z_2}{z_1}$ 个齿　　(D)铣出 z_2 个齿

81. 在卧铣上铣削矩形牙嵌离合器,若分度头主轴轴线与工作台不垂直,则离合器(　　)。

(A)无法啮合　　(B)齿侧表面粗糙

(C)槽底不能接平　　(D)齿槽等分误差增大

82. 铣削牙嵌离合器时,若工件装夹不同轴或对刀不准确,会使一对离合器接合后(　　)。

(A)齿侧不能贴合　(B)贴合面积不够
(C)传递扭矩时打滑　(D)接合齿数太少

83. 若尖齿牙嵌离合器铣削过深，会造成齿顶过尖，则一对离合器接合后(　　)。
(A)齿侧不能贴合　(B)贴合面积不够
(C)传递扭矩时打滑　(D)接合齿数太少

84. 牙嵌式离合器的齿侧是工作面，所以其齿侧的表面结构参数值 Ra 一般应达到(　　)。
(A)0.8 μm　(B)1.6 μm　(C)3.2 μm　(D)6.3 μm

85. 铣削齿槽角 α 大于齿面角 φ 的奇数齿梯形等高齿牙嵌离合器时，将齿槽按 $\alpha=\varphi$ 铣好后，再把工件偏转(　　)角度，将各齿槽的左侧和右侧再铣去一刀。
(A) $\frac{\alpha+\varphi}{2}$　(B) $\frac{\alpha-\varphi}{2}$　(C) $\alpha+\varphi$　(D) $\alpha-\varphi$

86. 在立铣上镗削椭圆孔时，将立铣头转过 θ 角后利用(　　)进给来达到。
(A)工作台横向　(B)工作台纵向　(C)工作台垂向　(D)主轴套筒伸缩

87. 当立铣头偏转 θ 角后，镗削出的椭圆孔，其长半轴 a 为刀尖的回转半径，短半轴 $b=$(　　)。
(A) $a\sin\theta$　(B) $a\sin\frac{\theta}{2}$　(C) $a\cos\theta$　(D) $a\cos\frac{\theta}{2}$

88. 用工作台转动角度方法铣削斜齿条时，每铣好一齿，工作台应移动的距离为(　　)。
(A) πm_n　(B) $\pi z m_n$　(C) $\frac{\pi m_n}{\cos\beta}$　(D) $\pi m_n\cos\beta$

89. 在卧式万能铣床上铣削一斜齿条，齿条模数 $m_n=4$ mm，齿数 $z=40$，螺旋角 $\beta=30°$，铣削时选用(　　)号齿轮盘铣刀。
(A)8　(B)7　(C)6　(D)5

90. 由凸圆弧与凸圆弧连接组成的曲线型面应先加工(　　)的凸圆弧面。
(A)较小半径　(B)较大半径　(C)相等半径　(D)表面结构参数值大

91. 计算前角 $\gamma>0°$ 的螺旋齿锥度刀具齿槽偏移量 S 值时，由于受螺旋角 β 影响，应以(　　)代入公式计算。
(A)工件实际直径　(B)图样上标注刀具大端直径 D
(C) $\frac{D}{\cos\beta}$　(D) $\frac{D}{2\cos^2\beta}$

92. 用非圆齿轮调速铣削法加工等螺旋角锥度刀具，被加工的圆锥刀具大端与小端直径的比值必须(　　)非圆齿轮的最大瞬时传动比与最小瞬时传动比的比值。
(A)大于　(B)小于　(C)大于等于　(D)小于等于

93. 铣削前角 $\gamma>0°$ 的直齿锥度刀具齿槽，应使分度头主轴轴线与(　　)。
(A)工作台面和工作台进给方向平行
(B)工作台面平行和工作台进给方向倾斜 λ 角
(C)工作台面倾斜 ω 角和工作台进给方向平行
(D)工作台面和工作台进给方向分别倾斜 ω 角、λ 角

94. 当模具型面为复杂的立体曲面和曲线轮廓时，目前均采用(　　)进行加工。
(A)仿形铣床　(B)万能工具铣床
(C)数控铣床　(D)仿形铣床或数控铣床

95. 铣削过程中，铣削用量的大小会使切削温度升高，其影响程度各不相同，以(　　)的影响最大。

(A)背吃刀量　(B)进给量　(C)切削速度　(D)切削宽度

96. 铣刀刀齿的切削时间短，空程时间长，散热条件好，但铣刀仍会发生磨损，故通常以(　　)的磨损痕迹的大小来确定铣刀是否钝化。

(A)刀尖　(B)刀刃　(C)前刀面　(D)后刀面

97. 圆柱形铣刀的螺旋角，是螺旋切削刃展开成直线后，与铣刀轴线的夹角。它等于圆柱形铣刀的(　　)。

(A)前角　(B)后角　(C)主偏角　(D)刃倾角

98. 影响铣刀磨损的因素很多，但主要因素是(　　)。

(A)机械摩擦的作用　(B)切削温度升高

(C)工件材料加工性能差　(D)铣刀的几何角度不好

99. 当曲柄连杆机构中曲柄和连杆位于同一条直线上时，机构就会形成(　　)。

(A)死点　(B)加速　(C)减速　(D)折断

100. 以滑块为主动件的曲柄滑块机构有(　　)个死点位置。

(A)1　(B)2　(C)3　(D)0

101. 在曲柄摇杆机构中，曲柄的长度(　　)。

(A)最长　(B)最短　(C)大于摇杆长度　(D)大于连杆长度

102. 定轴轮系传动比的大小与轮系中惰轮的齿数多少(　　)。

(A)有关　(B)成正比　(C)成反比　(D)无关

103. 机床型号的首位是(　　)代号。

(A)通用特性　(B)结构特性　(C)类或分类　(D)特性

104. 机床通用特性代号中，加工中心(自动换刀)的代号是(　　)。

(A)Z　(B)K　(C)F　(D)H

105. 采用切削液能将已产生的切削热从切削区域迅速带走，这主要是切削液具有(　　)。

(A)润滑作用　(B)冷却作用　(C)清洗作用　(D)防锈作用

106. 粗加工时，应选择以(　　)为主的切削液。

(A)润滑　(B)防锈　(C)冷却　(D)清洗

107. 由于划线时，在零件的每一个方向的各个尺寸中都需选择一个基准，因此平面划线一般要选择两个基准，而立体划线时一般要选择(　　)个划线基准。

(A)三　(B)四　(C)五　(D)六

108. 钻深孔时，一般钻进深度达到直径(　　)倍时，钻头就要退出排屑。

(A)2　(B)3　(C)4　(D)5

109. 利用电流的热效应来对电路作过载保护的一种保护电器是(　　)。

(A)交流接触器　(B)中间继电器　(C)热继电器　(D)熔断器

110. 电动机的 Y-Δ 换接起动，先是 Y 连接，经过一段时间待转速上升到接近额定值时换成 Δ 连接，这是由(　　)来控制的。

(A)交流接触器　(B)行程开关　(C)中间继电器　(D)时间继电器

111. 在一般条件下,人体的安全电压大约是(　　)。

(A)12～24 V　(B)24～36 V　(C)40～50 V　(D)50～60 V

112. 某设备要求电动机既有较硬的机械特性又能实现较大范围的无级调速。此种情况可选用(　　)电动机。

(A)并励直流　(B)串励直流　(C)复励直流　(D)他励直流

113. 一台 5.5 kW 的三相笼型异步电动机,用铁壳开关进行欠载直接起动,应选用(　　)。

(A)HH4-15/2　(B)HH4-15/3　(C)HH4-30/2　(D)HH4-30/3

114. $\phi 25H7(^{+0.021}_{0})$的孔与$\phi 25p6(^{+0.035}_{+0.022})$的轴相配是(　　)配合。

(A)基孔制过盈　(B)基孔制间隙　(C)基轴制过盈　(D)基轴制间隙

115. $\phi 25P7(^{-0.014}_{-0.035})$的孔与$\phi 25h6(^{0}_{-0.013})$的轴相配是(　　)配合。

(A)基孔制过盈　(B)基孔制间隙　(C)基轴制过盈　(D)基轴制间隙

116. 某一个尺寸减其基本尺寸所得的代数差称为(　　)。

(A)尺寸偏差　(B)尺寸公差　(C)基本偏差　(D)标准公差

117. 机件向不平行于基本投影面的平面投影所得的视图,称为(　　)。

(A)基本视图　(B)局部视图　(C)斜视图　(D)旋转视图

118. 多用来制造轴类、齿轮、丝杠等,要求强度较高,韧性和加工性也较好的钢是(　　)。

(A)A3　(B)15 号　(C)45 号　(D)60 号

119. 碳素工具钢在淬火和低温回火后,要求有很高的硬度和耐磨性。因此其含碳量应为(　　)。

(A)小于 0.25%　(B)0.25%～0.6%　(C)0.6%～0.7%　(D)0.7%以上

120. 齿轮、连杆等受力情况复杂的零件常采用调质处理,即采用(　　)的热处理。

(A)淬火后退火　(B)低温回火　(C)中温回火　(D)淬火后高温回火

121. 为了减少钢锭、铸件或锻坯化学成分和组织的不均匀性,将其加热到略低于固相线的温度,长时间保持并进行缓慢冷却以达到均匀化目的的热处理工艺称(　　)。

(A)完全退火　(B)等温退火　(C)球化退火　(D)扩散退火

122. 主轴在粗加工后应安排(　　)以提高主轴的综合力学性能。

(A)退火处理　(B)正火处理　(C)调质处理　(D)表面淬火

123. 箱体的结构比较复杂,为了消除残余应力,减少加工后的变形,保证加工后精度的稳定性,毛坯铸造后应安排(　　)。

(A)退火处理　(B)正火处理　(C)调质处理　(D)人工时效处理

124. 方向控制回路是由(　　)组成。

(A)换向和锁紧回路　(B)节流调速和速度换接回路

(C)调压和卸荷回路　(D)顺序动作回路

125. 调压回路所采用的主要液压元件是(　　)。

(A)调速阀　(B)换向阀　(C)溢流阀　(D)顺序阀

126. 液压传动中,能将电动机输出的机械能转换为液体压力能的能量转换元件是(　　)。

(A)液压泵　(B)液压马达　(C)液压缸　(D)蓄能器

127. 下面液压元件中,能够改变执行机构运动速度的液压元件是(　　)。

(A)溢流阀　　(B)压力继电器　　(C)减压阀　　(D)节流阀

128. 机床设备中重要的轴承的润滑采用(　　)。

(A)油环润滑　　(B)浸油润滑　　(C)飞溅润滑　　(D)压力循环润滑

129. X2010 型龙门铣床主轴箱溜板移动前,导轨、丝杠、螺母等须通过(　　)润滑。

(A)拉压手动油泵　　(B)柱塞式润滑油泵自动

(C)飞溅式自动　　(D)注油孔注油

130. 在设备运转期间,使润滑油性能劣化的因素很多,其中(　　)决定着油的使用期限。

(A)氧化作用　　(B)固体污染　　(C)微生物污染　　(D)蒸发作用

131. 如图 1 所示的液压系统是由(　　)等基本回路组成。

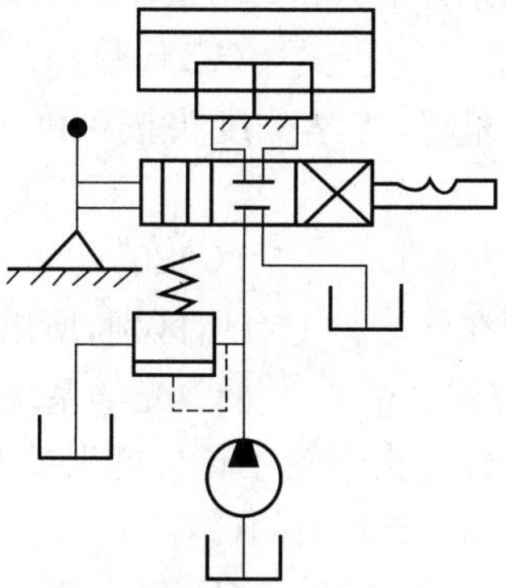

图 1

(A)调压、换向、卸载　　(B)调压、换向、闭锁

(C)调压、换向、调速　　(D)调压、调速

132. 如图 2 所示液压系统是由(　　)等基本回路组成。

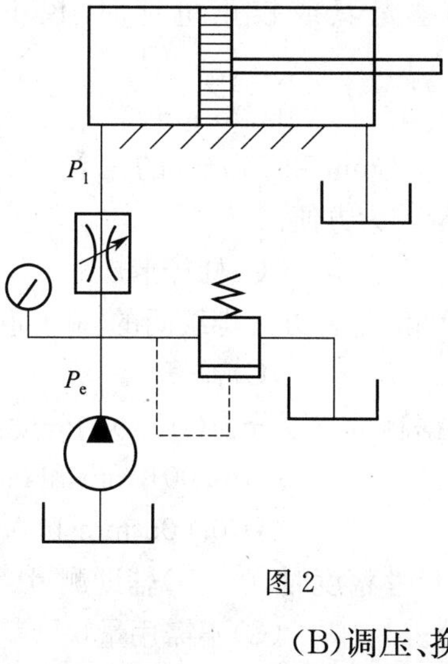

图 2

(A)调压、换向、卸载　　(B)调压、换向、闭锁

(C)调压、换向、调速　　(D)调压、调速

133. 矩形螺纹的自锁条件是:(　　)小于或等于材料的摩擦角。

(A)螺纹的螺旋角 (B)螺纹的升角 (C)材料的摩擦系数 (D)导程

134. 用水平仪检验机床导轨直线度时，若把水平仪放在导轨右端，气泡向左偏 2 格；若把水平仪放在导轨左端，气泡向右偏 2 格，则此导轨是(　　)。

(A)直的 (B)中间凹 (C)中间凸 (D)向右倾斜

135. 用 0.02 mm/m 精度的水平仪检验铣床工作台面的安装水平时，若水平仪气泡向左偏 2 格时，则表示工作台面的倾斜角度为(　　)。

(A)2″ (B)4″ (C)8″ (D)12″

136. 水平仪的基本元件是(　　)。

(A)浮标 (B)膜片 (C)水准管 (D)水准泡

137. 计算法确定直线度误差值，实质是将各段读数的坐标位置进行变换，使两端点与横坐标轴重合或平行。直线度误差值就等于最大与最小纵坐标值的(　　)。

(A)算术和 (B)算术差 (C)代数和 (D)代数差

138. 光学分度头是一种光学量仪，光学分度头按刻度值分有多种规格，其中以(　　)的光学分度头使用较广泛。

(A)5″ (B)10″ (C)20″ (D)30″

139. 因为光学分度头通常是在(　　)上有所区别，所以分度头的读数也相应有所区别。

(A)内部结构 (B)分度方法 (C)光学系统 (D)光学系统放大倍数

140. 用光学分度头测量铣床分度头蜗轮一转分度误差时，应在铣床分度头主轴回转一周后，找出实际回转角与名义回转角 40 个差值的(　　)。

(A)最大值 (B)最大值与最小值和的一半

(C)最大值与最小值差的一半 (D)最大值与最小值之差

141. 用光学分度头逐次测量外花键各键同一侧，可测出 Z 个差值，在 Z 个差值中，最大差值为(　　)。

(A)等分误差 (B)中心夹角误差 (C)积累误差 (D)平行度误差

142. 杠杆千分尺需要借助调整量具或校正量杆时，校正件两端尺寸偏差不应超过(　　)。

(A)0.5 mm (B)0.05 mm (C)5 μm (D)0.5 μm

143. 在测量厚度分别为 20 mm，22 mm 和 25 mm 的三个工件时，其基本偏差和公差均为 0 和 0.015 mm，应采用(　　)来测量较为方便。

(A)游标卡尺 (B)千分表 (C)杠杆卡规 (D)杠杆千分尺

144. 杠杆卡规的调整螺环与可调测量杆方牙螺纹间的轴向间隔是用(　　)消除的。

(A)螺钉 (B)弹簧片 (C)弹簧 (D)垫片

145. 杠杆卡规的刻度盘示值根据测量范围分为(　　)的分度值。

(A)0.001 mm 和 0.002 mm (B)0.001 mm 和 0.005 mm

(C)0.002 mm 和 0.005 mm (D)0.005 mm 和 0.010 mm

146. 用扭簧比较仪检验工件的尺寸精度时，(　　)辅助测量。

(A)需用千分尺 (B)需用千分表 (C)不需用量块 (D)需用量块

147. 用扭簧比较仪检验工件平面的平面度时，(　　)辅助测量。

(A)需用千分尺 (B)需用千分表 (C)不需用量块 (D)需用量块

148. 扭簧比较仪的放大倍数很高，如 0.01 μm 分度值的扭簧比较仪其放大倍数为(　　)。

(A)500 倍　(B)5 000 倍　(C)50 000 倍　(D)500 000 倍

149. 光学分度头的精度取决于(　　)的精度。

(A)刻度和光学系统　(B)蜗杆蜗轮副

(C)孔盘孔距　(D)分度方法

150. 在铣锥齿轮时，若试切后经测量的结果是：小端尺寸已准而大端尺寸太小，这是由于(　　)造成的。

(A)偏移量和回转量太小　(B)回转量太小，偏移量太大

(C)回转量太大，偏移量太小　(D)回转量和偏移量太大

151. 铣削凸轮时，若铣刀直径选择不当，这时被加工工件将会出现(　　)误差。

(A)型面形状　(B)起始位置　(C)升高量　(D)粗糙度

152. 用综合检验方法检验一对牙嵌离合器接合齿数时，一般要求接触齿数不小于整个齿数的(　　)。

(A) $\frac{1}{2}$　(B) $\frac{3}{4}$　(C) $\frac{4}{5}$　(D) $\frac{3}{5}$

153. 用综合检验方法检验一对离合器的贴合面积时，一般要求贴合面积不小于(　　)。

(A)90%　(B)80%　(C)70%　(D)60%

154. 铣削数量较少的锥齿轮，操作者一般测量其(　　)。

(A)公法线长度　(B)分度圆弦齿厚　(C)齿距误差　(D)分度圆弦齿高

155. 铣削三面刃铣刀时，前角值偏差大的主要原因是(　　)。

(A)工作台零位不准　(B)工作铣刀廓形不准确

(C)横向偏移量 S 计算错误　(D)工作铣刀不锋利

156. 三面刃铣刀圆柱面齿槽铣削后前刀面不平整，呈凹弧的原因是(　　)。

(A)工作台零位不准　(B)工作铣刀廓形不准确

(C)分度头位置找正精度差　(D)工作铣刀不锋利

157. 偏铣锥齿轮时，若偏移量不相等，则会造成(　　)误差超差。

(A)齿距　(B)齿形　(C)齿向　(D)齿厚

158. 热继电器容量(　　)额定负载电流。

(A)等于　(B)大于　(C)小于　(D)不大于

159. 蜗轮蜗杆机构传动比较大，一般 $i=$(　　)。

(A)2～16　(B)5～40　(C)8～60　(D)10～80

160. 百分表应用了(　　)机构，将测量轴的直线位移转换为指针的转动。

(A)齿轮齿条　(B)蜗轮蜗杆　(C)平面连杆　(D)螺旋齿轮

161. 曲柄摇杆机构属于(　　)机构。

(A)曲柄滑块　(B)导杆　(C)凸轮　(D)四杆

162. 自卸载重汽车的翻斗应用了(　　)机构。

(A)双摇杆　(B)曲柄摇杆　(C)双曲柄　(D)曲柄滑块

163. 曲柄滑块机构是(　　)机构的一种特殊情况。

(A)双摇杆 (B)曲柄摇杆 (C)双曲柄 (D)平面连杆

164. 牛头刨床的切削运动应用了(　　)机构。

(A)双摇杆 (B)凸轮 (C)双曲柄 (D)导杆

165. 转塔刀架的转位应用了(　　)机构。

(A)棘轮 (B)凸轮 (C)槽轮 (D)导杆

166. 要使被动件能够按照工作要求完成各种各样的复杂运动(如直线运动、摆动等)时，一般采用(　　)机构。

(A)螺旋 (B)凸轮 (C)槽轮 (D)齿轮

167. 三星齿轮变向机构由(　　)齿轮组成。

(A)四个 (B)五个 (C)六个 (D)七个

168. 凸轮机构被广泛应用于曲线轮廓的加工，这就是(　　)加工。

(A)靠模仿形 (B)手动仿形 (C)数控仿形 (D)液压仿形

169. 铣床工作前，应在(　　)空车下检查各运转部分是否正常。

(A)匀速 (B)高速 (C)中速 (D)低速

170. 装卸工件时，必须将(　　)移开并停妥后进行。

(A)夹具 (B)刀具 (C)工具 (D)机床

171. 铣削时，头手不得接近(　　)。

(A)铣削区 (B)工作区 (C)工作台 (D)控制盘

172. 立铣床在装卸大型刀具时，严禁用手托住，应用(　　)垫好。

(A)铁板 (B)钢板 (C)木板 (D)纸板

173. 为了使铣床正常运转和减少磨损，铣床上的(　　)都需进行润滑。

(A)固定部分 (B)滑动部分 (C)滚动部分 (D)摩擦部分

174. 铣床工作台的轴承通常经有转盖的加油器每(　　)进行润滑。

(A)天 (B)周 (C)月 (D)年

175. 铣床工作台导轨、升降台导轨和床身导轨须在每(　　)工作前进行润滑。

(A)年 (B)月 (C)周 (D)天

176. 铣床变速箱需(　　)加油一次。

(A)每年 (B)六个月 (C)一个月 (D)一周

177. 铣床进给箱需(　　)加油一次。

(A)每年 (B)六个月 (C)一个月 (D)一周

178. 铣床在(　　)进行班前低速空车运转检查尤其重要。

(A)春季 (B)夏季 (C)秋季 (D)冬季

179. 下列属于高效铣刀的是(　　)。

(A)硬质合金铣刀 (B)高速钢铣刀

(C)工具钢铣刀 (D)立铣刀

180. 硬质合金铣刀的铣削效率比同类高速钢铣刀要高(　　)倍。

(A)1～3 (B)3～5 (C)5～7 (D)7～9

181. 中型升降台铣床铣削中碳钢时的最大材料切除率为(　　)。

(A)50～150 cm^3/min (B)100～250 cm^3/min

(C)150～350 cm^3/min (D)500 cm^3/min 以上

182. 中型床身铣床铣削中碳钢时的最大材料切除率为(　　)。

(A)50～150 cm^3/min (B)100～250 cm^3/min

(C)150～350 cm^3/min (D)500 cm^3/min 以上

183. 龙门铣床铣削中碳钢时的最大材料切除率为(　　)。

(A)50～150 cm^3/min (B)100～250 cm^3/min

(C)150～350 cm^3/min (D)500 cm^3/min 以上

184. 铣床主轴轴向窜动的允差是(　　)。

(A)0.05 mm (B)0.03 mm (C)0.01 mm (D)0.005 mm

185. 影响难加工材料切削性能的主要因素是(　　)。

(A)刀瘤积屑严重 (B)铣床承受切削力大

(C)加工硬化现象严重 (D)导热系数高

186. 难加工材料的变形系数都较大,通常铣削速度达到(　　)左右,切屑的变形系数达到最大值。

(A)0.5 m/min (B)2 m/min (C)4 m/min (D)6 m/min

187. 铣削高温合金时,硬质合金铣刀在(　　)时磨损较慢,因此应选择合适的铣削速度。

(A)425～650 ℃ (B)750～1 000 ℃

(C)1 500～1 800 ℃ (D)1 800 以上

188. 用盘形铣刀铣削导程角为 γ 的蜗杆时,通常在万能卧式铣床上需扳转工作台,扳转后工件轴线与刀具轴线交角 φ =(　　)。

(A) γ (B)$90°-\gamma$ (C)$90°+\gamma$ (D)$180°-\gamma$

189. 用指状铣刀铣削蜗杆时,刀具齿形应略小于蜗杆的(　　)。

(A)法向齿形 (B)轴向齿形 (C)中心齿形 (D)边缘齿形

190. 自制蜗轮滚刀时,应沿螺旋齿(　　)铣出容屑槽,同时铣出前刀面形成前角。

(A)切向 (B)法向 (C)轴向 (D)周向

三、多项选择题

1. 工艺基准按用途不同,可分为(　　)。

(A)加工基准 (B)装配基准 (C)测量基准 (D)定位基准

2. 液压传动系统一般由(　　)组成。

(A)动力元件 (B)执行元件 (C)控制元件 (D)辅助元件

3. 液压传动系统与机械、电气传动相比较具有的优点是(　　)。

(A)易于获得很大的力 (B)操纵力较小、操纵灵便

(C)易于控制 (D)传递运动平稳、均匀

4. 液压传动系统与机械、电气传动相比较存在的不足是(　　)。

(A)有泄漏 (B)传动效率低

(C)易发生振动、爬行 (D)故障分析与排除比较困难

5. 中间继电器由(　　)等元件组成。

(A)线圈 (B)磁铁 (C)转换开关 (D)触点

6. 接触器由(　　)等元件组成。

(A)线圈 (B)磁铁 (C)骨架 (D)触点

7. 蜗轮蜗杆机构传动的特点是( )。

(A)摩擦小 (B)摩擦大 (C)效率低 (D)效率高

8. 属于齿轮及轮系的机构有( )。

(A)圆柱齿轮机构 (B)圆锥齿轮机构

(C)定轴轮系 (D)行星齿轮机构

9. 圆锥齿轮又叫( )。

(A)斜齿轮 (B)伞齿轮 (C)八字轮 (D)螺旋齿轮

10. 螺旋齿轮机构常用于( )等齿轮加工。

(A)剃齿 (B)铣齿 (C)珩齿 (D)研齿

11. 行星齿轮机构具有( )等特点。

(A)轴线固定 (B)速比大 (C)可实现差动 (D)体积小

12. 根据所固定的构件不同,四杆机构可划分为( )等机构。

(A)双曲柄 (B)双摇杆 (C)曲柄摇杆 (D)导杆

13. 棘轮机构常用于( )等机械装置。

(A)变速机构 (B)进给机构 (C)单向传动 (D)止动装置

14. 凸轮与被动件的接触方式主要有( )。

(A)平面接触 (B)面接触 (C)尖端接触 (D)滚子接触

15. 常用的变向机构有( )。

(A)三星齿轮变向机构 (B)滑移齿轮变向机构

(C)圆锥齿轮变向机构 (D)齿轮齿条变向机构

16. 链传动的特点是( )。

(A)适宜高速传动 (B)传动中心距大

(C)啮合时有冲击 (D)运动不均匀

17. 链传动按用途可分为( )。

(A)传动链 (B)联接链 (C)起重链 (D)运输链

18. 凸轮机构的种类主要有( )。

(A)圆盘凸轮 (B)圆柱凸轮 (C)圆锥凸轮 (D)滑板凸轮

19. 液压系统按控制方法划分,有( )。

(A)开关控制系统 (B)伺服控制系统

(C)比例控制系统 (D)数字控制系统

20. 液压基本回路主要有( )。

(A)压力控制回路 (B)速度控制回路

(C)方向控制回路 (D)其他液压回路

21. 制定工时定额的方法有( )。

(A)经验估工法 (B)类推比较法 (C)统计分析法 (D)技术测定法

22. 下列属于测时步骤的是( )。

(A)选择观察对象 (B)制定测时记录表

(C)记录观察时间 (D)下达定额工时

23. 产品加工过程中的作业总时间可分为(　　)。
(A)定额时间　(B)作业时间　(C)休息时间　(D)非定额时间
24. 非定额时间包括(　　)。
(A)准备时间　(B)非生产工作时间　(C)休息时间　(D)停工时间
25. 定额时间包括(　　)。
(A)准备与结束时间　(B)作业时间
(C)休息时间　(D)自然需要时间
26. 作业时间按其作用可分为(　　)。
(A)准备与结束时间　(B)基本时间
(C)辅助时间　(D)布置工作地时间
27. 铣床工作前,应检查(　　)是否正常。
(A)油路　(B)冷却、润滑系统　(C)刀具　(D)限位挡铁
28. 铣床的维护保养工作认真与否,会直接影响铣床的(　　)。
(A)效率　(B)精度　(C)润滑　(D)使用寿命
29. 铣床的日常维护保养工作主要有(　　)。
(A)润滑　(B)定保　(C)小修　(D)清洁
30. 铣床(　　)等运动部位的润滑对于其精度和使用寿命影响极大。
(A)主轴　(B)齿轮　(C)传动丝杠　(D)导轨
31. 常采用(　　)进行铣床润滑。
(A)30 号机械油　(B)40 号机械油　(C)2 号锭子油　(D)润滑脂
32. 一般需要对铣床(　　)等几个部分进行润滑。
(A)变速箱　(B)进给箱　(C)升降台和工作台　(D)工作台的轴承
33. 变速箱的润滑方法主要有(　　)。
(A)飞溅润滑　(B)柱塞泵润滑　(C)滴油杯润滑　(D)绳芯加油器润滑
34. 铣床升降台和工作台一般采用(　　)等方式进行润滑。
(A)飞溅润滑　(B)柱塞泵润滑　(C)手动油泵　(D)绳芯加油器
35. 要经常清除切屑和赃物,特别要注意铣床(　　)等部位的清洁,以减少机件的磨损。
(A)导轨　(B)主轴　(C)丝杠　(D)螺母
36. 加工过程中,发现(　　)等不正常现象,应及时停车检查,并加以排除。
(A)工件振动　(B)切削负荷增大　(C)台面抖动　(D)异常声音
37. 组合铣刀与一般铣刀相比,具有(　　)等特点。
(A)刃磨和重磨简单　(B)能缩短机动时间
(C)减少辅助时间　(D)提高加工效率
38. 可以通过(　　)来缩短辅助时间。
(A)缩短工件装夹时间　(B)提高铣削速度
(C)减少工件的测量时间　(D)缩短刀具更换时间
39. 通过(　　)等途径可以缩短基本时间。
(A)提高切削用量　(B)多刀同时切削
(C)多件加工　(D)减少加工余量

40. 通过(　　)等途径可以缩短辅助时间。
(A)提高切削速度　(B)使辅助动作机械化和自动化
(C)使辅助时间与基本时间重合　(D)减少背吃刀量
41. 为了使辅助时间与基本时间全部或部分地重合,可采用(　　)等方法。
(A)多刀加工　(B)使用专用夹具
(C)多工位夹具　(D)连续加工
42. 计量仪器按照工作原理和结构特征,可分为(　　)。
(A)机械式　(B)电动式　(C)光学式　(D)气动式
43. 在铣床上铣削花键有(　　)等铣削方法。
(A)组合铣刀铣削　(B)单刀铣削　(C)T形槽铣刀铣削　(D)成形铣刀铣削
44. 影响难加工材料切削性能的主要因素包括(　　)。
(A)硬度高　(B)塑性和韧性大　(C)导热系数低　(D)刀瘤积屑严重
45. 铣床主轴精度检验包括(　　)。
(A)运动精度　(B)位置精度　(C)形状精度　(D)工作精度
46. 下列属于铣床主轴精度检验项目的有(　　)。
(A)主轴锥孔轴心线的径向圆跳动　(B)悬梁导轨对主轴旋转轴线的平行度
(C)主轴套筒移动对工作台面的垂直度　(D)主轴轴肩支承面的端面跳动
47. 下列属于铣床工作台精度检验项目的有(　　)。
(A)工作台的平面度　(B)工作台横向移动对工作台面的平行度
(C)升降台垂直移动的直线度　(D)工作台纵向和横向移动的垂直度
48. 铣床工作精度检验包括(　　)。
(A)工作台精度　(B)主轴精度
(C)铣床调试　(D)铣床试切
49. 铣床试切是按标准试切工件铣削(　　),并按图样要求进行检验。
(A)平面　(B)曲面
(C)垂直面　(D)平行面
50. 属于X2010型龙门铣床定期检查的项目有(　　)。
(A)工作台下的传动蜗杆磨损情况　(B)横梁锁紧机构的可靠性
(C)各导轨压板镶条间隙　(D)各铣头主轴轴承间隙
51. 数控铣床由(　　)组成。
(A)数控介质　(B)数控装置
(C)伺服机构　(D)机床
52. 在数控铣床中,属于附属设备的是(　　)。
(A)对刀装置　(B)显示器　(C)机外编程器　(D)冷却系统
53. 在数控铣床中,(　　)属于操作系统。
(A)键盘　(B)步进电机　(C)开关　(D)按钮
54. 气动量仪的主要特点是(　　)。
(A)常用于单件检验　(B)检验效率高
(C)用比较法进行检验　(D)不接触测量

55. 可转位铣刀的主要特点有(　　)。
(A)刀具寿命长　(B)生产效率高
(C)不利于刀具标准化　(D)经济效果好
56. 可转位刀片可以采取(　　)的安装方式。
(A)反装　(B)平装　(C)正装　(D)立装
57. 可转位刀片的定位方式主要有(　　)。
(A)三向定位点接触式　(B)三向定位线接触式
(C)三向定位面接触式　(D)三向定位点面接触式
58. 可转位刀片的夹紧方式主要有(　　)。
(A)下顶式　(B)上压式　(C)楔块式　(D)侧挤式
59. 铣床夹具通常按(　　)进行分类。
(A)通用夹具　(B)专用夹具　(C)组合夹具　(D)可调夹具
60. 专用夹具的特点是(　　)。
(A)结构紧凑　(B)使用方便
(C)加工精度容易控制　(D)产品质量稳定
61. 组合夹具的特点是(　　)。
(A)组装迅速　(B)能减少制造成本　(C)可反复使用　(D)周期短
62. 下列属于铣床夹具组成部分的有(　　)。
(A)定位件和夹紧件　(B)夹具体
(C)对刀件和导向件　(D)其他元件和装置
63. 适用于平面定位的有(　　)。
(A)V形支承　(B)自位支承　(C)可调支承　(D)辅助支承
64. 常用的夹紧机构有(　　)。
(A)斜楔夹紧机构　(B)螺旋夹紧机构
(C)偏心夹紧机构　(D)气动、液压夹紧机构
65. 难加工材料切削性能差主要反映在(　　)。
(A)刀具寿命明显降低　(B)已加工表面质量差
(C)切屑形成和排出较困难　(D)切削力和单位切削功率大
66. 下列属于难加工材料的有(　　)。
(A)中碳钢　(B)高锰钢　(C)钛合金　(D)紫铜
67. 可以采取(　　)等改善措施来铣削难加工材料。
(A)选择适用的刀具材料　(B)选择合理的铣削用量
(C)选择合适的切削液　(D)改善和提高工艺系统刚度
68. 蜗杆铣削应达到(　　)等工艺要求。
(A)齿形误差在规定范围内　(B)轴向齿距偏差在规定范围内
(C)齿圈径向跳动误差在规定范围内　(D)轴向齿距累积误差在规定范围内
69. 蜗轮铣削应达到(　　)等工艺要求。
(A)齿形尽可能正确　(B)中心平面偏差在规定范围内
(C)齿圈径向跳动误差在规定范围内　(D)轴向齿距累积误差在规定范围内

70. 连续分齿法飞刀铣削蜗轮常见的质量问题有(　　)。
(A)齿形误差超差 (B)齿距误差超差 (C)乱牙 (D)齿厚不符合要求
71. 连续分齿法飞刀铣削蜗轮齿形误差超差的原因是(　　)。
(A)飞刀头刃磨不正确 (B)飞刀头安装不正确
(C)展成计算错误 (D)对刀不正确
72. 连续分齿法飞刀铣削蜗轮齿厚不符合要求的原因是(　　)。
(A)飞刀头厚度超差 (B)飞刀头安装不正确
(C)展成计算错误 (D)切削深度调整错误
73. 用键槽铣刀改磨后的球面可以用(　　)检验。
(A)游标卡尺 (B)样板 (C)试切法 (D)千分尺
74. 改磨球面的铣刀用试切法检验时,对试切出的槽形可以用(　　)检验。
(A)钢直尺 (B)深度尺 (C)滚珠 (D)圆柱
75. 用差动分度法铣削大质数锥齿轮,可以采用在(　　)铣削。
(A)立式铣床上用盘形铣刀 (B)卧式铣床上用盘形铣刀
(C)立式铣床上用指形铣刀 (D)卧式铣床上用指形铣刀
76. 离合器的种类有(　　)。
(A)万向联轴器 (B)齿式离合器 (C)摩擦离合器 (D)尖齿离合器
77. 齿式离合器的种类有(　　)。
(A)矩形齿离合器 (B)锯形齿离合器
(C)梯形等高齿离合器 (D)双向螺旋齿离合器
78. 安装在X5032型铣床进给变速箱轴Ⅲ中部的离合器为(　　)。
(A)矩形齿离合器 (B)梯形等高齿离合器
(C)安全离合器 (D)片式摩擦离合器
79. X6132型铣床主轴采用的轴承为(　　)。
(A)前轴承为圆锥滚子轴承 (B)中轴承为圆锥滚子轴承
(C)中轴承为圆柱滚子轴承 (D)后轴承为单列深沟球轴承
80. 调整X6132型铣床主轴中部的螺母,可以调整主轴轴承间隙,使主轴的(　　)控制在一定范围内。
(A)平行度 (B)径向圆跳动 (C)轴向跳动 (D)垂直度
81. 铣削矩形牙嵌离合器可以采取(　　)进行铣削,以获得齿侧间隙。
(A)偏移中心法 (B)加大铣削深度
(C)偏转角度法 (D)选用大宽度刀具
82. 正三角形牙嵌离合器一般具有的特点是(　　)。
(A)齿形向轴线上一点收缩 (B)齿槽底与齿顶延长线与工件轴线夹角相等
(C)齿顶留有0.2～0.3 mm宽度 (D)齿槽角等于60°
83. 在铣床上铰孔应注意(　　)。
(A)正确选择切削用量 (B)正确选择切削液
(C)正确刃磨刀具角度 (D)铰刀不能倒转
84. 铣床上镗孔圆度不好的原因有(　　)。

(A)工件装夹变形 (B)主轴回转精度差
(C)镗杆和镗刀弹性变形 (D)工件产生微量位移

85. 铣床上镗孔孔径超差的原因有(　　)。
(A)镗刀回转半径调整不当 (B)孔径测量不准确
(C)镗杆和镗刀弹性变形 (D)镗刀刀尖磨损

86. 铣床上镗孔产生轴线歪斜的原因有(　　)。
(A)工件定位基准选择不当
(B)在万能卧式铣床加工,工作台零位不准
(C)采用立铣头主轴移动进给时,立铣头零位不准
(D)基准面不清洁

87. 铣削刀具齿槽时应掌握的加工要点有(　　)。
(A)选择适当廓形的工作铣刀 (B)正确计算相关数据
(C)正确调整工件与刀具位置 (D)正确配置交换齿轮

88. 三面刃铣刀齿槽铣削时前角值偏差过大的原因是(　　)。
(A)横向偏移量计算错误 (B)横向实际偏移距离不准确
(C)工作台偏移方向错误 (D)对刀不准确

89. 按齿槽所在表面分,多刃刀具的齿槽形式主要有(　　)。
(A)复合面齿槽 (B)圆柱面齿槽 (C)圆锥面齿槽 (D)端面齿槽

90. 按齿向分,多刃刀具的齿槽形式有(　　)。
(A)螺旋齿槽 (B)直齿槽 (C)斜齿槽 (D)轴向齿槽

91. 铣直线成形面的方法有(　　)。
(A)划线铣削 (B)利用回转工作台或分度头铣削
(C)仿形铣削 (D)成形铣刀铣削

92. 为防止铣刀切入轮廓内,保证曲线各部分的连接,可采用的铣削方法为(　　)。
(A)凹、凸圆弧面连接,先加工凹圆弧面
(B)凸、凸圆弧面连接,先加工半径较大的凸圆弧面
(C)直线与凹圆弧面连接,先加工直线部分
(D)铣凹圆弧面时,铣刀与转台转向相反

93. 成形铣刀的主要特点是(　　)。
(A)刀齿是铲齿背 (B)前角大多不为零度
(C)切削性能较差 (D)铣削宽度较大

94. 铣削内球面底部出现"凸尖"的原因是(　　)。
(A)试铣时垂向调整方向错误 (B)刀具对中偏差过大
(C)划线不准确 (D)立铣头轴线与工作台面交角不正确

95. 铣削时球面半径不符合要求的原因是(　　)。
(A)铣刀刀尖磨损严重或崩尖 (B)铣刀盘上切刀发生位移
(C)立铣刀安装精度差 (D)测量偏差大

96. 铣削等速凸轮一般应达到的工艺要求是(　　)。
(A)工作型面应符合规定的导程 (B)工作型面应符合规定的旋向

(C)工作型面应符合规定的槽深 (D)工作型面与基准处于正确的相对位置

97. 在分度头上装夹工件铣圆盘凸轮时,根据立铣头轴线(或工件轴线)与工作台面的位置关系,可分为( )。

(A)平行铣削法 (B)垂直铣削法 (C)偏心铣削法 (D)倾斜铣削法

98. 垂直铣削法适用于( )的圆盘凸轮铣削。

(A)只有一条工作曲线 (B)有几条导程都相等的工作曲线

(C)有几条导程不相等的工作曲线 (D)便于配置交换齿轮

99. 铣削等速凸轮时,升高量偏差过大的原因有( )。

(A)采用垂直铣削法时,立铣头倾斜角误差大

(B)导程计算错误

(C)铣刀偏离从动件啮合位置

(D)交换齿轮配置错误

100. 机床用平口虎钳的( )属于夹具的夹紧元件。

(A)活动座 (B)回转座 (C)螺母 (D)丝杠

101. 铣床验收包括( )等工作。

(A)拆箱安装 (B)机床验收 (C)附件验收 (D)精度检验

102. 铣床验收精度标准包括( )。

(A)检验项目名称 (B)检验方法 (C)偏差 (D)检验方法简图

103. 轴承间隙大会造成铣床主轴( )。

(A)损坏 (B)强度降低 (C)径向圆跳动误差大 (D)轴向窜动

104. 铣床工作台纵向和横向移动的垂直度差,主要原因是( )。

(A)导轨磨损 (B)回转盘结合面精度差

(C)镶条太松 (D)制造精度差

105. 数控铣削加工前,应进行零件工艺过程设计和计算,包括( )等。

(A)加工顺序 (B)铣刀和工件的位置调整

(C)坐标设置 (D)切削用量选择

106. 数控铣床包括的设施有( )等。

(A)机械设备 (B)附属设备 (C)操作系统 (D)数控系统

107. 数控程序是将零件加工的( )等按动作顺序,用数控机床规定的代码和程序格式编制而成的。

(A)工艺顺序 (B)运动轨迹与方向 (C)操纵内容 (D)工艺参数

108. 编制数控铣床程序时,( )等属于辅助动作。

(A)位移量 (B)调换铣刀 (C)工件夹紧 (D)工件松开

109. 用数控铣床铣削一直线成形面轮廓,确定坐标系后,应计算( )等轨迹和坐标值。

(A)起点 (B)终点 (C)圆弧圆心 (D)基本尺寸

110. 杠杆卡规的刻度盘示值一般有( )。

(A)0～100 mm 测量范围为 0.002 mm (B)0～100 mm 测量范围为 0.005 mm

(C)100～150 mm 测量范围为 0.005 mm (D)100～150 mm 测量范围为 0.010 mm

111. 下列机床用平口虎钳的元件中,属于其他元件和装置的是( )。

(A)活动座　(B)回转座　(C)底面定位键　(D)丝杠

112. 三爪自定心卡盘的(　)属于夹紧件。

(A)卡盘体　(B)卡爪　(C)小锥齿轮　(D)大锥齿轮

113. 在组合夹具中用来连接各种元件及紧固工件的(　)属于紧固件。

(A)螺栓　(B)螺母　(C)螺钉　(D)垫圈

114. 通用机床型号是由(　)组成的。

(A)基本部分　(B)辅助部分　(C)主要部分　(D)其他部分

115. 铣削锥齿轮时,(　)是引起齿形误差的主要原因。

(A)分度头精度低　(B)测量误差

(C)分齿操作误差　(D)齿坯装夹时与分度头主轴同轴度误差大

116. 一次铣削能够同时铣出两个齿侧面的是(　)。

(A)偶数齿梯形等高齿牙嵌离合器　(B)奇数齿梯形等高齿牙嵌离合器

(C)偶数齿矩形牙嵌离合器　(D)奇数齿矩形牙嵌离合器

117. X5032 型铣床中,前轴承决定主轴的(　)。

(A)几何精度　(B)运动精度

(C)工作平稳性　(D)寿命

118. X6132 型铣床中,弹性联轴器的作用是(　)。

(A)使进给平稳　(B)使主电动机轴传动平稳

(C)吸收振动　(D)承受冲击

119. 铣削锥齿轮时,若对刀不准会产生(　)。

(A)齿形误差　(B)齿厚误差　(C)齿向误差　(D)齿距误差

120. 梯形等高齿牙嵌离合器的(　)相互平行。

(A)轴线　(B)齿顶线　(C)槽底线　(D)齿侧斜面中间线

121. 铣削直齿三面刃铣刀端面齿时,若工作铣刀廓形角偏差较大,会造成(　)。

(A)齿槽角误差大　(B)齿距等分差

(C)端面齿棱边宽度内外不一致　(D)前刀面连接不平滑

122. 铣床传动部位一级保养的内容和要求是(　)。

(A)导轨面修光毛刺　(B)调整镶条

(C)调整丝杠螺母间隙　(D)调整离合器摩擦片间隙

123. 铣床润滑部位一级保养的内容和要求是(　)。

(A)油路畅通无阻　(B)油毛毡清洁无切屑

(C)油窗明亮　(D)润滑油质保持良好

124. 工件装夹的要求有(　)。

(A)夹紧力不应破坏工件定位　(B)有足够的夹紧行程

(C)夹紧机构体积尽量大　(D)具有足够的强度和刚度

125. 用螺栓压板装夹工件时,应使(　)。

(A)螺栓靠近工件　(B)垫块稍低于工件

(C)工件受压部位应坚固　(D)避免损伤工件表面

126. 铣削斜面的常用方法有(　)。

(A)仿形铣斜面 (B)转动工件铣斜面
(C)转动立铣头铣斜面 (D)用角度铣刀铣斜面
127. 刻线刀具的几何角度一般为( )。
(A)前角 $\gamma_o \approx 0^\circ \sim 8^\circ$ (B)刀尖角 $\varepsilon_r \approx 45^\circ \sim 60^\circ$
(C)后角 $\alpha_o \approx 0^\circ \sim 5^\circ$ (D)后角 $\alpha_o \approx 6^\circ \sim 10^\circ$
128. 刻线刀的形式是尖头刀,其质量要求主要是( )。
(A)刀体 (B)刃口 (C)前刀面 (D)后刀面
129. 铣削难加工材料时,选择铣削用量的原则是( )。
(A)先尽可能取大的铣削深度 (B)其次尽量取大的进给量
(C)然后尽量取大的铣削速度 (D)精铣时取小的铣削速度
130. 铣床主轴轴承的径向和轴向间隙及导轨处的镶条调整的要求是( )。
(A)轴承间隙调整到不大于 0.015 mm (B)轴承间隙调整到不大于 0.025 mm
(C)镶条调整到 0.03 mm 以内 (D)镶条调整到 0.02 mm 以内
131. 下列属于检验铣床主轴锥孔中心线径向跳动方法的是( )。
(A)将检验棒转过 120°、240°后再检验 (B)在距离主轴端部 300 mm 处检验
(C)将检验棒转过 90°、180°及 270°再检验 (D)在靠近主轴端部处检验
132. 铣削螺旋齿槽时,选择刀具应使( )。
(A)铣刀廓形近似等于齿槽廓形 (B)刀尖圆弧小于齿槽槽底圆弧
(C)铣刀直径尽可能取小些 (D)铣刀直径尽可能取大些
133. 下列属于铣床调试步骤的有( )。
(A)准备工作 (B)接通电源 (C)低速空运转 (D)试切工件
134. 刻线是指在工件表面刻( )。
(A)圆周等分线 (B)锥面等分线 (C)角度线(D)直线尺寸线
135. 刻线所使用的刀具较简单,可用( )。
(A)高速钢刀块磨制 (B)废旧的钻头改磨
(C)废旧的键槽铣刀改磨 (D)废旧的盘铣刀改磨
136. X6132 型铣床调试过程中,低速空运转的转速和时间要求是( )。
(A)转速为 30 r/min (B)转速为 60 r/min
(C)时间为 15 min (D)时间为 30 min
137. X5032 型铣床调试过程中,进给变速和进给的工作内容有( )。
(A)检查工作台锁紧装置 (B)检查进给变速操纵
(C)检查限位挡铁 (D)检查制动时间
138. 用硬质合金铣刀高速铣削球面时,工件转速和铣削速度一般控制在( )。
(A)工件转速为 5～10 r/min 左右 (B)工件转速为 10～15 r/min 左右
(C)铣削速度为 150～200 m/min 左右 (D)铣削速度为 200～250 m/min 左右
139. 在下面对铣削后球面刀痕及形状描述中,表明球面几何形状错误的是( )。
(A)刀痕呈交叉状 (B)呈单向切削刀痕
(C)形状如橄榄形 (D)内球面底部出现尖状
140. 在铣床上镗孔的加工精度包括( )。

(A)孔径的尺寸精度　　(B)内孔表面的表面结构
(C)孔轴线的位置精度　　(D)孔的几何形状精度

141. 增强镗刀刚性及抗振性的途径有(　　)。
(A)增加镗杆长度　　(B)增加镗杆截面积
(C)增加刀头截面积　　(D)减少刀头的悬伸长度

142. 在铣床上镗椭圆孔时,其加工要点有(　　)。
(A)椭圆孔的轴线应垂直于工作台面
(B)主轴轴线应和椭圆轴线校正在同一平面内
(C)椭圆的短轴方向须和纵向工作台进给方向平行
(D)轴向进给用主轴套筒进行

143. 螺旋线的三要素是指(　　)。
(A)升高量　　(B)导程　　(C)螺旋角　　(D)导程角

144. 在铣床上用分度头装夹工件铣多齿蜗杆时,工件须作的运动有(　　)。
(A)旋转运动　　(B)直线运动　　(C)分度运动　　(D)摆动

145. 在万能铣床上铣削螺旋槽时,需要将工作台转过一个角度,当操作者在铣床前面面对工作台时,下列描述正确的是(　　)。
(A)铣左螺旋时用左手推　　(B)铣左螺旋时用右手推
(C)铣右螺旋时用左手推　　(D)铣右螺旋时用右手推

146. 铣削螺旋槽时应注意(　　)。
(A)必须将分度头主轴的紧固手柄松开
(B)必须将分度盘的锁紧螺钉松开
(C)当导程小于 60 mm 时,须采用机动进给
(D)在返程前应将铣刀退出工件

147. 用立铣刀铣削凸轮时,下列描述正确的是(　　)。
(A)如果铣刀直径太大,凸轮曲线升高率会变小
(B)如果铣刀直径太大,凸轮曲线升高率会变大
(C)如果铣刀直径太小,凸轮曲线升高率会变小
(D)如果铣刀直径太小,凸轮曲线升高率会变大

148. 粗铣圆盘凸轮时,下列描述正确的是(　　)。
(A)应使凸轮与铣刀的旋转方向相反
(B)应使凸轮与铣刀的旋转方向相同
(C)铣刀须由凸轮的最小半径处铣向最大半径处
(D)铣刀须由凸轮的最大半径处铣向最小半径处

149. 采用倾斜铣削法铣削凸轮时,其铣床调整和计算与垂直铣削法不同之处是(　　)。
(A)分度头主轴与立铣头主轴倾斜计算　　(B)配换齿轮计算
(C)铣刀切削刃长度计算　　(D)导程计算

150. 利用仿形法铣削齿轮的特点是(　　)。
(A)加工精度低　　(B)生产效率低
(C)适用于单件小批生产　　(D)需有专用铣床

151. 在同一模数中，下列关于齿轮齿数与基圆直径、渐开线齿形关系中，描述正确的是(　　)。

(A)齿数越少，其渐开线齿形越弯曲　　(B)齿数越少，其渐开线齿形越平直

(C)齿数越少，其基圆直径越小　　(D)齿数越少，其基圆直径越大

152. 在铣床上铣削蜗轮时，加工前须对工件进行检查和校正，必须做的项目有(　　)。

(A)检测端面跳动　　(B)检测分度圆直径

(C)检测径向跳动　　(D)检测喉圆直径

153. 在铣床上铣削齿轮时，刀具对中极为重要，对中方法一般有(　　)。

(A)划线对中心法　　(B)切痕对中心法

(C)圆棒对中心法　　(D)目测对中心法

154. 在铣床上铣削齿轮时，造成齿厚变动量大的原因是(　　)。

(A)分度不一致　　(B)多转过孔距后，没有反向消除间隙

(C)铣刀偏摆量大　　(D)分度头主轴没有锁紧

155. 在铣床上铣削齿轮时，造成齿圈径向跳动超差的原因是(　　)。

(A)齿坯径向跳动大　　(B)齿坯端面跳动大

(C)铣刀没有对中　　(D)铣削深度不正确

156. 在铣床上铣削齿轮时，造成公法线长度变动量超差的原因是(　　)。

(A)齿坯径向跳动大　　(B)齿坯端面跳动大

(C)分度不均匀　　(D)铣削深度不正确

157. 铣削长齿条的移距方法有(　　)。

(A)刻度盘移距法　　(B)分度盘移距法

(C)分度头主轴挂轮移距法　　(D)侧轴定轮移距法

158. 斜齿圆柱齿轮的传动特点是(　　)。

(A)逐渐啮合又逐渐分开　　(B)传动平稳

(C)受力均匀　　(D)承载较小

159. 铣削斜齿圆柱齿轮时，需要对(　　)进行计算。

(A)齿数　　(B)导程　　(C)铣削深度　　(D)配换齿轮

160. 正式铣削斜齿圆柱齿轮前，在齿坯边缘铣出标记的作用是(　　)。

(A)检验分度计算是否正确　　(B)检验铣削过程中分度运动是否正确

(C)检验铣削过程中工件是否发生变动　　(D)检验对刀是否准确

161. 铣削斜齿圆柱齿轮(　　)。

(A)应采用顺铣法　　(B)应采用逆铣法

(C)工作台回程时必须下降　　(D)分度时一定要消除间隙

162. 采用盘形齿轮铣刀铣削蜗轮，适用于(　　)的蜗轮加工。

(A)啮合蜗杆头数为单头　　(B)导程角小于5°

(C)啮合蜗杆头数为多头　　(D)导程角大于5°

163. 在铣床上铣削蜗轮时，盘形齿轮铣刀的选取原则是(　　)。

(A)铣刀号数根据蜗轮的齿数选择　　(B)铣刀外径应大于相啮合蜗杆的外径

(C)铣刀号数根据蜗轮的当量齿数选择　　(D)铣刀外径应小于相啮合蜗杆的外径

164. 在万能铣床上用对滚方式精加工蜗轮时,可以使用(　　)。

(A)蜗轮滚刀　(B)齿轮滚刀　(C)开槽淬硬的蜗杆　(D)盘形齿轮铣刀

165. 飞刀展成法铣削蜗轮时,飞刀的安装形式有(　　)。

(A)轴向安装　(B)周向安装　(C)径向安装　(D)法向安装

166. 飞刀展成法铣削蜗轮时,下列关于飞刀安装描述正确的是(　　)。

(A)当蜗杆是法向直廓蜗杆时,飞刀应轴向安装

(B)当蜗杆是法向直廓蜗杆时,飞刀应法向安装

(C)当蜗杆是阿基米德螺旋面蜗杆,导程角小于7°时,飞刀应轴向安装

(D)当蜗杆是阿基米德螺旋面蜗杆,导程角小于7°时,飞刀应法向安装

167. 在铣削直齿锥齿轮时,下列描述正确的是(　　)。

(A)大端与小端的模数不同　(B)需用专用的盘形铣刀

(C)大端的齿槽宽而深　(D)刀具比标准圆柱齿轮盘铣刀宽

168. 下列关于直齿锥齿轮盘形铣刀描述正确的是(　　)。

(A)有8把一套的　(B)有15把一套的

(C)刀号按照实际齿数确定　(D)刀号按照当量齿数确定

169. 偏铣直齿锥齿轮时,下列描述正确的是(　　)。

(A)铣右侧时,分度头向左转　(B)铣右侧时,分度头向右转

(C)铣右侧时,工作台向右移　(D)铣右侧时,工作台向左移

170. 铣削直齿锥齿轮时应注意(　　)。

(A)当量齿数计算方法与斜齿圆柱齿轮相同

(B)必须检查齿坯顶锥角

(C)必须检查齿坯齿顶圆直径

(D)偏铣另一侧时,必须消除分度头传动间隙

171. 在铣削螺旋齿槽时,下列关于干涉现象描述正确的是(　　)。

(A)总会产生干涉现象　(B)螺旋角越小,干涉越严重

(C)齿槽越深,干涉越严重　(D)工作铣刀直径越大,干涉越严重

172. 在铣削螺旋齿槽时,选择工作铣刀主要是选择铣刀的(　　)。

(A)宽度　(B)形状　(C)角度　(D)切削方向

173. 在铣削螺旋齿槽时,刀齿棱边宽度不一致的原因是(　　)。

(A)工件装夹后径向跳动大　(B)分度头主轴与尾座不平行

(C)工件装夹后变形　(D)偏移量计算有误

174. 在铣削螺旋齿槽时,前角数值不对的原因是(　　)。

(A)工件装夹后径向跳动大　(B)工作铣刀未对好中心

(C)工作台实际转角不正确　(D)偏移量计算有误

175. 为保证端面齿刃口棱边宽度一致,则端面齿槽一定要铣成(　　)。

(A)外宽内窄　(B)外窄内宽　(C)外深内浅　(D)外浅内深

176. 锥度铰刀开齿的方法有(　　)。

(A)按估算方法开齿　(B)按计算方法开齿

(C)用标准铰刀对刀法开齿　(D)用试切法开齿

177. 在难加工材料中，属于加工硬化严重的材料有（　　）。
(A)不锈钢　(B)高锰钢　(C)高温合金　(D)钛合金
178. 在难加工材料中，属于高塑性的材料有（　　）。
(A)纯铁　(B)纯镍　(C)纯铝　(D)纯铜
179. 冷硬铸铁的切削加工特点是（　　）。
(A)切削力大　(B)刀—屑接触长度长
(C)刀具磨损剧烈　(D)刀具易崩刃破裂
180. 不锈钢、高温合金的切削加工特点是（　　）。
(A)切削力大　(B)切削温度高　(C)刀具磨损快　(D)刀具易崩刃破裂
181. 铣削不锈钢、高温合金时，下列说法正确的是（　　）。
(A)高速钢刀具应选择高钴、高钒材料　(B)容屑槽尺寸要小
(C)切削刃应能承受冲击　(D)切削刃应锋利
182. 蜗杆的常用加工方法有（　　）。
(A)刨削　(B)车削　(C)铣削　(D)磨削
183. 测量蜗杆螺旋线误差应使用（　　）。
(A)螺旋线比较仪　(B)蜗杆导程仪
(C)丝杠检测仪　(D)万能工具显微镜
184. 蜗杆齿形误差测量截面上的齿形应是直线，即（　　）。
(A)阿基米德螺线蜗杆应在轴截面上测量
(B)阿基米德螺线蜗杆应在法截面上测量
(C)延长渐开线圆柱蜗杆应在沿螺旋线的法向截面上测量
(D)渐开线圆柱蜗杆应在与基圆柱相切的平面上测量
185. 下列对蜗杆齿厚偏差测量描述正确的是（　　）。
(A)当蜗杆头数为偶数时，需用三根量柱测量
(B)蜗杆齿厚应在分度圆柱面上测量法向齿厚
(C)对较低精度的蜗杆，可用齿轮齿厚卡尺测量
(D)对导程角大的蜗杆，采用量柱法测量
186. 下列对蜗轮测量过程描述正确的是（　　）。
(A)蜗轮各误差测量应在垂直于轴线的中央剖面上进行
(B)在单面啮合仪上测量蜗轮的切向综合误差
(C)在双啮仪上测量蜗轮的径向综合误差
(D)齿距累积误差的测量方法与圆柱齿轮相同
187. 机床夹具在机械加工中的作用是（　　）。
(A)保证加工精度　(B)减轻劳动强度
(C)扩大机床工艺范围　(D)降低加工成本
188. 现代机床夹具的趋势是发展（　　）。
(A)专用夹具　(B)通用可调夹具　(C)成组夹具　(D)数控机床夹具
189. 下列关于自位支承描述正确的是（　　）。
(A)只限制一个自由度　(B)可提高工件安装刚性

(C)不能提高工件安装稳定性　　　　　(D)适用于工件以粗基准定位

190. 常用对刀装置的基本类型有(　　)。

(A)高度对刀装置　　　　　　　　　(B)直角对刀装置

(C)成形刀具对刀装置　　　　　　　(D)组合刀具对定装置

四、判断题

1. 在调整铣床主轴转速前,应先迅速扳转操纵手柄,并带动凸轮撞击电动机的微动开关,使电动机瞬时接通,但又立即切断,目的是使各轴上的齿轮都转过一个角度,使变速齿轮顺利地啮合。(　　)

2. 调整 X6132 型铣床主轴轴承的间隙时,径向和轴向是同时进行的。间隙大小若径向合适,则轴向也必合适。(　　)

3. 电动机轴与轴Ⅰ之间用弹性连轴器连接,使在装配时两轴之间允许有微量的偏移和倾斜,在工作时能吸收振动和冲击。(　　)

4. 在铣床主轴上装有飞轮,它能在铣削过程中储藏能量,使主轴旋转均匀和铣削平稳。尤其在用齿数较少的铣刀进行铣削时,飞轮的作用就更加显著。(　　)

5. 工作台导轨间要有合适的间隙,间隙太小时移动费力,也不灵活,间隙太大时工作不平稳。造成工作台不平稳的主要原因是导轨处的镶条太松。(　　)

6. 工作台纵向进给反空程量大,其主要原因是纵向丝杠与螺母的轴向间隙太大,或是丝杠两端轴承磨损后间隙太大。(　　)

7. 纵横方向进给有带动现象,主要是由于纵向或横向离合器未完全脱开的缘故。(　　)

8. 在调整转数或进给量时,若在扳动手柄的过程中,发现有齿轮严重的打击声,则是由于微动开关接触时间太长的缘故。(　　)

9. 检验主轴锥孔中心线径向跳动的简便方法,是将百分表测头直接与锥孔孔壁某点接触,转动主轴进行检验。(　　)

10. 悬梁导轨对主轴回转中心线的平行度若超过允差,则会影响支架的安装精度,以致使刀杆轴与工作台面不平行。(　　)

11. 检验工作台纵向移动对工作台面的平行度,主要是检验工作台纵向导轨是否与工作台面平行,而与工作台本身安装是否倾斜无关。(　　)

12. 若主轴轴肩支承面的跳动量超过允差,则会影响三面刃铣刀的安装精度。(　　)

13. 数控铣床就是装有数显的铣床。(　　)

14. 数控机床的驱动装置指的是进给驱动和进给电机。(　　)

15. 所谓的三轴联动指的是机床有三个数控的进给轴。(　　)

16. 五轴联动机床应是具有五个进给轴,而且这五个轴都能同时参与插补运算的机床。(　　)

17. 面铣刀的主偏角取较大值时,可提高铣刀的使用寿命。(　　)

18. 硬质合金面铣刀的刃倾角能提高刀刃的抗冲击能力,刃倾角愈大,其铣削效果愈好。(　　)

19. 用面铣刀铣平面时,其直径尽可能取较大值,这样可提高铣削效率。(　　)

20. 采用大螺旋角立铣刀铣削时,由于刀刃比较锋利,常用于一般钢件的加工。(　　)

21. 铣削加工过程中，对加工表面易硬化的材料，为了提高铣刀的使用寿命，其后角应取较小值。(　　)

22. 铣刀的螺旋角愈大，则前角也愈大。铣削高温合金应采用较大的螺旋角，以减小切削力。(　　)

23. 对塑性变形较大、热强度高和冷硬程度严重的材料，尽可能采用顺铣，可提高铣刀的使用寿命。(　　)

24. 高锰奥氏体钢铣削时，硬化程度严重、导热性差和切削热温度高、冲击韧性和延伸率较大。用面铣刀铣削应取较大的前角和较小的后角。(　　)

25. 切削不锈钢时，在前刀面上磨卷屑槽及负倒棱的目的是为了增大前角，减小切削力。(　　)

26. 专用夹具是专门为某一工件设计制作的夹具。(　　)

27. 铣床夹具上的对刀装置起引导刀具作用，故称导向件。(　　)

28. 铣床夹具中的分度板属于定位件。(　　)

29. 组合夹具中的定位元件主要用于工件定位和组合夹具元件之间的定位。(　　)

30. 组合夹具中的合件是按用途预先装配而成的独立部件，既可独立使用，也可拆散重新组合使用。(　　)

31. 在铣床夹具中，若切削力和切削振动较小时，可采用偏心夹紧机构。(　　)

32. 在铣床夹具气动夹紧机构中，为了保证在管路突然停止供气时夹具仍能夹紧工件，必须设置配气阀。(　　)

33. 在铣床夹具液压夹紧系统中常设有蓄能器，用以提高油泵电动机的使用效率。(　　)

34. 铣床夹具中采用联动夹紧机构夹紧，主要是为了节省夹紧力。(　　)

35. 在铣床夹具的实际结构中，支承点不一定用点或销的顶端，常用线或面来代替。(　　)

36. 在夹具中，定位是使工件在夹紧前确定位置。(　　)

37. 在轴类零件上铣削一无夹角位置要求的敞开式直角沟槽，必须限制工件的五个自由度。(　　)

38. 在铣床上铣削带孔的齿轮等套类零件，常以孔和端面联合定位。(　　)

39. 铣削交错齿三面刃铣刀的步骤应是先端面齿后圆周齿，先前刀面后铣削后刀面，最后控制棱边宽度。(　　)

40. 铣错齿三面刃铣刀圆周齿槽时，由于左、右旋齿槽交错排列在圆周上，因此每铣好一槽后，工件应按齿间角 $\frac{360^\circ}{z}$ 分度。(　　)

41. 数控铣床编程时，必须考虑换刀、变速、切削液、启停等辅助动作。(　　)

42. 在数控铣床上加工工件轮廓，除校验程序外，为了在坯料上准确铣削工件轮廓，应找正铣刀与工件的相对位置，使工件处于程序设定的坐标位置上。(　　)

43. 数控铣床的坐标轴方向通常规定为铣刀移动方向，而不是工作台移动方向。(　　)

44. 使用刀具补偿功能可以使粗加工的程序简化，用同一刀具、同一程序、不同的切削余量完成加工。(　　)

45. 数控铣床铣削凹模型腔时,应在半精铣后,仔细测量精铣余量,依据检测结果决定进刀深度和刀具半径偏置量。( )

46. 在数控铣床上进行孔加工,其进给路线的确定包括:①确定 XY 平面内的进给路线;②确定 Z 向(轴向)的进给路线。( )

47. 平面凸轮零件的轮廓曲线组成不外乎直线—圆弧、圆弧—圆弧、圆弧—非圆曲线及非圆曲线等几种。所用数控机床多为两轴以上联动的数控铣床。( )

48. 差动分度法能进行任意的圆周分度,所以不论作多少等分都应采用差动分度法。( )

49. 在差动分度时,为了操作计算方便,选择的假定等分数 z_0 应略大于等分数 z。( )

50. 具有热强度高的金属材料,一般可称为难加工材料。( )

51. 铣削高温合金等难加工材料,不同的铣刀材料各具有磨损较慢的温度范围,因此各类材料应选用合适的铣削速度。( )

52. 铣削难加工材料宜采用逆铣。( )

53. 用硬质合金铣刀铣削难加工材料不可使用切削液。( )

54. 由于复合斜面与基准面之间的位置比较复杂,因此必须用具有能绕两个坐标轴旋转的夹具装夹才能加工。( )

55. 复合斜面的铣削,可先将工件绕 Y 轴旋转一个 α 角,此时复合斜面只在横坐标方向上倾斜 β_n 角,这时就变成单斜面的加工。( )

56. 复合斜面铣削时,通常由工件转两个角度,或由工件与铣刀各转一个角度确定铣削位置。( )

57. 复合斜面实质上也是一个单斜面,只是由于坐标设置不同而已。( )

58. 当游标的刻线在圆锥面上,只要将分度头主轴安装成与横向进给方向倾斜一个斜角,工作台作纵向进给,即可进行刻线。( )

59. 角度游标刻制时,当工件每次分度的度数均为分数,则加工时应采用角度分度的差动分度法进行分度。( )

60. 为了控制球面半径,铣削内球面时,一般是通过控制截形圆直径和球面深度来控制半径的。( )

61. 铣削球面时,只要按计算值控制刀尖回转直径 d_c 便可铣出所要求的球面。( )

62. 铣刀刀尖的回转直径 d_c,以及截形圆所在的平面与球心的距离 e 确定球面的尺寸和形状精度。( )

63. 在按照实物加工等速圆盘凸轮时,应先测量出工作曲线的起点和终点(即工作曲线夹角 θ),及其升高量(H),计算出导程(P_h),就可进行加工。( )

64. 利用分度头或回转工作台,通过交换齿轮铣削等速圆盘凸轮的依据是阿基米德曲线形成的原理。( )

65. 用倾斜法加工凸轮,能解决导程是大质数或带小数值的圆盘凸轮曲线的准确性。( )

66. 用倾斜法加工凸轮曲线,就是选择一个合适的假定导程 P'_h,计算出倾斜角 α 和 β,按其值调整分度头和立铣头。( )

67. 当锥齿轮模数较小时,可以先取得偏铣时的偏移量 S 和回转量 N 的数值,分两次直接

在齿坯上将齿槽两侧余量铣去。（ ）

68. 在卧铣上偏铣锥齿轮齿槽左侧余量时，工作台应向左横向移动偏移量 S，分度头也向左转过回转量 N。（ ）

69. 偏铣 $b<\frac{R}{3}$（b—齿宽；R—锥距）的锥齿轮时，齿轮大小端齿顶棱边宽度不一致。（ ）

70. 在立铣上加工大质数直齿锥齿轮时，偏转角 β 是靠调整分度头主轴仰角来实现的。（ ）

71. 在卧铣上，可以用双分度头差动分度法来解决大质数直齿锥齿轮的加工精度。（ ）

72. 铣削前角 $\gamma=0°$ 的锥度铣刀齿槽，若刀具齿槽是螺旋槽，工作铣刀端面齿切削平面应偏离工件中心，偏距按锥度铣刀大端直径来计算。（ ）

73. 采用凸轮移距法是使分度头作变速旋转运动，工作台也相应作变速进给运动，从而铣削出等螺旋角锥度刀具。（ ）

74. 铣等前角螺旋锥度刀具齿槽，铣刀和工件之间相对位置调整，除像直齿锥度刀具一样，还需把工作台偏转一个螺旋角 β。（ ）

75. 锥面直齿刀具的精度要求较高时（如锥度铰刀），其刀刃必须落在锥面的母线上。（ ）

76. 铣螺旋齿刀具齿槽，当工件螺旋角 $\beta>20°$ 时，将工作台实际转角小于工件螺旋角 β 后，可减小根切量。（ ）

77. 铣螺旋齿刀具的端面齿槽，当前角大于零度时，除了偏移量 S 和分度头仰角 α 调整外，分度头主轴还需在平行于工作台横向移动方向的垂直平面内倾斜一个角度，目的是使前刀面接平。（ ）

78. 铣端面齿槽一定要铣成外宽内窄，外深内浅，目的是为了保证各处前角相等。（ ）

79. 圆锥面上的刀具齿槽，当前角 $\gamma>0°$ 时，若前刀面与工件轴线平行，则各处的前角相等。（ ）

80. 模具型腔的铣削残留部位应尽量少一些，残留部位中较难连接的圆弧允许稍有凹陷，以便钳工修锉。（ ）

81. 在用数控铣床铣削模具型腔前，必须对程序进行仔细的验证。（ ）

82. 用数控铣床铣削模具型腔时，为了简化加工过程，提高生产率，应将一些型面上可以单独加工的有较小圆弧等特殊的部位留下，用普通铣削加工方法做单独加工。（ ）

83. 在卧式铣床上，用横刀架和圆柱齿轮盘铣刀铣削左旋蜗杆时，工作台逆时针方向旋转；铣右旋蜗杆时，工作台顺时针方向旋转。（ ）

84. 在卧式铣床上用齿轮盘铣刀铣蜗轮时，铣出的齿槽是螺旋槽，不是斜直槽。（ ）

85. 铣削梯形收缩齿牙嵌离合器和铣削尖齿离合器的方法基本相同，分度头仰角 α 的计算公式也完全相同。（ ）

86. 铣削梯形等高齿牙嵌离合器和铣削梯形收缩齿牙嵌离合器的方法一样，分度头仰角 α 的计算公式也完全相同。（ ）

87. 铣削螺旋形牙嵌离合器的螺旋面时，立铣刀中心应偏离工件中心一个距离 e_0 若偏移

距 e 计算或调整失误，会使一对牙嵌离合器接触时贴合面积减小。(　　)

88. 由于三面刃铣刀刚性较好，所以铣削矩形牙嵌离合器时都采用三面刃铣刀，而不选用立铣刀。(　　)

89. 在用纵向移距法铣削长斜齿条时，若用工作台转动角度，则移距量应是法向齿距 P_n。(　　)

90. 斜齿条的齿距测量依据是端面齿距。(　　)

91. 在立式铣床上镗孔，孔距超差是切削过程中刀具磨损引起的。(　　)

92. 为了保证孔的位置精度，在立式铣床上镗孔前，应找正工件基准平面与工作台面的平行度，基准侧面与纵向或横向进给方向平行。(　　)

93. 铣削燕尾槽时，应按 1∶50 斜度选择燕尾槽铣刀。(　　)

94. 铣削 V 形槽，通常应铣出 V 形部分，然后铣削中间窄槽。(　　)

95. 刀具前刀面就是和工件加工面相对的表面。(　　)

96. 铣刀磨损的主要因素是切削温度升高，所以凡是影响切削温度的因素都会影响铣刀的磨损。(　　)

97. 在可转位刀片中，不带后角的刀片用于较大前角的铣刀，因此具有较高的强度。(　　)

98. 可转位铣刀楔块式夹紧机构能承受较大的切削力。(　　)

99. 传动比 $i>1$ 时为减速传动；传动比 $i=1$ 时为等速传动；传动比 $i<1$ 时为增速传动。(　　)

100. 常用的间歇运动机构有棘轮机构、槽轮机构、间歇齿轮机构、星轮机构。(　　)

101. 通用机床型号由基本部分和辅助部分组成，基本部分需统一管理，辅助部分由企业自定。(　　)

102. 所有铣床型号中主参数表示的名称均为工作台台面宽度。(　　)

103. 切削液在铣削中主要起到防锈，清洗作用。(　　)

104. 组合件铣削前，除对零件进行工艺分析外，还须对配合部位进行工艺分析。(　　)

105. 平面划线是指在板料上的划线。(　　)

106. 立体划线的工件不能只在一个表面上划线。(　　)

107. 锉刀是用高速钢制成，并经过热处理，硬度达 HRC62～67。(　　)

108. 粗齿锯条的容屑槽大，适用于锯割硬材料。(　　)

109. 根据用途不同，接触器的触头分为主触头和辅助触头两种。(　　)

110. 按钮常用来接通或断开电动机或其他设备的主电路。(　　)

111. 工作机械的电气控制线路由电力电路，控制电路，信号电路和保护电路等组成。(　　)

112. 对正反转控制线路最根本的要求是：必须保证两个接触器能同时工作。(　　)

113. 行程开关是用以反映工作机械的行程位置，发出命令以控制其运动方向或行程大小的一种电器。(　　)

114. 把电气设备的金属外壳和电源的零线连接起来称为接地保护。(　　)

115. 选择基准制时，应从结构、工艺、经济几方面来综合考虑。一般情况下，应优先选用基孔制。(　　)

116. 基孔制的孔为基准孔。标准规定基准孔的上偏差为零。( )

117. 由于加工孔较困难,所以一般在配合中选用孔比轴低一级的公差等级。( )

118. 剖视图主要用来表达机件个别部分断面的结构形状。( )

119. 渗碳的目的是使钢件表层碳含量增加。经淬火,低温回火处理后,增加表面硬度、耐磨性及疲劳强度,并保持心部的强度和良好的韧性及塑性。( )

120. 中温回火后,可以大大减小钢的内应力,提高了弹性,不会降低钢的硬度。( )

121. 合金钢按用途分类,可分为结构钢、工具钢、特殊性能钢等三大类。( )

122. 合金钢(40Cr)的综合机械性能不如碳钢(45 钢)。( )

123. 主轴上的花键、键槽等次要表面的加工,一般都应按排在外圆精车或粗磨之前进行。( )

124. 若调速阀的进、出油口接反,即失去节流调速功能。( )

125. 单出杆活塞缸采用差动连接,不一定能实现往返速度相等。( )

126. 在气压传动系统中,单向节流阀是控制和调节压缩空气的压力的气动元件。( )

127. 采用油浴和飞溅润滑的齿轮箱必须密闭。( )

128. 非金属材料广义上讲是指金属材料以外一切材料的总和。( )

129. 塑料是一种以合成的树脂为基础,加入(或不加入)填充料塑制成形的材料。( )

130. 拆洗分度头后,组装蜗杆副只需调整脱落手柄便能获得所需的啮合间隙和蜗杆轴向间隙。( )

131. 在分度头上用两顶尖和鸡心夹、拨盘装夹工件时,尾座的顶尖应具有足够大的顶紧力,否则工件容易松动。( )

132. 铣削力与材料强度增大的幅度成正比。( )

133. 当液体在主系统中流动时,它的压力损失可分为流动损失和局部损失。( )

134. 水平仪的精度与玻璃管内壁的曲率半径 R 有关,R 愈大精度愈高。合像水平仪比框式水平仪的精度要高,故玻璃管内壁的曲率半径 R 值也大。( )

135. 合像水平仪等光学量仪测量的各段示值读数,直接反映了各段的倾斜值和直线度误差。( )

136. 水平仪不但能检验平面的位置是否成水平,而且还能测出工件上两平面的平行度。( )

137. 光学分度头是精密的测量和分度仪器,铣工在加工工件时,一般不应采用光学分度头来进行分度。( )

138. 光学分度头光路的两端是目镜和光源。( )

139. 光学分度头的度、分、秒刻度是固定不变的。( )

140. 用光学分度头测量外花键的等分误差时,只须转动微动手轮,便可使光学分度头视场图中的度、分、秒值处于零位。( )

141. 杠杆千分尺的测量力大小由微动测杆处的棘轮控制,不用弹簧装置,故测量力较稳定。( )

142. 杠杆千分尺同杠杆卡规类似,只能用于相对测量。( )

143. 杠杆卡规不仅能判断加工部位尺寸合格与否,还能直接通过指针、刻度显示剩余的加工余量。( )

144. 杠杆卡规主要用于尺寸精度、几何形状和位置精度的相对测量。( )

145. 杠杆卡规的微动测量杆用于调整杠杆卡规的零位示值。( )

146. 扭簧比较仪必须与量块配合，才能精确测出工件的实际尺寸。( )

147. 扭簧比较仪为了避免摩擦，测量杆只与螺旋弹簧两端和膜片弹簧接触固定，其间并无间隙存在：它的测量力一般在 1.8～2.5 N 之间。( )

148. 用游标高度卡尺可以间接地测量出铰刀的前角和后角。( )

149. 检验交错齿三面刃铣刀圆周齿的间距时，应通过测量同一齿两端齿尖与相邻齿的齿尖距离，并进行比较来获得实际误差值。( )

150. 检验交错齿三面刃铣刀螺旋齿槽槽形应在法向截面内测量。( )

151. 检验组合件主要是测量检验零件各项尺寸。( )

152. 凸轮型面位置精度检验是指检验曲线型面所占的中心角。( )

153. 用万能角度尺检验刀体后刀面时，应在垂直于交线的平面内测量，否则会产生测量误差。( )

154. 精密量仪是用作精密测量的，故这种仪器本身没有误差。( )

155. 模具型面、型腔的表面结构采用比较观察法进行检验，若所留的余量不足以抛光切削纹路，则可认为该部位表面质量不合格。( )

156. 凸轮的检验项目有导程、凸轮工作型面形状精度和凸轮工作型面位置精度。( )

157. 选择三面刃铣刀加工花键两侧面时，铣刀外径应尽可能大些。( )

158. 在检查铣床进给运行状况时，先进行润滑，然后通过快速进给运行观察铣床工作台进给动作。( )

159. X2010 型龙门铣床的大部分机件润滑都是由液压润滑系统强制进行的。( )

160. X2010 型龙门铣床的液压润滑系统的最低压力由压力继电器控制。( )

161. X2010 型龙门铣床因具有润滑油沉淀池，因此无须定期更换润滑油。( )

162. 修磨铣削模具的专用锥度立铣刀时，锥面在外圆磨床上修磨，后面和棱带由手工修磨。( )

163. 双刃的锥度立铣刀，若修磨不对称，会产生单刃切削或错向切削。( )

164. 修磨球面专用铣刀时，因改制的立铣刀或键槽铣刀前面已由工具磨床刃磨，因此只需修磨后面和棱带。( )

165. 球面立铣刀的后面应全部磨成平面，以防止后面“啃切”加工表面。( )

166. 数控铣床的低压电路部分属于操作系统。( )

167. 液压传动是以液体为工作介质来传递动力和动作讯号的系统。( )

168. 液压传动能容量小。( )

169. 液压传动是挠性的，不适于定比传动。( )

170. 当连接电动机的线路发生短路时，熔断器就熔断，起保险作用。( )

171. 中间继电器对电动机起到过载保护作用。( )

172. 熔断器用于电机负载时，容量为电机额定电流 5 倍。( )

173. 工时定额就是在一定的生产技术和组织条件下，完成单位任务事先制定的所必需的时间限制。( )

174. 时间定额是工时定额的一种表现形式。( )

175. 工时定额是实行按劳分配的重要尺度。( )

176. 统计分析法不是制定工时定额的方法。( )

177. 考虑宽放时间比率,确定标准作业时间即工时定额是测时步骤之一。( )

178. 大量生产类型,准备与结束时间一般可忽略不计。( )

179. 成批生产类型,准备与结束时间按批量分摊到单件定额中。( )

180. 单件小批生产类型,准备与结束时间不计入单件定额中。( )

181. 多件加工或大件加工的装夹应注意铣床立柱或龙门宽度,防止走刀或快速时与工件、夹具相碰。( )

182. 铣床验收是指机床及附件验收,不包括机床精度检验。( )

183. 验收铣床精度用的测量用具是指按标准准备的测量用具,以及百分表、塞尺等检测量具。( )

184. 铣床精度验收标准对铣床几何精度的允差有明确规定,而检验方法必须由操作工人自行确定。( )

185. 大修后的铣床需要有一段磨合期,因此不宜在验收时为了操作轻便,把配合间隙调整得过大。( )

186. 卧式铣床主轴旋转轴线对工作台中央基准 T 形槽的垂直度超差,会使盘形铣刀铣出的沟槽的槽形产生较大误差。( )

187. 数控铣床的伺服机构,主要是指电液脉冲马达或伺服电机。( )

188. 数控铣床的系统报警,首先应根据操作引起的报警原因检查系统参数设定值是否正确。( )

189. 数控铣床的铣刀是用螺杆直接紧固在铣床主轴内。( )

190. 可转位铣刀的可转位刀片均是由硬质合金制成的。( )

191. 加工几批毛坯尺寸不一致的零件,若被夹紧的部位是毛坯表面时,夹具上压板支承钉应采用固定高度,以使夹紧可靠。( )

192. 在自制的简易夹具中,应防止重复定位和欠定位。( )

193. 铣削难加工材料时,因材料强度高,材料剪切应力一定很大,故切削温度高,刀具磨损加快。( )

194. 铣削难加工材料时,因材料硬度高,加工硬化现象严重,会因剪切应力增大而使切削力增大。( )

195. 铣削塑性较大的难加工材料,由于塑性变形小,切削负荷集中在刀具刀刃和刀尖上,加剧了刀具磨损。( )

五、简答题

1. 简述低碳钢齿轮加工工艺过程。
2. 简述中碳钢齿轮加工工艺过程。
3. 简述铣刀磨损的原因。
4. 简述刃倾角在铣削过程中的作用。
5. 液压系统中换向阀的作用是什么?
6. 对液压系统中的换向阀有何要求?

7. 什么是金属材料的切削加工性？良好的切削加工性能指的是什么？

8. 什么是间隙配合、过盈配合？

9. 杠杆卡规与极限卡规相比有哪些优点？

10. 杠杆千分尺检查成批工件时，用相对测量好？还是用绝对测量好？为什么？

11. 扭簧比较仪从结构上分析有何优点？

12. 扭簧比较仪能否直接测量出工件的尺寸？

13. 气动量仪中零位调整阀和倍率阀各起什么作用？

14. 气动量仪有何优点？适用于何种场合？

15. 光学合像水平仪的水准玻璃管曲率半径比较小，是否测量精度较低？为什么？

16. 合像水平仪与框式水平仪相比有何优点？

17. 简述扭簧比较仪的使用方法。

18. 使用杠杆千分尺应注意哪些事项？

19. 简述模具型面的检验项目有哪些。

20. 怎样检验模具型腔的位置和配装错位量？

21. 一对牙嵌离合器铣削后，一般如何检验接触齿数和贴合面积？

22. 铣削端面凸轮时，为什么铣出的螺旋面会产生“凹心”现象？

23. 铣削模具型面应达到哪些工艺要求？

24. 试述两个半坐标控制的数控铣床的铣削加工过程。

25. 选择数控机床走刀路线应注意什么？

26. 完整的刀具切削程序段主体应包括哪些要素？

27. 数控机床的编程可分为哪些步骤？

28. 数控机床加工工序是如何划分的？

29. 什么叫定位误差？

30. 产生定位误差的原因是什么？

31. 铣床夹具的种类有哪些？

32. 简述铣床通用夹具、专用夹具和组合夹具的主要特点。

33. 铣床夹具一般是由哪些部分组成的？

34. 什么是“六点定位规则”？

35. 数控机床对刀具的要求是什么？

36. 铣削难加工材料时，对铣刀前角、后角的选用原则是什么？

37. 加工难加工材料时铣削用量选择原则是什么？

38. 铣削时造成铣床振动的原因，就铣床本身而言主要有哪两个方面？应调整到什么数值范围较合适？

39. 数控机床的主机部分与普通机床相比有什么不同？

40. 简述检验铣床工作台中央T形槽侧面对工作台纵向移动的平行度的方法和步骤。

41. 铣床工作台中央T形槽侧面对工作台纵向移动的平行度若超过允差，对工件加工有何影响？

42. 铣削刀具齿槽时，前角值偏差过大的主要原因是什么？

43. 简述铣削等螺旋角锥度刀具齿槽的特点。

44. 铣削端面齿槽时，为什么要扳转分度头仰角 α？

45. 铣削螺旋齿刀具齿槽时，为什么工作铣刀的刀尖圆弧必须小于齿槽槽底圆弧？
46. 铣削螺旋槽时，怎样确定工作台转角？为什么？
47. 单角铣刀加工螺旋齿刀具时有什么特点？
48. 双角铣刀加工螺旋齿刀具时有什么特点？
49. 铣削螺旋齿刀具齿槽时，选择刀具应注意哪些问题？
50. 简述采用双分度头交换齿轮法铣削大导程工件的原理。
51. 为什么利用分度头主轴交换齿轮法，可以加工小导程凸轮？
52. 当采用分度头主轴交换齿轮法加工小导程凸轮时，应注意哪些事项？
53. 简述球面铣削的原理。
54. 简述球面铣削的加工要点。
55. 简述为了获得齿侧间隙采用偏移中心法铣削奇数齿矩形牙嵌离合器的优缺点和使用场合。
56. 简述为了获得齿侧间隙采用偏转角度法铣削奇数齿矩形牙嵌离合器的优缺点和使用场合。
57. 简述用蜗轮滚刀对滚精铣蜗轮的步骤。
58. 简述单件生产三面刃铣刀的铣削加工步骤。
59. 在铣床夹具中有哪些常用的夹紧机构？其中使用最普遍的是哪种机构？
60. 举例说明螺旋压板夹紧机构选用的方法。
61. 何谓复合斜面？
62. 铣削复合斜面的要点是什么？
63. 常用的典型机构有哪些？
64. 铣削凸轮时，怎样才能使铣削处于逆铣状态？
65. 简述在铣床上铣削长花键轴时如何校正工件。
66. 铣削交错齿三面刃铣刀时，配置交换齿轮应注意哪些问题？
67. 铣削蜗杆时应达到哪些工艺要求？
68. 铣削蜗轮时应达到哪些工艺要求？
69. 简述 X6132 型铣床主轴轴承间隙的调整方法。
70. 简述奇形工件的装夹方法。

六、综 合 题

1. 用分度值为 0.02 mm/1 000 mm 的框式水平仪（规格 200 mm×200 mm）测量某机床导轨的直线度。已知：导轨长度为 1 200 mm，测量出 6 个示值读数，依次顺序为＋2 格、＋1 格、－1 格、－1 格、0 格、＋2 格。试按端点连线法用图解法或计算法来确定其直线度误差。

2. 如图 3 用游标高度尺测量交错齿三面刃铣刀前角、后角，其中工件外径 $D=100$ mm，螺旋角 $\beta=10°$，测得 $A=125$ mm，$B=112.06$ mm，$C=133.68$ mm。试求端面前角 γ_f，前角 γ_n 与端面后角 α_f。

3. 检验主轴旋转轴线对工作台横向移动的平行度时，若 a 处和 b 处测得的误差值 $a_1=0.035$ mm，$a_2=0.015$ mm，$b_1=0.04$ mm，$b_2=0.01$ mm，求铣床该项的精度误差值 Δa 与 Δb，并做出是否符合精度检验标准的判断。

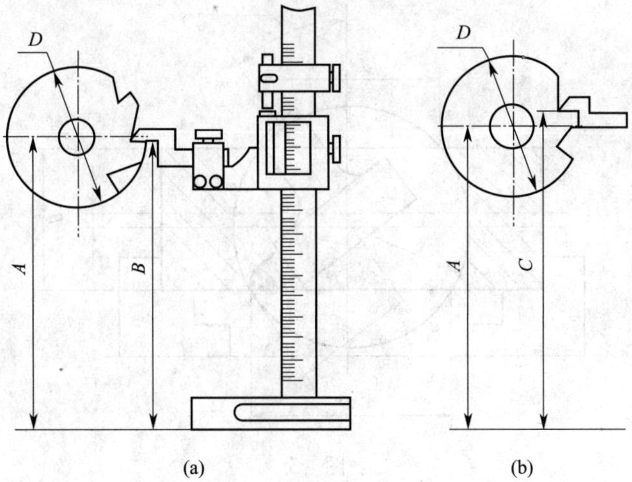

图 3

4. X52K 型铣床主轴前端具有锥度，调整主轴径向间隙时，若要消除 0.03 mm 的径向间隙，调整垫应磨去多少厚度？

5. 在数控铣床上选择手摇脉冲发生器手动进给，如脉冲发生器每脉冲当量进给 0.001 mm，每圈为 100 格，现调节倍率开关指向 1 000。此时，手摇脉冲发生器转过 10 格，工作台移动距离应是多少？

6. 加工如图 4 所示的复合斜面，已知：$\alpha=30^\circ$，$\beta=10^\circ$。在铣削时需计算出 α_n 和 β_n 或复合斜面与基准面之间的夹角 θ 及相交线与坐标线之间的夹角 ω。求 α_n 和 β_n 及 θ 和 ω。

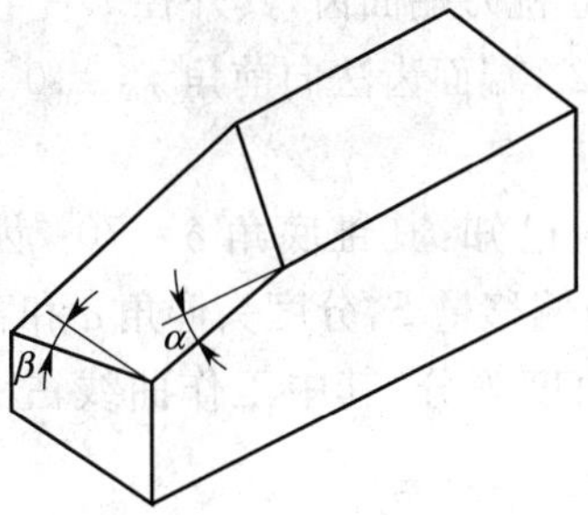

图 4

7. 要求把 39°作 20 等分，即刻制每格为 1°57′(精度为 3′)的游标。试进行分度计算。

8. 在立铣上用镗刀加工内球面，如图 5 所示，已知球面半径 $R=50$ mm，工件厚度 $B=30$ mm，球心偏距 $e'=5$ mm。求镗刀杆倾斜角 α_{min} 和镗刀回转半径 R_c。

9. 在卧式铣床上用 F11125 型分度头装夹工件铣削一直齿锥齿轮。已知：$m=3$ mm，$\alpha=20^\circ$，$z=25$，$\delta=45^\circ$。(各号铣刀加工齿数范围是：3 号，17～20；4 号，21～25；5 号，26～34；6 号，35～54。)求：(1)刀具号数；(2)分度头仰角。

10. 在卧式铣床上用成形铣刀加工槽形角 $\varepsilon=60^\circ$ 的梯形收缩齿牙嵌离合器，试切一刀将工件转过 180°后，重新对刀时，其升降台刻度盘读数的差值 $x=0.6$ mm。求工作台横向移动量。

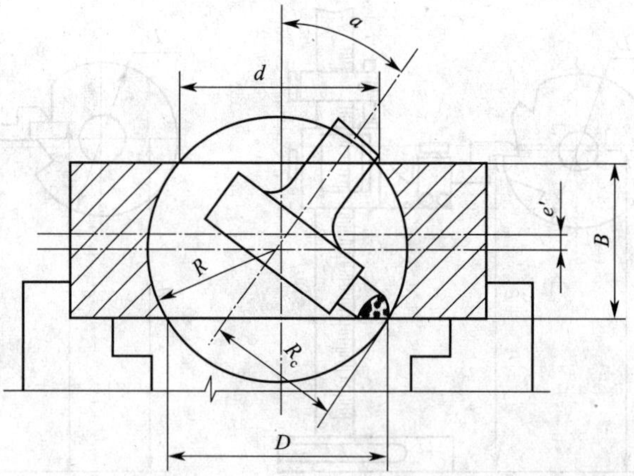

图 5

11. 采用倾斜法加工厚度为 B=15 mm 的圆盘凸轮；在 0°～120°范围内的升程曲线的升高量为 20.5 mm。在 120°～200°范围内是空行程。在 200°～360°范围内的回程曲线的升高量为 20.5 mm。该凸轮从动件的滚子直径为 20 mm。求铣削时各项加工数据。

12. 选用 F11125 型分度头装夹工件，在 X62W 型铣床上铣削交错齿三面刃铣刀螺旋齿槽，已知工件外径 D=100 mm，刃倾角 $\lambda_s=15°$。试求导程 P_h，速比 i 和交换齿轮。

13. 用同一把单角铣刀铣削刀具齿槽和齿背，已知被加工刀具周齿齿背角 $\alpha_1=24°$，周齿前角 $\gamma_o=15°$，单角铣刀廓形角 $\theta=45°$。试求铣完齿槽后铣齿背时工件需回转的角度 ψ 和分度手柄转数 n。

14. 用单角铣刀加工螺旋齿立铣刀端面齿，其外径 D=40 mm，工件齿数 $z=6$，端面齿形角 $\theta=75°$，端面切削刃倾角 $\lambda_s=12°$，端面齿法向前角 $\gamma_n=10°$。求分度头仰角 α，倾斜角 φ 和偏移量 S。

15. 加工一单角铣刀锥面齿，已知：其锥底角 $\delta=70°$，齿槽角 $\theta=65°$，齿数 $z=24$，前角 $\gamma=10°$，外径 D=75 mm。求横向偏移量 S，分度头仰角 α 和背吃刀量 H。

16. 有一圆盘凸轮，圆周按角度等分，其中工作曲线占 270°，非工作曲线占 90°，升高率 $h=\frac{1}{6}$ mm/1°。试计算导程 P_h 及交换齿轮。

17. 在卧式铣床上用三面刃铣刀铣削矩形牙嵌离合器，已知：齿数 $z=6$，孔径 d=30 mm，齿深 T=10 mm。求铣刀宽度 B 及外径 D。

18. 铣削齿形角 $\gamma=60°$，齿数 $z=60$ 的尖齿牙嵌离合器，试确定分度头主轴的倾斜角 α。

19. 在 X62W 卧式铣床上，铣削双头右旋螺旋槽，要求工件外径 d=22 mm，导程 P_z=128 mm。求铣床工作台转动角度 β，并确定其旋转方向。

20. 试分析如图 6 所示工件的加工步骤，并阐明理由。

21. 加工如图 7 所示的轴销中部的平面。采用三种方法铣削：(1)用立铣刀作周边铣削；(2)用立铣刀对称铣削；(3)用 ϕ100 的面铣刀端面铣削。试分析三种铣削方法中工件的受力情况。并决定采取哪一种方法铣削较合适。

22. 在加工箱体、支架类零件时，常用工件的两孔一面定位，以使基准统一。请分析这种

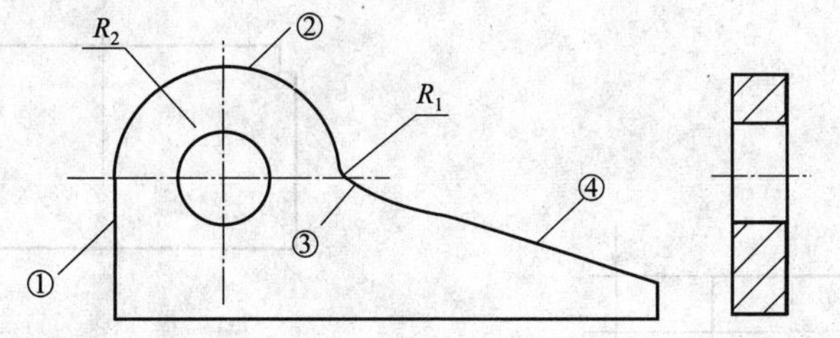

图 6

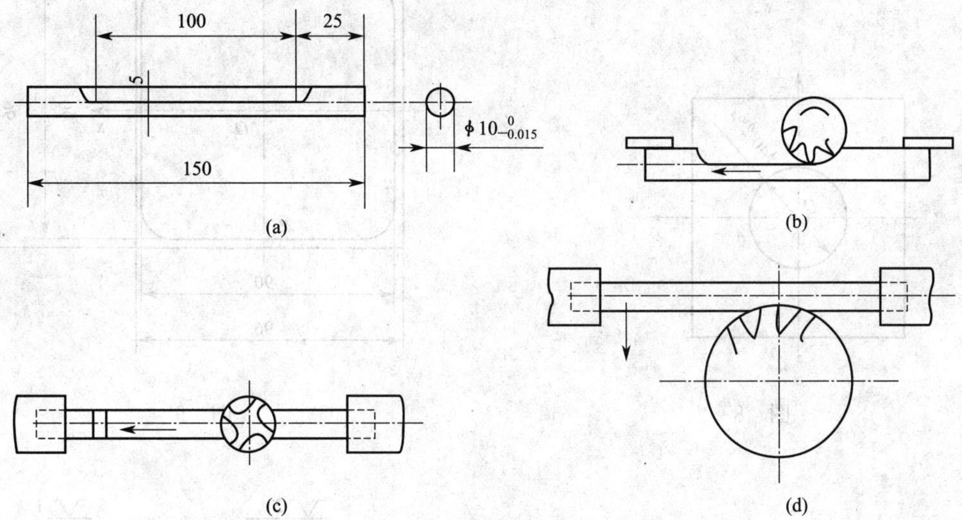

图 7

定位方式中，各定位元件限制了工件哪些自由度？是否存在过定位现象？

23. 设计铣床夹紧装置时，应满足哪些基本要求？怎样掌握基本要求？

24. 在普通铣床上铣削模具型腔具有哪些特点？

25. 何谓数控加工路线？怎样确定平面外轮廓和封闭内轮廓的切入切出路线？

26. 用数控铣床加工如图 8 所示零件的 $\phi40$ mm 的圆孔，工件材料为 Q195，铣刀直径 $\phi16$ mm。已知粗加工后孔的直径是 $\phi36$ mm，要求刀号选为 T01，编程原点选为 O 点，刀具从 A 点采用圆弧形切入切出，切入切出圆弧半径为 $R10$。刀具采用顺铣方法铣削。试编写精加工程序，并画出刀具轨迹。

27. 用数控铣床加工如图 9 所示零件，已知工件材料为规则的合金铝材，尺寸为 96 mm×96 mm×50 mm，且经过粗加工后，每边留有 2 mm 的加工余量，要求选用 $\phi16$ mm 的立铣刀，刀号为 T01 号，编程原点选为 O 点，刀具从 A 点开始切入工件。采用顺铣方法铣削。试编写该零件的精加工程序，并画出刀具轨迹。

28. 如图 10 所示工件铣槽时，其工序尺寸有两种标注方式。现以工件外圆在 V 形块上定位(V 形块 $\alpha=90°$)，试分析计算工序尺寸在 h_1、h_2 时的定位误差。

29. 如图 11 所示工件，加工工序为镗削 $\phi41_{0}^{+0.023}$ mm 孔，欲以底面和 2-$\phi10_{-0.028}^{-0.012}$孔、采用一面双销定位，试确定菱形销直径。(查表后取菱形销宽度 $b=4$ mm)

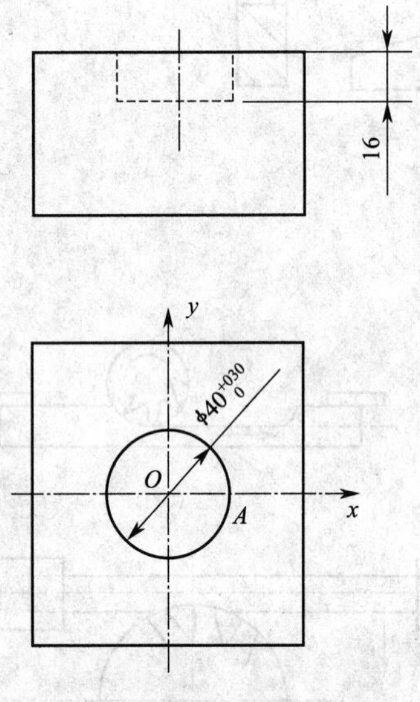

图 8

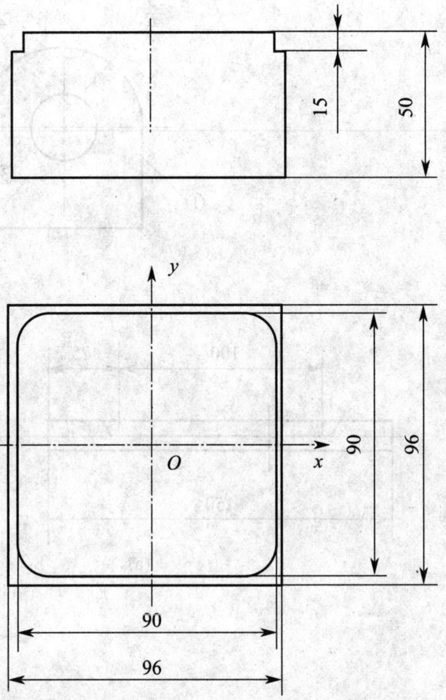

图 9

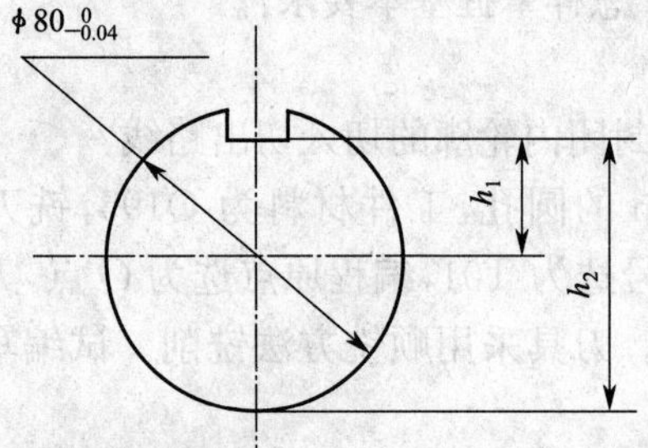

图 10

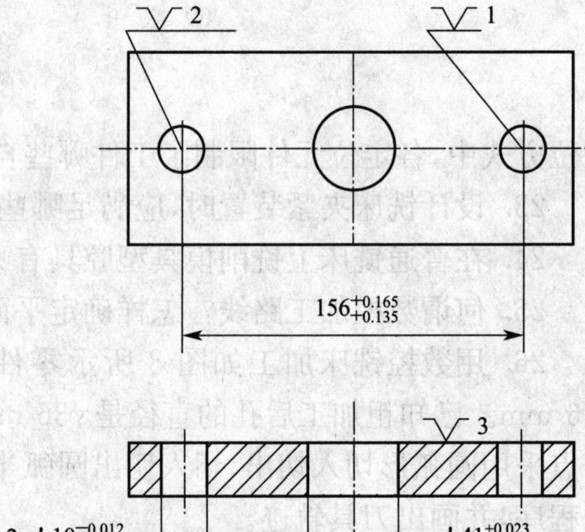

图 11

30. 用数控铣床加工如图 12 所示的外轮廓，请根据图示坐标原点位置及各部分尺寸，按逆时针方向用字母标出各几何要素交点位置，并求出相应的坐标位置。

31. 用小角度为 20°的双角铣刀在圆柱螺旋铣刀刀坯上铣削螺旋齿，已知：工件外径 $D=100$ mm，螺旋角 $\beta=25°$（右旋），齿深 $h=8$ mm，前角 $\gamma=12°$。试求对刀偏距 e 和工作台转角 β_1。

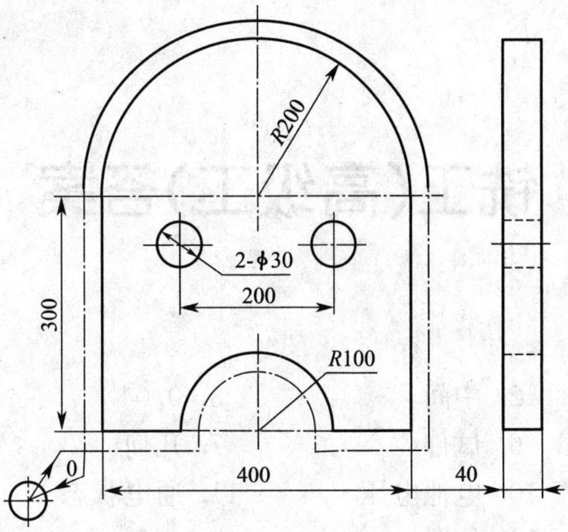

图 12

32. 修配一蜗杆副，测得蜗杆的齿顶圆直径 $d_{a1}=26.4$ mm，配偶蜗轮的外径 $D_2=172$ mm，$z_1=1$，$z_2=82$。试求模数 m，蜗轮齿顶圆直径 d_{a2} 和中心距 a。

33. 在万能卧式铣床上用蜗轮滚刀精铣蜗轮，已知 $m_t=4$ mm，$z_1=1$，$d_1=18$ mm，$z_2=48$，$\beta=4°23'55''$(R)，$\gamma_o=4°23'55''$(R)。试求：(1)工作台的转角 θ 和转动方向。(2)若 $\gamma_o=4°23'55''$(L)，则工作台转角 θ 为何值。

34. 用坐标法铣削等螺旋角锥度刀具齿槽，已知工件小端直径 $d=30$ mm，锥度 $C=1:10$，螺旋角 $\beta=15°$，若以工件每转 3°作为一个单元，计算并用表列出 0°～15°之间的 θ、S 对应坐标值及每转过 3°时工作台移动量。

35. 铣削 20 齿的三面刃铣刀端面齿槽，所用单角铣刀廓形角为 70°。求分度头扳转角 α。

36. 简述利用光学分度头检验铣床用分度头蜗轮转一圈的分度误差的方法和步骤。

37. 简述连续分齿断续飞刀铣削蜗轮的工作原理。

38. 简述检验机床主轴锥孔中心线径向跳动的方法和步骤。

39. 简述分离式箱体的加工路线。

40. 简述铣床工作精度检验的内容。

铁工(高级工)答案

一、填 空 题

1. 较大	2. 中间	3. 0.04	4. 微动开关
5. 主轴制动系统	6. 试件	7. 几何	8. 基准面
9. 手动	10. 电池电压	11. 通电状态	12. 参数设定值
13. 程序	14. 位置	15. −8°	16. YG
17. YG	18. 0°～5°	19. 大	20. 12°～15°
21. 较大值	22. 定位	23. 提高	24. 定位基准
25. 四	26. 五	27. 最大变动量	28. 基准不重合误差
29. 小锥度心轴	30. 固定	31. 斜楔	32. 较小的
33. 定位精度	34. 定位件	35. 运动轨迹	36. 轮廓曲线延长线
37. 辅助动作	38. 辅助动作	39. 坐标值	40. 位置调整
41. 设计基准	42. 平面加工	43. 先面后孔	44. 工艺规程
45. 剖面线	46. 轴测轴	47. 半剖	48. 向下
49. 小于	50. 近似	51. 双分度头	52. 0.02～0.04
53. 少	54. 交叉的	55. 工件轴线	56. 理论
57. 数控铣床	58. 坐标	59. 最大直径	60. 零度
61. 45°	62. $z_v=\frac{z}{\cos\delta}$	63. 54	64. 累积
65. 齿距	66. 近似	67. 前角	68. 不等
69. 锥面	70. 被加工刀具	71. 大于	72. 与前刀面接平
73. 分度头倾斜角	74. 螺旋角	75. 双角	76. 铣刀切削方向
77. 1°～4°	78. 凹圆弧曲线	79. 公称直径	80. 手动进给
81. 等距的周期移动	82. 齿顶圆	83. 不	84. 小于
85. 10	86. 工件上已铣出槽	87. 圆柱刀刃	88. 形状
89. 孔径	90. 测量校正	91. πm_n	92. 6.28
93. 标准圆棒	94. 直槽	95. 六点	96. 分段
97. 降速比	98. 直线	99. 立式铣床	100. 卧式万能铣床
101. 冷却	102. 比热	103. 基准	104. 后刀面
105. 交流接触器	106. 控制保护设备	107. 36 V	108. 过渡配合
109. 基准制	110. 对角线	111. 保温	112. 组织
113. 黏度	114. 卸荷	115. 直线往复	116. 执行
117. 工艺文件	118. 宗旨和目标	119. 图样或工艺文件	120. 切屑流出

121. 离合器	122. 切屑飞出	123. 工具与量具	124. 进给系统
125. 杠杆卡规	126. 3 μm	127. 不接触测量	128. 杠杆齿轮
129. 表面结构	130. 指针刻度	131. 指针刻度	132. 10 mm/m
133. 中点	134. 转换和扩大	135. 首尾衔接	136. 凹
137. 最大	138. 距离	139. 0～25	140. 放大或细分
141. 截面形状	142. 齿顶圆	143. 正弦规	144. 中径三针
145. 螺旋齿	146. 工件外圆	147. 法向	148. 设计
149. 相同	150. 接负载	151. 联锁	152. 行程
153. 力	154. 交错轴	155. 闭式	156. 压力控制
157. 液压液	158. 黏度	159. 抗乳化性	160. 60 ℃
161. 产量定额	162. 依据	163. 手柄	164. 限位挡铁
165. 点动	166. 不得	167. 缩短	168. 防护眼镜
169. 操作者	170. 站立	171. 日常	172. 横向导轨
173. 丝杠	174. 材料量	175. 较高	176. 进给量
177. 较大	178. 辅助时间	179. 夹具	180. 标准化
181. 3	182. 法向	183. 齿厚不对	184. 指形
185. 导程	186. 非圆齿轮调速	187. 相应减少	188. 360°以上
189. 分度头	190. 中间轮	191. $\frac{1}{z}$	192. 前角值
193. 含钴	194. 较大	195. 0.025	

二、单项选择题

1. C	2. B	3. A	4. C	5. B	6. C	7. A	8. D	9. A
10. C	11. C	12. B	13. D	14. C	15. C	16. C	17. D	18. A
19. B	20. D	21. C	22. A	23. A	24. B	25. D	26. D	27. D
28. A	29. B	30. C	31. C	32. C	33. C	34. B	35. D	36. B
37. D	38. D	39. C	40. C	41. A	42. C	43. D	44. D	45. C
46. C	47. D	48. A	49. C	50. C	51. D	52. A	53. B	54. D
55. B	56. C	57. B	58. D	59. B	60. A	61. D	62. A	63. B
64. B	65. B	66. D	67. C	68. C	69. D	70. C	71. D	72. C
73. B	74. C	75. D	76. D	77. B	78. C	79. C	80. B	81. C
82. B	83. A	84. C	85. B	86. C	87. C	88. C	89. A	90. B
91. D	92. D	93. D	94. D	95. C	96. D	97. D	98. B	99. A
100. B	101. B	102. D	103. C	104. D	105. B	106. C	107. A	108. B
109. C	110. D	111. D	112. D	113. D	114. A	115. C	116. A	117. C
118. C	119. D	120. D	121. D	122. C	123. D	124. A	125. C	126. A
127. D	128. D	129. A	130. A	131. B	132. D	133. B	134. C	135. C
136. D	137. D	138. B	139. D	140. D	141. A	142. D	143. D	144. B
145. C	146. D	147. C	148. D	149. A	150. D	151. C	152. A	153. D

154. B	155. C	156. A	157. C	158. A	159. C	160. A	161. D	162. A
163. B	164. D	165. C	166. B	167. A	168. A	169. D	170. B	171. A
172. C	173. D	174. A	175. D	176. B	177. B	178. D	179. A	180. B
181. B	182. C	183. D	184. C	185. C	186. D	187. B	188. A	189. A
190. B								

三、多项选择题

1. BCD	2. ABCD	3. ABCD	4. ABCD	5. ABD	6. ABCD	7. BC
8. ABCD	9. BC	10. ACD	11. BCD	12. ABC	13. BCD	14. ACD
15. ABC	16. BCD	17. ACD	18. ABCD	19. ABCD	20. ABCD	21. ABCD
22. ABC	23. AD	24. BD	25. ABCD	26. BC	27. ABD	28. BD
29. AD	30. ACD	31. ABCD	32. ABCD	33. ABC	34. BCD	35. ACD
36. ABCD	37. BCD	38. ACD	39. ABCD	40. BC	41. CD	42. ABCD
43. ABD	44. ABC	45. AB	46. ABCD	47. ABCD	48. CD	49. ACD
50. ABCD	51. ABCD	52. AC	53. ACD	54. BCD	55. ABD	56. BD
57. ACD	58. BC	59. ABCD	60. ABCD	61. ABCD	62. ABCD	63. BCD
64. ABCD	65. ABCD	66. BC	67. ABCD	68. ABD	69. ABC	70. ABCD
71. ABCD	72. AD	73. BC	74. CD	75. AD	76. BC	77. ABCD
78. CD	79. ABD	80. BC	81. AC	82. ABCD	83. ABD	84. ABCD
85. ABCD	86. ABCD	87. ABCD	88. ABCD	89. BCD	90. AB	91. ABCD
92. ABD	93. ACD	94. ABCD	95. ABCD	96. ABCD	97. BD	98. ABD
99. BCD	100. ACD	101. BCD	102. ABD	103. CD	104. ACD	105. ABCD
106. ABCD	107. ABD	108. BCD	109. ABC	110. AC	111. BC	112. BCD
113. ABCD	114. AB	115. ACD	116. BD	117. AB	118. BCD	119. AC
120. BCD	121. AC	122. ABCD	123. ABCD	124. ABD	125. ACD	126. BCD
127. ABD	128. BCD	129. ABC	130. AC	131. BCD	132. ABC	133. ABC
134. ABCD	135. ABC	136. AD	137. ABC	138. AC	139. BCD	140. ABCD
141. BCD	142. ABC	143. BCD	144. ABC	145. AD	146. ABD	147. AD
148. BC	149. ABC	150. ABC	151. AC	152. ACD	153. ABC	154. ABCD
155. AB	156. ABC	157. ABCD	158. ABC	159. BCD	160. ABC	161. BCD
162. AB	163. BC	164. ABC	165. AD	166. BC	167. ABC	168. ABD
169. AC	170. BCD	171. ACD	172. BCD	173. ABC	174. BCD	175. AC
176. BCD	177. ABCD	178. ABCD	179. ACD	180. ABC	181. ACD	182. BCD
183. ABCD	184. ACD	185. BCD	186. ABCD	187. ABCD	188. BCD	189. ABD
190. ABCD						

四、判 断 题

1. √	2. √	3. √	4. √	5. √	6. √	7. √	8. √	9. ×
10. √	11. √	12. ×	13. ×	14. ×	15. ×	16. √	17. ×	18. ×

19.× 20.√ 21.× 22.√ 23.√ 24.× 25.× 26.× 27.×
28.× 29.√ 30.× 31.√ 32.× 33.√ 34.× 35.√ 36.√
37.× 38.√ 39.× 40.× 41.√ 42.√ 43.√ 44.√ 45.√
46.√ 47.√ 48.× 49.× 50.√ 51.√ 52.× 53.× 54.×
55.√ 56.√ 57.√ 58.× 59.√ 60.√ 61.× 62.√ 63.√
64.√ 65.√ 66.√ 67.√ 68.× 69.× 70.√ 71.√ 72.×
73.× 74.√ 75.√ 76.× 77.√ 78.× 79.× 80.× 81.√
82.√ 83.√ 84.× 85.√ 86.× 87.√ 88.× 89.× 90.×
91.× 92.√ 93.× 94.× 95.× 96.√ 97.× 98.√ 99.√
100.√ 101.√ 102.× 103.× 104.√ 105.× 106.√ 107.× 108.×
109.√ 110.× 111.√ 112.× 113.√ 114.× 115.√ 116.× 117.√
118.× 119.√ 120.× 121.√ 122.× 123.× 124.× 125.√ 126.×
127.√ 128.√ 129.√ 130.× 131.× 132.× 133.× 134.× 135.×
136.√ 137.√ 138.√ 139.× 140.× 141.× 142.× 143.√ 144.√
145.× 146.√ 147.√ 148.√ 149.√ 150.√ 151.× 152.× 153.√
154.× 155.√ 156.√ 157.× 158.× 159.√ 160.√ 161.× 162.√
163.√ 164.× 165.× 166.√ 167.√ 168.× 169.√ 170.√ 171.×
172.× 173.√ 174.√ 175.√ 176.× 177.√ 178.√ 179.√ 180.×
181.√ 182.× 183.√ 184.× 185.√ 186.√ 187.√ 188.√ 189.×
190.× 191.× 192.√ 193.× 194.√ 195.×

五、简 答 题

1. 答:一般低碳钢齿轮加工工艺过程为:锻造(0.5分)→粗加工齿坯(0.5分)→半精加工齿坯(1分)→齿形粗加工(0.5分)→渗碳淬火(热处理)(1分)→精加工齿坯(1分)→精加工齿形(0.5分)。

2. 答:中碳钢齿轮加工工艺过程为:锻造(0.5分)→粗加工齿坯(0.5分)→热处理(调质处理)(1分)→半精加工齿坯(0.5分)→粗加工齿形(0.5分)→热处理(淬火)(1分)→精加工齿坯(0.5分)→精加工齿形(0.5分)。

3. 答:(1)在稍高温度下,切削温度引起的黏结磨损(1.5分)。

(2)在较高温度时,切削温度引起的相变磨损(1.5分)。

(3)在更高的铣削温度时,切削温度引起的扩散磨损(2分)。

4. 答:(1)可使实际的前角增大,使刀刃更锋利(1.5分)。

(2)对于硬质合金面铣刀,可提高刀刃抗冲击能力,使刀刃逐渐切入工件,随后又逐渐切离工件,使切削平稳。(3.5分)

5. 答:换向阀的作用是利用阀芯(0.5分)和阀体(0.5分)间的相对运动(0.5分)来变换液流(0.5分)的方向(0.5分),接通(0.5分)或关闭(0.5分)油路(0.5分),从而改变液压系统(0.5分)的工作状态(0.5分)。

6. 答:(1)液体流经换向阀时压力损失小(1.5分)。

(2)关闭的油口的泄漏量小(1.5分)。

(3)换向可靠,而且平稳迅速(2 分)。

7. 答:金属材料的切削加工性是指金属材料切削加工的难易程度(1 分)。

良好的切削加工性能是指:刀具耐用度较高或一定耐用度下的切削速度较高(1 分);切削力较小,切削温度较低(1 分);容易获得好的表面质量(1 分);切屑形状容易控制或容易断屑(1 分)。

8. 答:在孔与轴的配合中(1 分),孔的尺寸减去相配合轴的尺寸(2 分),其差值为正时是间隙配合(1 分);其差值为负时是过盈配合(1 分)。

9. 答:(1)能测量出工件的具体尺寸(1 分),故能确定工件剩余的加工余量(1 分),给加工操作过程带来极大方便(0.5 分)。

(2)不象极根卡规本身的制造公差要占有被测工件制造公差的一部分(2 分),故工件的合格率高(0.5 分)。

10. 答:用相对测量好(1 分)。因为在测量成批工件时,若用绝对测量像普通千分尺那样逐件测量是比较费时的(1.5 分);另外可以避免由于基准线与套筒上的刻线(1 分)每次对准时产生的视测误差等因素(1 分),故准确度高(0.5 分)。

11. 答:其优点是在传动链中几乎没有间隙和无效行程(1.5 分),无机械摩擦作用(0.5 分),传动比较大(0.5 分),测量力较小(0.5 分),故其精度和灵敏度高(1 分)。另外它还具有结构简单(0.5 分),制造成本低等优点(0.5 分)。

12. 答:扭簧比较仪不能直接测量出工件的尺寸(3 分),只能作相对测量(2 分)。

13. 答:零位调整阀用来调整浮标的起始位置(2.5 分),倍率阀用来调整放大倍数使之正确(2.5 分)。

14. 答:气动量仪测量精度及检验效率都很高(1 分),而且具有不接触测量的优点(1 分)。采用比较测量法对工件进行测量,一般在大量生产或成批生产时使用(1 分)。另外也能对锥孔进行测量(1 分),能获得具体误差数值(1 分)。

15. 答:不是(0.5 分)。合像水平仪的测量精度比其他水平仪高(0.5 分),因为采用光学系统(0.5 分),因而提高了读数精度(0.5 分)。而水准玻璃管只起定位作用(0.5 分),所以采用较小的曲率半径(0.5 分),一般为 $R \approx 20$ m(1 分),相当于分度值为 $20''$ 的水准玻璃管(1 分)。

16. 答:(1)水准玻璃管只起定位作用,故曲率半径可较小,气泡容易停下且较稳定(2.5 分)。

(2)由光学系统进行放大,故读数精确(1 分)。

(3)量程大(0.5 分)。

(4)受环境温度变化的影响较小(1 分)。

17. 答:使用扭簧比较仪时,先将预先选好的与带指示器调整好(2 分)。移去量块(1 分),放入工件(1 分),作比较测量和检验(1 分)。

18. 答:(1)杠杆千分尺的示值控制方法应视测量方法而定(1 分)。

(2)杠杆千分尺无棘轮装置,测量力由微动测杆处的弹簧控制(2 分)。

(3)杠杆千分尺在使用前需验证其起始位置精度(1 分)。

(4)杠杆千分尺在检测时具有一定的示值误差(1 分)。

19. 答:(1)型腔形状检验(1 分)。

(2)型腔位置检验(1分)。

(3)表面结构检验(1分)。

(4)型腔内外圆角和斜度及允许残留部位检验(2分)。

20. 答:模具型腔位置检验时,上、下模(或多块模板)的配装错位量是用标准量具按配装尺寸检验(2分)。对难以测量的模具,也可通过划线(0.5分),或在组装调整过程中(0.5分),通过试件(成型件)是否合格来进行检验(0.5分)。若有条件也可用浇铅成形检验来测量错位量(1.5分)。

21. 答:检验时,将一对牙嵌离合器同时以装配基准孔(1分)套入标准心轴上(0.5分),接合后(0.5分)用塞尺(1分)或涂色法(1分)检查其接触齿数(0.5分)和贴合面积(0.5分)。

22. 答:如果铣刀的中心对准凸轮的中心(1分),铣刀的切削线没有发生在螺旋面的直线位置(1分);同时螺旋本身不同直径处的螺旋角不同(0.5分),铣削过程中存在着干涉现象(1分)。因此,在靠近中心部分的螺旋面会被多切去一些(1分),从而产生"凹心"现象(0.5分)。

23. 答:(1)型面应具有较小的表面结构参数值(1.5分)。

(2)型面应符合要求的形状和规定的尺寸(1.5分)。

(3)为了使凹凸模错位量在规定要求之内,型面应与模具的某一基准处于正确的位置(2分)。

24. 答:两个半坐标控制的数控铣床只能同时控制两个坐标(1分),因此在加工空间曲面形状工件时(1分),在 X、Y、Z 三轴中任意两轴作联动插补(1分),第三轴作单独的周期进给(1分),将空间曲面加工出来(1分)。

25. 答:(1)尽量减少空走刀行程、提高生产效率(1.5分)。

(2)有利于坐标值的计算,以减少编程工作量和计算误差,提高可靠性(2分)。

(3)能保证加工零件的精度和表面结构要求(1.5分)。

26. 答:(1)移动的目标位置,即终点坐标值(1分)。

(2)刀具沿什么样的轨迹运动,即准备机能(1分)。

(3)进给速度,即进给速度机能(1分)。

(4)切削速度,即主轴转速机能(1分)。

(5)辅助动作要求,即辅助机能(1分)。

27. 答:(1)分析零件图样和工艺处理(1.5分)。

(2)数学处理(1分)。

(3)编写加工程序清单(1分)。

(4)程序的输入和校验(1.5分)。

28. 答:在数控机床上加工的零件,一般按工序集中原则划分工序。划分方法有下列几种(1分):

(1)按所用刀具划分(1分)。

(2)按安装次数划分(1分)。

(3)按粗、精加工划分(1分)。

(4)按加工部位划分(1分)。

29. 答:由定位引起(1分)的同一批工件(1分)的工序基准(1分)在加工尺寸方向上的(1分)最大变动量(0.5分),称为定位误差(0.5分)。

30. 答:原因是定位基准(0.5分)与工序基准不重合(0.5分)以及定位基准(0.5分)的位移误差两个方面(0.5分)。其中由于定位基准与工序基准不重合(0.5分)而造成的定位误差称为基准不重合误差(0.5分);由于定位基准的误差(0.5分)或定位支承点的误差(0.5分)而造成的定位基准位移(0.5分),称为基准位移误差(0.5分)。

31. 答:铣床夹具的种类按照常用的(0.5分)分类方法主要有通用夹具(1.5分)、专用夹具(1.5分)和组合夹具三类(1.5分)。

32. 答:(1)通用夹具可以减少专用夹具的品种,扩大使用性能(1分)。

(2)专用夹具结构紧凑,使用方便,加工精度容易控制,产品质量稳定(2分)。

(3)组合夹具具有组装迅速、周期短、能反复使用、减少制造成本等优点(2分)。

33. 答:(1)定位件(0.5分)。

(2)夹紧件(0.5分)。

(3)夹具体(1分)。

(4)对刀件(1分)。

(5)导向件(1分)。

(6)其他元件和装置(1分)。

34. 答:用一个固定的支承点(1分)限制工件的一个自由度(1分),用合理分布的六个支承点(1分)限制工件的六个自由度(0.5分),使工件在夹具中的位置完全确定(1分),这就是六点定位规则(0.5分)。

35. 答:(1)刀具必须具有承受高速切削和强力切削的能力(1分)。

(2)刀具要有较高的精度(1分)。

(3)刀具、刀片的品种、规格要多(1分)。

(4)要有比较完善的工具系统(1分)。

(5)要尽可能配备对刀仪(1分)。

36. 答:为了减小铣削力(0.5分)、切屑变形(0.5分)和铣刀磨损(0.5分),一般应尽量取较大的前角和后角(0.5分),使刀刃锋利(0.5分)。但为了保证铣刀必要的强度(0.5分),在前刀面上磨出卷屑槽(0.5分)、负倒棱和过渡刃(0.5分),以增大铣刀强度(0.5分),改善散热条件(0.5分)。

37. 答:先尽可能取大的背吃刀量(1分),其次再尽量取大的进给量 f_z(1分),然后尽量取大的铣削速度 v_c(1分),以充分发挥铣刀的潜力。在精铣或表面结构参数值要求较小时,背吃刀量和进给量 f_z 受到一定限制(1分),应尽量取大的铣削速度 v_c(1分)。

38. 答:(1)主轴轴承太松,主轴轴承的径向和轴向间隙一般应调整到不大于0.015 mm(2分)。

(2)工作台松动,主要原因是导轨处的镶条太松,调整时可用塞尺来测定,一般在0.03 mm以内为合适(3分)。

39. 答:首先,数控机床采用的是高性能进给(0.5分)和主轴系统(0.5分),传动链短(0.5分)。其次,数控机床机械结构具有较高的动态刚度(0.5分)和较小的阻尼(0.5分),耐磨性好(0.5分),热变形小(0.5分)。第三,数控机床更多地使用高效传动部件(0.5分),如滚珠丝杠副(0.5分)、直线滚动导轨等部件(0.5分)。

40. 答:(1)使工作台位于横向行程的中间位置(1分),并将升降(0.5分)和横向导轨紧固

(0.5分)。

(2)使杠杆百分表位于主轴中央处(0.5分),并使其测头与T形槽侧面接触(0.5分)。纵向移动工作台检验(0.5分),百分表读数的最大差值(0.5分)就是平行度误差(0.5分)。T形槽的两个侧面都要检验(0.5分)。

41. 答:铣床工作台中央T形槽侧面对工作台纵向移动的平行度若超过允差(1分),会影响以T形槽定位的(1分)夹具(1分)或工件(1分)的定位精度(1分)。

42. 答:(1)偏移量 S 计算错误或机床偏移距离不准确(1分)。

(2)工作台偏移方向错误(1分)。

(3)用划线法对刀时划线错误(1分)。

(4)螺旋齿槽铣削时切削方向选择不正确或工作台转角选择不当,过切量大(2分)。

43. 答:等螺旋角锥度刀具在沿轴线方向各处的导程是不相等的(1分),导程随着直径的增大而加大(1分),即工件旋转角度 θ 与工作台移动距离 S 之间不是线性关系(1分),因此应采用坐标法(1分),求出 θ 与 S 的对应值后进行加工(1分)。

44. 答:因为端面齿刀刃棱边宽度要求全长均匀一致(1分),由于刀坯孔径和外圆直径不一致(1分),端面齿槽一定要铣成外宽内窄,外深内浅(2分)。所以,在铣削时必须将被加工刀具的端面倾斜一个角度(1分)。

45. 答:由于铣刀切削表面的曲率半径的影响(0.5分),工件齿槽槽底会因干涉而产生"根切"(1分),使其圆弧半径 r 大于铣刀刀尖圆弧半径 $r_{刀}$(1分)。因此根据螺旋角的大小(0.5分),取 $r_{刀}=(0.5\sim0.9)r$(1分),当螺旋角较大时,$r_{刀}$ 应取较小值(1分)。

46. 答:铣削右旋齿槽时,工作台应按逆时针方向转动(1分);铣削左旋齿槽时,工作台应按顺时针方向转动(1分)。这样才能保证螺旋槽的方向与工作铣刀的旋转平面方向一致(1分),使工件上螺旋槽的法向截形尽可能接近角度铣刀廓形(2分)。

47. 答:因单角铣刀端面齿切削表面曲率半径较大,除根部产生过切外(1分),齿槽刃口处也会过切(1分)。若使工作台扳转角稍大于工件螺旋角时(1分),单角铣刀以一个椭圆与工件前刀面接触(1分),此时由刀尖"挑成"前刀面,但其前角不易控制(1分)。

48. 答:用双角铣刀加工螺旋齿刀具时,由于其切削表面曲率半径的影响(1分),使前刀面下部因干涉而产生"根切"(2分),使其呈凸肚状(1分),但前角能保证(1分)。

49. 答:(1)铣刀廓形应近似等于齿槽廓形,若选双角铣刀,小角度 β 应尽量小(1.5分)。

(2)刀具刀尖圆弧应小于齿槽槽底圆弧(1分)。

(3)铣刀直径应尽可能取小些(1分)。

(4)铣刀切向应使工件前刀面靠向双角铣刀的小角度锥面刃或单角铣刀端面刃(1.5分)。

50. 答:用1∶1的齿轮将分度头Ⅰ的侧轴和分度头Ⅱ的主轴连接(1分),分度头Ⅱ的侧轴和纵向丝杠用交换齿轮连接(1分),其交换齿轮传动比 $i=\frac{z_1 z_3}{z_2 z_4}=\frac{1600P_{丝}}{P_h}$(2分)。由于分度头Ⅱ起减速作用,使传动比大大扩大,所以能铣削大导程工件(1分)。

51. 答:该方法实质上是传动链不经过1∶40蜗杆蜗轮减速(1分),将交换齿轮直接配置在分度头主轴和纵向丝杠之间,从而达到减小传动比的目的(1分),其速比 $i=\frac{z_1 z_3}{z_2 z_4}=\frac{P_{丝}}{P_h}$(2分),当凸轮工作型面导程 P_h 小于17 mm时,可采用此方法(1分)。

52. 答:采用此法加工小导程凸轮时,应摇动分度手柄进给加工,绝对不能用机动进给(2分)。如果凸轮工作型面为多头而导程相等的螺旋面时(1分),由于分度头已失去分度作用,因此要在分度头主轴上加分度装置进行分度(2分)。

53. 答:球面铣削的原理是使铣刀旋转时刀尖运动的轨迹(2分)与球面的截形圆重合(1分),然后由工件绕自身轴线的旋转运动相配合,即可铣出球面(2分)。

54. 答:(1)铣刀的回转轴线必须通过球面的球心(1分)。

(2)铣刀刀尖的回转直径及截形圆所在平面与球心的距离确定球面的大小(2分)。

(3)铣刀回转轴心线与球面工件轴心线的交角确定球面的加工位置(2分)。

55. 答:偏移中心法,即将离合器的各齿侧面都铣得偏过中心一个距离(0.1~0.5 mm)(1分)。该方法不增加铣削次数,故生产率较高(1分)。但由于齿侧面不通过轴心(1分),离合器接合时齿侧面只有外圆处接触,影响承载能力(1分),所以只适用于要求不高的离合器铣削(1分)。

56. 答:偏转角度法,即将离合器的齿槽角铣得略大于齿面角2°~4°(2分)。用这种方法铣削的离合器,其齿侧面贴合较好(1分),缺点是要增加铣削次数(1分),所以一般用于要求较高的离合器铣削(1分)。

57. 答:(1)用盘形铣刀粗铣蜗轮(1分)。

(2)换上专用的蜗轮滚刀(0.5分)。

(3)取下鸡心夹头(1分)。

(4)将工作台扳回到"零位"(1分)。

(5)缓慢升高工作台,使滚刀和蜗轮啮合(0.5分)。

(6)启动主轴,手动进给逐渐升高工作台,使蜗轮齿形在转动过程中逐渐被修正,直到齿厚达到图样要求。(1分)

58. 答:(1)先铣右旋齿槽(1分)。

(2)再铣右旋斜直槽(1分)。

(3)分别铣去左、右齿背(1分)。

(4)分别铣出左、右端面齿槽(1分)。

(5)分别铣左、右端面齿背(1分)。

59. 答:常用的夹紧机构有以下几种:

(1)斜楔夹紧机构(1分)。

(2)螺旋夹紧机构(1分)。

(3)偏心夹紧机构(1分)。

(4)气动、液压夹紧机构(1分)。

其中使用最普遍的是螺旋夹紧机构中的螺旋压板夹紧机构(1分)。

60. 答:选用这种夹紧机构时,可根据夹紧力大小的要求(1分),工件高度尺寸变化范围(1分),以及夹具上夹紧机构允许占有的部位特点和面积进行选择(1分)。例如当夹具中允许夹紧机构占很小面积,而夹紧力不要求很大时,可选用螺旋钩形压板夹紧机构(2分)。

61. 答:当工件的基准面是一个矩形平面时(1分),若有一平面与基准面的纵坐标与横坐标都倾斜时(3.5分),则此平面称为复合斜面(0.5分)。

62. 答:铣削复合斜面的要点是:先将工件绕某一个坐标轴转过一个在坐标轴平面内的倾

斜角 α(或 β)(2 分),再将夹具和工件或铣刀绕另一坐标轴转过一个垂直于斜面的倾斜角 α_n(或 β_n)(2 分),然后进行铣削加工(1 分)。

63. 答:(1)斜面机构和螺旋机构(1.5 分)。

(2)蜗轮蜗杆传动机构(0.5 分)。

(3)齿轮及轮系(0.5 分)。

(4)平面连杆机构(1 分)。

(5)间歇机构(1 分)。

(6)凸轮机构(0.5 分)。

64. 答:铣凸轮时,工件相对铣刀的总进给运动(1 分)是由工作台纵向的直线进给运动(1 分)与分度头或圆转台的圆周运动复合而成(1 分)。因此,在铣削时应使铣削力方向与工件总进给运动方向相反(1.5 分),这样才能保持逆铣状态(0.5 分)。

65. 答:用百分表按下列三个方面进行校正:(1 分)

(1)工件两端的径向跳动量(1 分)。

(2)工件上母线相对于纵向工作台移动方向的平行度(1.5 分)。

(3)工件侧母线相对于纵向工作台移动方向的平行度(1.5 分)。

66. 答:(1)应尽量减少中间轮的数量,以简化轮系(1.5 分)。

(2)各传动部位要加注适量润滑油,以减少传动阻力(1.5 分)。

(3)配置和转换配置后应检查导程值,以保证螺旋角达到图纸要求(2 分)。

67. 答:(1)齿形误差在规定范围内(1 分)。

(2)轴向齿距偏差在规定范围内(1 分)。

(3)轴向齿距累积误差在规定范围内(1 分)。

(4)螺旋齿径向跳动误差在规定范围内(2 分)。

68. 答:(1)相邻齿距差在规定范围内(0.5 分)。

(2)齿距累积误差在规定范围内(0.5 分)。

(3)齿圈径向跳动误差在规定范围内(1 分)。

(4)中心距偏差在规定范围内(1 分)。

(5)中心平面偏差在规定范围内(1 分)。

(6)齿形尽可能正确(1 分)。

69. 答:主轴轴承间隙是指前轴承和中轴承的间隙(1 分),调整主轴中部的螺母,可以调整主轴轴承间隙(1 分),使主轴的径向圆跳动和轴向跳动控制在一定范围内(1 分)。主轴的跳动量应控制在 0.01～0.03 mm (2 分)。

70. 答:奇形工件在装夹时,不仅要注意加工面与夹紧力等问题(1 分),而且应适当增添辅助支承(1 分),提高工件安装刚性和稳定性(1 分),同时附加夹紧力以减少工件受切削力后产生位置变动(1 分)、变形或振动(1 分)。

六、综 合 题

1. 解:

(一)图解法,作误差曲线图(图 1)(3 分),由误差曲线图可见:

$n=\Delta_1+\Delta_2=2+1.5=3.5$ 格(1 分)

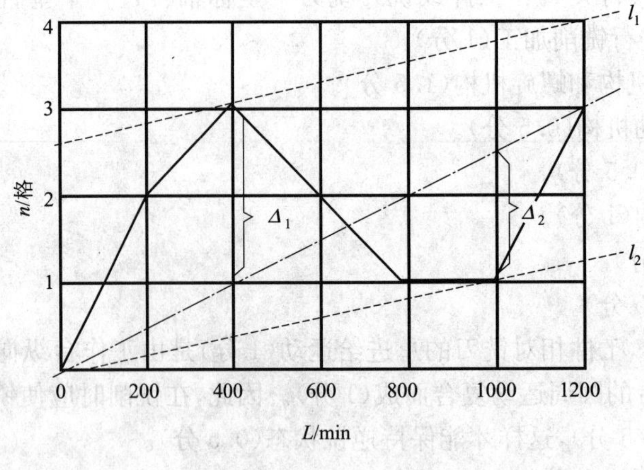

图 1

$\Delta=ncl=3.5\times\dfrac{0.02}{1\,000}\times200=0.014(\text{mm})$ （1 分）

(二)计算法：

(1)测量示值读数为＋2 格、＋1 格、－1 格、－1 格、0 格、＋2 格 （0.5 分）

(2)平均读数为：$\bar{n}=\dfrac{2+1-1-1+0+2}{6}=0.5$(格) （1 分）

(3)各段减去平均读数得：＋1.5 格、＋0.5 格、－1.5 格、－1.5 格、－0.5 格、＋1.5(格) （1 分）

(4)各端点坐标值为：0、＋1.5、＋2、＋0.5、－1、－1.5、0 （1 分）

(5)求出导轨直线度误差：$n=|+2-(-1.5)|=3.5$(格)

$\Delta=ncl=3.5\times\dfrac{0.02}{1\,000}\times200=0.014(\text{mm})$ （1 分）

答：导轨直线度误差为 0.014 mm(0.5 分)。

2. 解：$\sin\gamma_f=\dfrac{2(A-B)}{D}=\dfrac{2\times(125-112.06)}{100}=0.258\,8$ （2 分）

$\gamma_f=15°$ （1 分）

$\tan\gamma_n=\tan\gamma_f\cos\beta=\tan15°\times\cos10°=0.263\,9$ （2 分）

$\gamma_n=14.78°$ （1 分）

$\sin\alpha_f=\dfrac{2(C-A)}{D}=\dfrac{2\times(133.68-125)}{100}=0.173\,6$ （2 分）

$\alpha_f=10°$ （1 分）

答：根据计算 $\gamma_f=15°$，$\gamma_n=14.78°$，$\alpha_f=10°$(1 分)。

3. 解：α 点误差和 b 点误差分别计算：

$\Delta a=a_1-a_2=0.035-0.015=0.02$ mm （1 分）

$\Delta b=b_1-b_2=0.04-0.01=0.03$ mm （1 分）

检验主轴旋转轴线对工作台横向移动的平行度时，α 点为垂直测量位置，在 300 mm 长度上允差为 0.025 mm(2 分)；b 点为水平测量位置，在 300 mm 长度上允差为 0.025 mm(2 分)，因此 $\Delta a=0.02$ mm$\leqslant$0.025 mm(1 分)，$\Delta b=0.03$ mm$>$0.025 mm(1 分)，故该项经检验不符

合铣床精度检验标准(1 分)。

答:铣床该项的精度误差值 $\Delta a=0.02$ mm,$\Delta b=0.03$ mm,不符合精度检验标准(1 分)。

4. 解:因 X52K 型铣床主轴前端锥度为 1∶12,故调整垫圈的厚度须磨去量 Δb 应按比例计算(3 分):

$0.03:\Delta b=1:12$ (3 分)

$\Delta b=0.03\times12=0.36$(mm) (2 分)

答:X52K 型铣床主轴径向间隙是单独由两个半圆垫圈进行调整的,因此若要消除 0.03 mm 的径向间隙,调整垫圈应磨去 0.36 mm(2 分)。

5. 解:手摇脉冲发生器,每一格为一个脉冲即工作台移动 0.001 mm,当倍率为 1 000 时,每格进给量 f 为:$f=0.001\times1\,000=1$ mm(4 分);此时,手摇脉冲发器转过去 10 格,工作台移动量 S 为:

$S=f\times10=1\times10=10$(mm) (4 分)

答:当倍率开关指向 1 000 时,手摇脉冲发生器转过 10 格,工作台移动距离 S 为 10 mm(2 分)。

6. 解:$\tan\alpha_n=\tan\alpha\cos\beta=\tan30^\circ\times\cos10^\circ=0.577\,35\times0.984\,8\approx0.568\,58$ (1.5 分)

$\alpha_n=29^\circ37'$ (0.5 分)

$\tan\beta_n=\tan\beta\cos\alpha=\tan10^\circ\times\cos30^\circ=0.176\,33\times0.866\approx0.152\,7$ (1.5 分)

$\beta_n=8^\circ41'$ (0.5 分)

$\tan\omega=\dfrac{\tan\alpha}{\tan\beta}=\dfrac{\tan30^\circ}{\tan10^\circ}=\dfrac{0.577\,35}{0.176\,33}\approx3.274\,3$ (1.5 分)

$\omega=73^\circ1'$ (0.5 分)

$\tan\theta=\dfrac{\tan\alpha}{\sin\omega}=\dfrac{\tan30^\circ}{\sin73^\circ1'}=\dfrac{0.577\,35}{0.956\,4}\approx0.603\,7$ (1.5 分)

$\theta=31^\circ7'$ (0.5 分)

答:α_n 为 $29^\circ37'$;β_n 为 $8^\circ41'$;θ 为 $31^\circ7'$;ω 为 $73^\circ1'$(2 分)。

7. 解:已知 $\theta=1^\circ57'$,设 $\theta'=2^\circ=120'$,$n'=\theta'/9^\circ=2^\circ/9^\circ=12/54$ (2 分)

$i=\dfrac{z_1z_3}{z_2z_4}=\dfrac{40(\theta-\theta')}{\theta}=\dfrac{40\times(117'-120')}{117'}=-\dfrac{40\times3'}{117'}=-\dfrac{40}{39}=-\dfrac{100\times40}{60\times65}$ (5 分)

答:手柄在 54 孔的孔圈上每次转过 12 个孔距。$z_1=100$,$z_2=60$,$z_3=40$,$z_4=65$。分度盘与手柄的旋转方向相反(3 分)。

8. 解:$D=2\times\sqrt{R^2-\left(\dfrac{B}{2}-e'\right)^2}=2\times\sqrt{50^2-\left(\dfrac{30}{2}-5\right)^2}\approx97.98$(mm) (2 分)

$d=2\times\sqrt{R^2-\left(\dfrac{B}{2}+e'\right)^2}=2\times\sqrt{50^2-\left(\dfrac{30}{2}+5\right)^2}\approx91.65$(mm) (2 分)

$\tan\alpha_{\min}=\dfrac{2B}{D+d}=\dfrac{2\times30}{97.98+91.65}\approx0.316\,41$ (2 分)

$\alpha_{\min}=17^\circ33'$ (1 分)

$R_c=\dfrac{B}{2\sin\alpha_{\min}}=\dfrac{30}{2\times\sin17^\circ33'}\approx49.74$(mm) (2 分)

答:镗刀杆最小倾斜角为 $17^\circ33'$,镗刀回转半径 R_c 为 49.74 mm(1 分)。

9. 解：(1)当量齿数 $z_v=\frac{z}{\cos\delta}=\frac{25}{\cos45°}\approx35.36$　(2 分)

所以选取 $m=3$ mm，$\alpha=20°$的 6 号锥齿轮盘铣刀(2 分)。

(2)$\tan\theta_f=\frac{2.4\sin\delta}{z}=\frac{2.4\times\sin45°}{25}\approx0.067\,88$ (2 分)

$\theta_f=3°53'$　(1 分)

$\delta_f=\delta-\theta_f=45°-3°53'=41°7'$　(2 分)

答：选取 $m=3$ mm，$\alpha=20°$的 6 号锥齿轮盘铣刀，分度头仰角为 41°7′(1 分)。

10. 解：横向移动量 $e=\frac{x}{2}\tan\frac{\varepsilon}{2}=\frac{0.6}{2}\times\tan\frac{60°}{2}=0.3\times\tan30°\approx0.173$(mm)　(8 分)

答：工作台横向移动量应为 0.173 mm(2 分)。

11. 解：(1)计算凸轮工作曲线的两条导程：

$P_{h1}=\frac{360°H}{\theta}=\frac{360°\times20.5}{120°}=61.5$(mm)　(1 分)

$P_{h2}=\frac{360°H}{\theta}=\frac{360°\times20.5}{360°-200°}=46.13$(mm)　(1 分)

(2)计算挂轮：取交换齿轮导程 P'_h应大于较大导程 $P_{h1}=61.5$ mm，且又便于配置交换齿轮，故取 $P'_h=63$ mm(0.5 分)，则

$i=\frac{NP_{丝}}{P'_h}=\frac{40\times6}{63}=\frac{240}{63}=\frac{100\times80}{30\times70}$　(1 分)

故挂轮 $z_1=100$，$z_2=30$，$z_3=80$，$z_4=70$　(0.5 分)

(3)计算分度头仰角：$\sin\alpha_1=\frac{P_{h1}}{P'_h}=\frac{61.5}{63}\approx0.97619$　(1 分)

$\alpha_1=77°28'$(升程曲线)　(0.25 分)

$\sin\alpha_2=\frac{P_{h2}}{P'_h}=\frac{46.13}{63}\approx0.732\,22$　(1 分)

$\alpha_2=47°4'$(回程曲线)　(0.25 分)

(4)计算立铣头转角 β：

铣升程曲线时：$\beta_1=90°-\alpha_1=90°-77°28'=12°32'$　(1 分)

铣回程曲线时：$\beta_2=90°-\alpha_2=90°-47°4'=42°56'$　(1 分)

(5)预算立铣刀切削部分长度：两段曲线升高量相同，故应按较小的分度头主轴仰角 α_2 计算，$L=B+H\cot\alpha_2+10=15+20.5\times\cot47°4'+10=44$(mm)　(1 分)

答：交换齿轮齿数为主动齿轮 $z_1=100$，$z_3=80$，从动齿轮 $z_2=30$，$z_4=70$；分度头仰角分别为 77°28′和 47°4′；立铣头转角相应为 12°32′和 42°56′；立铣刀切削部分长度应大于 44 mm(0.5 分)。

12. 解：交错齿三面刃铣刀圆周齿的刃倾角 λ_S 值即为螺旋角 β 值(1 分)。

故 $P_h=\pi D\cot\beta=\pi\times100\times\cot15°=\pi\times100\times3.732=1\,172.442\,4$(mm)　(2 分)

$i=\frac{40P_{丝}}{P_h}=\frac{40\times6}{1\,172.442\,4}=0.204\,7$　(2 分)

取 $i=\frac{z_1z_2}{z_3z_4}\approx\frac{55\times30}{80\times100}=0.206\,25$　(2 分)

$\Delta i=0.206\,25-0.204\,7=0.001\,55$　(2 分)

答:导程 P_h 为 1 172.44 mm,交换齿轮速比 i 为 0.204 7,选用交换齿轮主动齿轮 $z_1=55$,$z_3=30$;从动齿轮 $z_2=80$,$z_4=100$(1 分)。

13. 解:$\psi=90°-\theta-\alpha_1-\gamma_o=90°-45°-24°-15°=6°$ (4 分)

$n=\frac{\psi}{9°}=\frac{6°}{9°}=\frac{44}{66}$ r (4 分)

答:用同一单角铣刀兼铣齿背后角时的分度头主轴(工件)回转角 $\psi=6°$;分度手柄转数 $n=\frac{44}{66}$r (2 分)。

14. 解:

(1)$\cos\alpha=\tan\frac{360°}{z}\cot(\gamma_n+\theta)=\tan\frac{360°}{6}\times\cot(10°+75°)=\tan60°\times\cot85°\approx0.151\ 5$ (2 分)

所以 $\alpha=81°17'$ (1 分)

(2)$\tan\phi=\tan\gamma_n\sin\alpha=\tan10°\times\sin81°17'\approx0.174\ 29$ (2 分)

所以 $\phi=9°53'$ (1 分)

(3)$S=\frac{D}{2}\sin\lambda_s=\frac{40}{2}\times\sin12°\approx4.16$(mm) (2 分)

答:分度头仰角为 81°17′,倾斜角为 9°53′,偏移量为 4.16 mm。(2 分)

15. 解:(1)$S=\frac{D}{2}\sin\gamma=\frac{75}{2}\times\sin10°=6.51$(mm) (2 分)

(2)$\tan\beta=\cos\frac{360°}{z}\cot\delta=\cos\frac{360°}{24}\times\cot70°\approx0.351\ 57$ (2 分)

$\beta=19°22'$ (0.5 分)

$\sin\lambda=\cos\frac{360°}{z}\cot\theta\sin\beta=\tan\frac{360°}{24}\times\cot65°\times\sin19°22'\approx0.041\ 4$ (2 分)

$\lambda=2°22'$ (0.5 分)

$\alpha=\beta-\lambda=19°22'-2°22'=17°$ (1 分)

(3)$H=\frac{R\cos(\alpha+\delta)}{\cos\delta}=\frac{37.5\times\cos(17°+70°)}{\cos70°}\approx5.74$(mm) (1 分)

答:工作台横向偏移量为 6.51 mm,分度头仰角为 17°,背吃刀量为 5.74 mm(1 分)。

16. 解:$h=\frac{H}{\theta}$;$H=h\theta=\frac{\frac{1}{6}}{1°}\times270°=45$ (mm) (3 分)

$P_h=\frac{360°H}{\theta}=\frac{360°\times45}{270°}=60$(mm) (3 分)

$i=\frac{z_1z_3}{z_2z_4}=\frac{40\times6}{60}=\frac{4}{1}=\frac{90\times90}{45\times45}$ (3 分)

答:导程为 60 mm,交换齿轮为 $z_1=90$;$z_2=45$;$z_3=90$;$z_4=45$ (1 分)。

17. 解:(1)铣刀宽度 $B\leqslant\frac{d}{2}\sin\frac{180°}{z}=\frac{30}{2}\times\sin\frac{180°}{6}=7.5$(mm) (3 分)

取 $B=6$ mm (1.5 分)

(2)外径 $D\leqslant\frac{d^2+T^2-4B^2}{T}=\frac{30^2+10^2-4\times6^2}{10}=85.6$(mm) (3 分)

取 $D=63$ mm （1.5 分）

答：取铣刀宽度 $B=6$ mm；外径 $D=63$ mm（1 分）。

18. 解：选取双角铣刀的廓形角 $\theta=\gamma=60°$ （3 分）

$\cos\alpha=\tan\frac{90°}{z}\cot\frac{\gamma}{2}=\tan\frac{90°}{60}\times\cot\frac{60°}{2}\approx0.0454$ （4 分）

$\alpha=87°24'$ （2 分）

答：分度头主轴应与工作台台面倾斜成 $87°24'$ （1 分）。

19. 解：$\tan\beta=\frac{\pi d}{P_z}=\frac{\pi\times22}{128}=0.53996$ （4 分）

$\beta=28°22'$ （2 分）

工作台应按逆时针方向转过 $28°22'$ （3 分）

答：铣床工作台转动角度 $\beta=28°22'$，按逆时针方向旋转（1 分）。

20. 答：该件属曲线外形工件，可分解为直线型面①④（1 分）；凸圆弧面②（1 分）；凹圆弧面③（1 分）。型面①与②为直线与凸圆弧相切，应先加工型面①（1 分）；型面②与③为凸圆弧与凹圆弧相切，应先加工型面③（2 分）；型面③与④为凹圆弧与直线相切，应先加工型面③（2 分）。因此加工时应按以下步骤加工：先加工凹圆弧③并达到 R_1 尺寸（0.5 分）；随后加工直线④与之相切（0.5 分）；第三步加工直线①（0.5 分）；最后加工凸圆弧面②与直线①、凹圆弧③相切（0.5 分）。

21. 答：因工件中部不能夹紧，在受横向进给力和垂直进给力时，容易产生扭动和振动（2 分）。用第一种方法，铣刀的螺旋角一般大于 30°，垂直进给力较大，故铣削到工件中部时，容易产生扭动（2 分）。第二种方法横向进给力更大（1 分）。第三种方法开始切入工件时，纵向进给力较大，横向进给较小（1.5 分），随着铣刀继续切入，纵向进给力逐渐减小，而横向进给力逐渐增大（1.5 分），同时工件受力处与工件压紧点也逐渐靠近，使力矩减小不致于产生扭动，故较为合适（2 分）。

22. 答：这种定位方式所采用的定位元件为支承板、定位销和菱形销（2 分），工件是以平面作主要定位基准，用支承板限制工件的三个自由度（2 分）；其中一孔用定位销定心定位，限制工件的两个自由度（2 分）；另一孔用菱形销定位仅消除工件的一个转动自由度（2 分）。两孔一面定位共限制工件六个自由度，所以不存在过定位现象（2 分）。

23. 答：基本要求：(1)夹紧力不能破坏工件在定位元件上所获得的位置（2 分）。

(2)夹紧力应保证工件的位置在整个加工过程中不变，同时不应产生振动（2 分）。

(3)不能使工件产生过大的变形和表面损伤（1 分）。

(4)应有足够的夹紧行程和一定的自锁能力（1 分）。

(5)具有良好的使用性和结构工艺性（1 分）。

其中(1)和(2)两条必须满足，它们是衡量夹紧装置好坏的最根本原则。其他要求取决于具体条件，有些要求在选择夹紧力的方向和着力点时应有所考虑，有些可在拟定具体结构或在整体设计时予以考虑（3 分）。

24. 答：(1)模具型腔的加工图比一般零件加工图复杂，因此铣削时须具备较强的识图能力，善于确定型腔几何形状和进行形体分解（2 分）。(2)模具型腔铣削限制条件多，须合理选择铣削方法，确定铣削步骤（2 分）。(3)需掌握改制和修磨专用铣刀的有关知识和基本技能

(1分)。(4)选择铣削用量比较困难,铣削时须及时调整铣削用量(1分)。(5)选用的铣床要求操作方便、结构完善、性能可靠(2分)。(6)操作者须掌握较熟练的铣曲边直线成形面手动进给铣削技能(2分)。

25. 答:数控加工路线是指数控机床加工过程中,刀具相对工件(如模具型面)的运动轨迹和方向(2分)。铣削平面外轮廓型面时,刀具应沿工件外廓曲线延长线的切向切入和切出(2分),以避免刀具在切入切出点残留切痕(1分)。铣削平面封闭内轮廓时,因内轮廓曲线无法外延(2分),刀具只能沿轮廓曲线的法向切入和切出(1分),但切入和切出点应尽量选在内轮廓曲线两几何元素的交点(2分)。

26. 答:刀具轨迹如图2所示(4.5分)。参考程序如下:

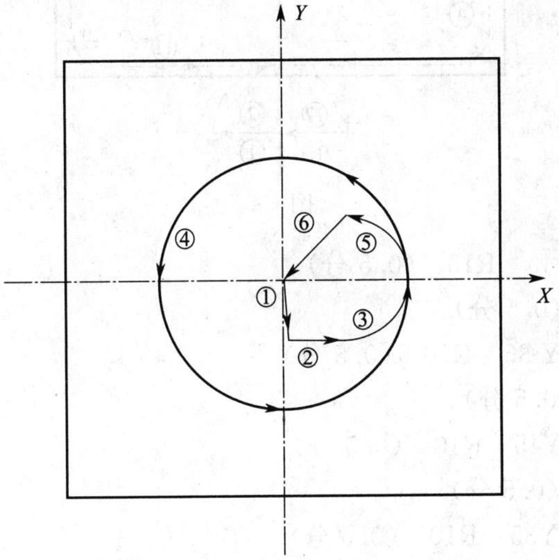

图 2

N10 G00 Z5 T01 S800 M03 (0.5分)
N20 G00 X0 Y0 (0.5分)
N30 G01 Z-16 F200 (0.5分)
N40 G01 G41 X9 Y-10 (0.5分)
N50 X10 (0.5分)
N60 G03 X20 Y0 R10 (0.5分)
N70 G03 X20 Y0 I20 J0 (0.5分)
N80 G03 X10 Y10 R10 (0.5分)
N90 G01 G40 X0 Y0 (0.5分)
N100 G00 Z100 (0.5分)
N110 M02 (0.5分)

27. 答:刀具轨迹如图3所示(1.5分)。参考程序:
N10 G00 Z5 T01 S800 M03 (0.5分)
N20 G00 X0 Y-60 (0.5分)
N30 G01 Z-15 F200 (0.5分)
N40 G90 G01 G41 X15 F300 (0.5分)

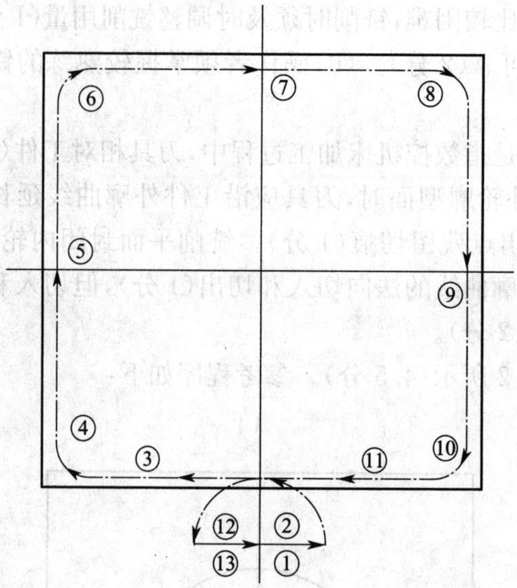

图 3

N50 G03 X0 Y-45 R15 (0.5 分)
N60 G01 X-35 (0.5 分)
N70 G02 X-45 Y-35 R10 (0.5 分)
N80 G01 Y35 (0.5 分)
N90 G02 X-35 Y45 R10 (0.5 分)
N100 G01 X35 (0.5 分)
N110 G02 X45 Y35 R10 (0.5 分)
N120 G01 Y-35 (0.5 分)
N130 G02 X35 Y-45 R10 (0.5 分)
N140 G01 X0 (0.5 分)
N150 G03 X-15 Y-60 R15 (0.5 分)
N160 G00 G40 X0 (0.5 分)
N170 M02 (0.5 分)

28. 解:由已知得工件外圆直径的公差为 $T_d=0.04$ mm,工件以外圆在 V 形块上定位,定位基准是工件外圆轴心线(1 分),由此产生的工件在竖直方向上的基准位移误差为:

$$\Delta Y=\frac{T_d}{2\sin\frac{\alpha}{2}}=\frac{0.04}{2\times\sin\frac{90^\circ}{2}}=\frac{0.04}{2\times\sin45^\circ}=\frac{0.04}{2\times0.707}\approx0.028\ \text{mm}\quad(2\ \text{分})$$

(1)当工序尺寸标为 h_1 时,因基准重合,基准不重合误差 $\Delta B=0$(1 分);所以定位误差 $\Delta D=\Delta Y=0.028$ mm (1 分)。

(2)当工序尺寸标为 h_2 时,工序基准为外圆柱下母线(1 分),与定位基准不重合(1 分),基准不重合误差 $\Delta B=\frac{T_d}{2}=\frac{0.04}{2}=0.02$ mm (1 分);

所以定位误差 $\Delta D=|\Delta Y-\Delta B|=|0.028-0.02|=0.008$ mm (1 分)。

答:当工序尺寸标为 h_1 时,定位误差 ΔD 为 0.028 mm;工序尺寸为 h_2 时,定位误差 ΔD

为 0.008 mm (1 分)。

29. 解:由已知得两定位孔距离公差 $\delta_{LD}=0.03$ mm (0.5 分);

所以两定位销中心距的基本尺寸应等于工件两定位孔距离的平均尺寸(1 分),其公差 $\delta_{Ld}=\left(\frac{1}{3}\sim\frac{1}{5}\right)\delta_{LD}$(1 分);取 $\delta_{Ld}=\frac{1}{3}\delta_{LD}=0.01$(mm) (1 分);

所以补偿量 $a=\frac{\delta_{LD}+\delta_{Ld}}{2}=\frac{0.03+0.01}{2}=0.02$(mm) (2 分);

又由已知菱形销宽度 $b=4$ mm,工件定位孔最小直径 $D_2=10-0.028=9.972$(mm) (1 分);

得菱形销定位的最小间隙 $X_{min}=\frac{2ab}{D_2}=\frac{2\times0.02\times4}{9.972}=0.016$(mm) (2 分);

所以菱形销直径 $d_2=D_2-X_{min}=9.972-0.016=9.956$(mm);取公差带为 h6(1 分)。

答:菱形销直径 d_2 为 9.956 mm,公差带为 h6(0.5 分)。

30. 解:如图 4 所示外轮廓(3 分),由原点开始,按逆时针方向,各几何要素交点及坐标为:

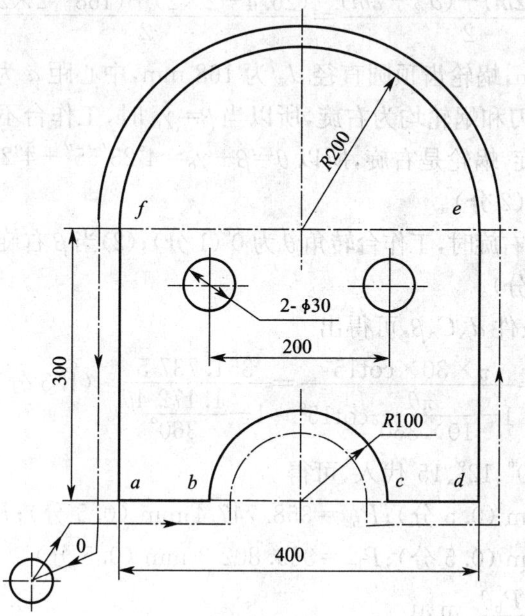

图 4

(1)两轴直线交点 $a(0,0)$(1 分)。

(2)水平直线与 $R100$ 圆弧交点 b,x:$\frac{400}{2}-100=100$,y:0;即(100,0)(1 分)。

(3) $R100$ 圆弧与右侧水平直线交点 c,x:$\frac{400}{2}+100=300$,y:0;即(300,0)(1 分)。

(4)水平直线与右侧垂直线交点 $d(400,0)$(1 分)。

(5)右侧垂直线与 $R200$ 圆弧交点 $e(400,300)$(1 分)。

(6)$R200$ 圆弧与左侧垂直线交点 $f(0,300)$(1 分)。

答:各点坐标为 $a(0,0)$;$b(100,0)$;$c(300,0)$;$d(400,0)$;$e(400,300)$;$f(0,300)$(1 分)。

31. 解:对刀偏距 e 须按工件端面前角 γ_f 计算(1 分)。

所以 $\tan\gamma_f=\frac{\tan\gamma_n}{\cos\beta}=\frac{\tan12°}{\cos25°}=0.2345$ （2分）

$\gamma_f=13°12'$ （1分）

所以 $e=\frac{D}{2}\sin\gamma_f=\frac{100}{2}\times\sin13°12'=11.42(mm)$ 。（2分）

$\tan\beta_1=\tan\beta\cos(\delta+\gamma_n)=\tan25°\times\cos(20°+12°)=\tan25°\times\cos32°=0.4663\times0.848=0.3955$ （2分）

$\beta_1=21°35'$ （1分）

答：对刀偏距为 11.42 mm，工作台应逆时针旋转 21°35′（1分）。

32. 解：当 $z_1=1$ 时，$D_2=d_{a2}+2m$ （1分）；

因为 $d_{a2}=m(z_2+2)$，所以 $D_2=m(z_2+2)+2m$ （2分）；

所以 $m=\frac{D_2}{z_2+4}=\frac{172}{82+4}=2(mm)$ （2分）；$d_{a2}=m(z_2+2)=2\times(82+2)=168(mm)$ （2分）

$a=\frac{d_1+d_2}{2}=\frac{(d_{a1}-2m)+(d_{a2}-2m)}{2}=\frac{(26.4-2\times2)+(168-2\times2)}{2}=93.2\ (mm)$ （2分）

答：模数 m 为 2 mm，蜗轮齿顶圆直径 d_{a2} 为 168 mm，中心距 a 为 93.2 mm（1分）。

33. 解：(1)因为滚刀和蜗轮均为右旋，所以当 $\beta=\gamma_o$ 时，工作台不转角度，即 $\theta=0°$ （3分）。

(2)因为滚刀是左旋，蜗轮是右旋，所以 $\theta=\beta+\gamma_o=4°23'55''+4°23'55''=8°47'50''$（3分）。

工作台逆时针旋转（2分）。

答：(1)当 β、γ_o 均为右旋时，工作台转角 θ 为 0°（1分）；(2)当 β 右旋，γ_o 左旋时，θ 为 $8°47'50''$，工作台逆时针转 θ 角（1分）。

34. 解：根据已知条件 d、C、β，可得出

$$P_h=\frac{\pi d\cot\beta}{1-\frac{\pi\theta C}{360°}\cot\beta}=\frac{\pi\times30\times\cot15°}{1-\frac{\pi\theta}{10\times360°}\cot15°}=\frac{351.7375}{1-\frac{1.1724\theta}{360°}}\quad (1.5分)$$

分别以 θ 为 3°、6°、9°、12°、15°代入，可得

$P_{h1}=355.2079$ mm （0.5分）；$P_{h2}=358.7474$ mm （0.5分）；$P_{h3}=362.3582$ mm （0.5分）；$P_{h4}=366.0424$ mm （0.5分）；$P_{h5}=369.8023$ mm （0.5分）

分别代入公式 $S=\frac{P_h\theta}{360°}$，可得：

$S_1=2.96$ mm （0.5分）；$S_2=5.98$ mm （0.5分）；$S_3=9.06$ mm （0.5分）；$S_4=12.20$ mm （0.5分）；$S_5=15.40$ mm （0.5分）

每转 3°时的工作台移动量为：$\Delta S_1=2.96$ mm （0.5分）；$\Delta S_2=5.98-2.96=3.02(mm)$ （0.5分）；$\Delta S_3=9.06-5.98=3.08(mm)$ （0.5分）；$\Delta S_4=12.20-9.06=3.14(mm)$ （0.5分）；$\Delta S_5=15.40-12.20=3.20(mm)$ （0.5分）。

答：θ 与 S 对应值见表1（1分）：

表1　θ 与 S 对应值

θ(°)	3	6	9	12	15
工作台移动量 S(mm)	2.96	5.98	9.06	12.20	15.40
每转 3°工作台的移动量 ΔS(mm)	2.96	3.02	3.08	3.14	3.20

35. 解：$\cos\alpha = \tan\frac{360°}{z}\cot\theta = \tan\frac{360°}{20}\times\cot70° = 0.118\ 26$ （6 分）

$\alpha = 83°12'$ （3 分）

答：分度头应扳转 83°12′(1 分)。

36. 答：方法和步骤如下：

(1)先用一根连接棒把两个分度头的主轴连接起来，并使铣床用分度头处于可自由调位的状态(2 分)。

(2)脱开光学分度头的蜗杆蜗轮，并调整显微目镜(2 分)。

(3)当铣床用分度头手柄每转一转时，可以看出实际回转角与规定回转角的差值(2 分)。在主轴回转一周中，差值中的最大值与最小值之差就是分度头蜗轮转一圈的分度误差(2 分)。在主轴顺时针和逆时针旋转时各检验一次(2 分)。

37. 答：其原理是：将卧式铣床改装得到连续分齿运动(1 分)。同时，由于横向进给丝杠与分度头没有固定的运动联系(1 分)，展成运动是用手动方法分段获得(1 分)，即飞刀每切工件一圈或数圈后(1 分)，然后横向移动工作台(1 分)，使齿坯相对飞刀轴向移动一小段距离(1 分)，并通过分度头使轮坯附加转动一个角度(1 分)，再铣一圈或数圈(1 分)。这样重复数次(1 分)，就可将蜗轮齿形展成(1 分)。

38. 答：在主轴锥孔中紧紧地插入检验棒(1 分)，将百分表测头触及在检验棒的外圆表面上(1 分)。旋转主轴分别在靠近主轴端部和距离端部 300 mm 处检验(1 分)，两处误差分别计算(1 分)。然后将检验棒分别转过 90°、180°及 270°(1 分)，用同样方法检验(1 分)。目的是消除检验棒的误差对测量数值的迭加或抵消的影响(1 分)。共检验四次分别计算出相对两位置测量数值代数和的一半(2 分)，取其中的较大值即为主轴锥孔中心线的径向跳动误差(1 分)。

39. 答：分离式箱体的加工过程分为两个阶段(1 分)。第一阶段先对箱盖和底座分别进行加工(1 分)，主要完成结合面及其他平面(1 分)，紧固孔和定位孔的加工(1 分)，为箱体的合装作准备(1 分)；第二个阶段在合装好的箱体上加工轴承孔及其端面(1 分)。在两个阶段之间安排钳工工序(1 分)，将箱盖与底座合装成箱体，并用两锥销定位(1 分)，使其保持一定的位置关系(1 分)，以保证轴承孔的加工精度和拆装后的重复定位精度(1 分)。

40. 答：铣床的工作精度检验包括铣床调试和铣床试切两大部分(2 分)。

铣床调试的步骤：(1)准备工作(包括清洁机床等) (1 分)。

(2)接通电源(检查主轴旋转和进给方向) (1 分)。

(3)低速空运转(转速为 30 r/min，时间为 30 min) (1 分)。

(4)主轴变速运转(检查 18 级转速运转、变速操纵、制动时间及主轴在 1 500 r/min 运转 1 h后温度) (1.5 分)。

(5)进给变速及进给(检查工作台锁紧装置、润滑、间隙、进给变速操纵和进给启停、限位挡铁及快速进给启停) (1.5 分)。

铣床试切是按标准试切工件铣削平面、平行面与垂直面，并按图样要求进行检验(2 分)。

铣工(初级工)技能操作考核框架

一、框架说明

1. 依据《国家职业标准》注,以及中国北车确定的"岗位个性服从于职业共性"的原则,提出铣工(初级工)技能操作考核框架(以下简称:技能考核框架)。

2. 本职业等级技能操作考核评分采用百分制。即:满分为100分,60分为及格,低于60分为不及格。

3. 实施"技能考核框架"时,考核制件(活动)命题可以选用本企业的加工件(活动项目),也可以结合实际另外组织命题。

4. 实施"技能考核框架"时,考核的时间和场地条件等应依据《国家职业标准》,并结合企业实际确定。

5. 实施"技能考核框架"时,其"职业功能"的分类按以下要求确定:

"平面和连接面的加工"、"台阶直角沟槽和键槽的加工及切断"、"分度头加工工件"属于本职业等级技能操作的核心职业活动,其"项目代码"为"E"。

6. 实施"技能考核框架"时,其"鉴定项目"和"选考数量"按以下要求确定:

(1)按照《国家职业标准》有关技能操作鉴定比重的要求,本职业等级技能操作考核制件(活动)的"鉴定项目"考核配分比例为:"E"占100分,(其中:"平面和连接面的加工20分"、"台阶、直角沟槽和键槽的加工及切断"50分、"分度头加工工件"30分)。

(2)依据中国北车确定的"核心职业活动选取2/3,并向上取整"的规定,在"E"类鉴定项目——"平面和连接面的加工"、"台阶直角沟槽和键槽的加工及切断"、"分度头加工工件"的全部10项中,至少选取7项。

(3)依据中国北车确定的"确定'选考数量'时,所涉及'鉴定要素'的数量占比,应不低于对应'鉴定项目'范围内'鉴定要素'总数的60%,并向上取整"的规定,考核制件的鉴定要素"选考数量"应按以下要求确定:

在"E"类"鉴定项目"中,在已选的至少7个鉴定项目所包含的全部鉴定要素中,至少选取总数的60%项,并向上保留整数。

举例分析:

按照上述"第6条"要求,若命题时按最少数量选取,即:在"E"类鉴定项目中选取了"铣削矩形工件"、"铣削斜面"、"铣削台阶"、"铣削直角沟槽"、"铣削特形沟槽"、"铣削角度面"、"铣削花键轴"共计7项鉴定项目,则:

此考核制件所涉及的鉴定要素"选考数量"相应为所选的7个鉴定项目包括的全部67个鉴定要素中的41项。

7. 本职业等级技能操作需要两人及以上共同作业的,可由鉴定组织机构根据"必要、辅助"的原则,结合实际情况确定协助人员的数量。在整个操作过程中,协助人员只能起必要、简单的辅助作用。否则,每违反一次,至少扣减应考者的技能考核总成绩 10 分,直至取消其考试资格。

8. 实施“技能考核框架”时,应同时对应考者在质量、安全、工艺纪律、文明生产等方面行为进行考核。对于在技能操作考核过程中出现的违章作业现象,每违反一项(次)至少扣减技能考核总成绩 10 分,直至取消其考试资格。

注:按照中国北车规定,各《职业技能操作考核框架》的编制依据现行的《国家职业标准》、或现行的《行业职业标准》、或现行的《中国北车职业标准》的顺序执行。

二、铣工(初级工)技能操作鉴定要素细目表

职业功能	鉴定项目				鉴定要素		
	项目代码	名　称	鉴定比重(%)	选考方式	要素代码	名　称	重要程度
一、平面和连接面的加工	E	(一)铣削矩形工件	20	至少选7项	001	正确选择基准面及加工方法步骤	X
					002	确定合理的定位和夹紧方式	X
					003	能使用铣床通用夹具装夹工件	X
					004	正确选择刀具并合理选择切削用量	X
					005	尺寸公差等级:IT9 的保证	X
					006	垂直度和平行度:7 级的保证	X
					007	表面结构 MRR $Ra3.2$ 的保证	X
					008	用通用量具自测工件	X
		(二)铣削斜面			001	制定使用端铣刀铣削斜面的方法步骤	X
					002	制定使用立铣刀的圆柱面刀刃铣削斜面的方法步骤	X
					003	制定使用角度铣刀铣削斜面方法步骤	X
					004	正确计算斜面的角度	X
					005	确定各铣削方法相应的工件装夹找正方法或铣头转动角度	X
					006	正确选择刀具并合理选择切削用量	X
					007	正确装夹工件并进行铣削	X
					008	使用万能角度尺等测量斜面	X
					009	尺寸公差等级:IT12 的保证	X
					010	倾斜度公差:±15′/100 的保证	X
二、台阶直角沟槽和键槽的加工及切断		(一)铣削台阶	50		001	分别制定使用立铣刀、三面刃铣刀铣削台阶的方法步骤	X
					002	确定合理的定位和夹紧方式	X
					003	正确选用夹具	X
					004	正确选择刀具并合理选择切削用量	X
					005	能校正万能铣床工作台“零位”	X
					006	能校正立式铣床立铣头“零位”	X
					007	正确装夹工件并进行铣削	X
					008	尺寸公差等级:IT9 的保证	X
					009	平行度:7 级,对称度:9 级的保证	X
					010	表面结构 MRR $Ra3.2$ 的保证	X

续上表

职业功能	项目代码	名　称	鉴定比重（%）	选考方式	要素代码	名　称	重要程度
二、台阶直角沟槽和键槽的加工及切断	E	（二）铣削直角沟槽	50	至少选7项	001	制定用立铣刀铣削直角沟槽及直角斜槽的方法步骤	X
					002	制定用三面刃铣刀铣削直角沟槽的方法步骤	X
					003	确定合理的定位和夹紧方式	X
					004	正确选择刀具并合理选择切削用量	X
					005	正确装夹工件并进行铣削	X
					006	尺寸公差等级：IT9 的保证	X
					007	平行度：7 级，对称度：9 级的保证	X
					008	表面结构 MRR $Ra3.2$ 的保证	X
		（三）铣削键槽			001	制定用立铣刀铣削通键槽、半封闭键槽和封闭键槽的方法步骤	X
					002	制定用三面刃铣刀铣削通键槽、半封闭键槽的方法步骤	X
					003	制定用键槽铣刀铣削通键槽、半封闭键槽和封闭键槽的方法步骤	X
					004	制定用半圆键槽铣刀铣削半圆键槽的方法步骤	X
					005	能正确选用夹具	X
					006	确定合理的定位和夹紧方式，避免破坏工件外表面、避免应定位造成的加工误差	X
					007	正确选择刀具并合理选择切削用量	X
					008	正确校正工件	X
					009	刀具对中心准确	X
					010	合理使用切削液	X
					011	尺寸公差等级：IT9 的保证	X
					012	平行度、对称度：9 级的保证	X
					013	表面结构 MRR $Ra3.2$ 的保证	X
					014	采用合理的量具和检测方法对槽宽、深度、对称度等进行检测	X
		（四）工件的切断加工			001	制定用锯片铣刀切断工件的方法步骤	X
					002	制定用锯片铣刀铣削窄槽的方法步骤	X
					003	确定合理的定位和夹紧方式	X
					004	正确选择刀具并合理选择切削用量	X
					005	合理装夹工件，工件切断处与夹紧点的位置正确	X
					006	切断时进刀位置正确	X
					007	正确选择铣削方式	X
					008	掌握防止铣刀折断的措施和方法	X
					009	合理使用切削液	X
					010	尺寸公差等级：IT9 的保证	X
					011	平行度、对称度：9 级的保证	X
					012	表面结构 MRR $Ra6.3$ 的保证	X

续上表

职业功能	鉴定项目				鉴定要素		
	项目代码	名称	鉴定比重(%)	选考方式	要素代码	名称	重要程度
二、台阶直角沟槽和键槽的加工及切断	E	(五)铣削特形沟槽	50	至少选7项	001	制定使用立铣刀、角度铣刀、三面刃铣刀铣削V形槽的方法步骤	X
					002	制定使用燕尾槽铣刀、角度铣刀铣削燕尾槽、块的方法步骤	X
					003	制定使用T形槽铣刀铣削T形槽的方法步骤	X
					004	能正确选择工件定位、校正和夹紧方式	X
					005	正确选择刀具并合理选择切削用量	X
					006	正确选择铣削方式	X
					007	合理使用切削液	X
					008	尺寸公差等级:IT11的保证	X
					009	平行度、对称度:9级的保证	X
					010	表面结构 MRR $Ra3.2$ 的保证	X
三、分度头加工工件		(一)铣削花键轴	30		001	制定使用单刀、成形铣刀在分度头上粗铣外花键的方法步骤	X
					002	合理选择分度头并进行分度计算	X
					003	分度头及尾座的安装校正	X
					004	合理装夹工件并校正	X
					005	正确选择刀具并合理选择切削用量	X
					006	刀具对中心准确	X
					007	合理使用切削液	X
					008	键宽尺寸公差等级:IT10的保证	X
					009	小径公差等级:IT12的保证	X
					010	平行度8级、对称度9级的保证	X
					011	表面结构 MRR $Ra6.3 \sim 3.2$ 的保证	X
		(二)铣削角度面			001	制定使用立铣刀在分度头上加工正四方、正六方的方法步骤	X
					002	制定使用立铣刀在分度头上加工两条对称键槽的方法步骤	X
					003	分度头及尾座的安装校正	X
					004	合理装夹工件并校正	X
					005	正确选择刀具并合理选择切削用量	X
					006	正确校正工件	X
					007	正确进行分度并铣削	X
					008	尺寸公差等级:IT9的保证	X
					009	对称度:8级的保证	X
					010	表面结构 MRR $Ra6.3 \sim 3.2$ 的保证	X

续上表

职业功能	鉴定项目				鉴定要素		
	项目代码	名称	鉴定比重(%)	选考方式	要素代码	名称	重要程度
三、分度头加工工件	E	(三)刻线加工	30	至少选7项	001	制定使用刻线刀在圆柱面上进行刻线加工的方法步骤	X
					002	选择分度精度适合的分度头	X
					003	分度计算并调整	X
					004	合理装夹工件并校正	X
					005	刻线刀几何参数计算	X
					006	刻线刀磨制	X
					007	主轴转速调整	X
					008	进给方式确定	X
					009	刻线加工	X
					010	尺寸公差等级:IT9 的保证	X
					011	对称度:8 级的保证	X
					012	倾斜度公差:±5′/100 的保证	X
					013	制定使用刻线刀在圆锥面上进行刻线加工的方法步骤	X
					014	制定使用刻线刀在平面上进行刻线加工的方法步骤	X

注:重要程度中 X 表示核心要素,Y 表示一般要素,Z 表示辅助要素。下同。

中国北车

铣工(初级工)技能操作考核样题与分析

职 业 名 称：______________________

考 核 等 级：______________________

存 档 编 号：______________________

考核站名称：______________________

鉴定责任人：______________________

命题责任人：______________________

主管负责人：______________________

中国北车股份有限公司劳动工资部制

职业技能鉴定技能操作考核制件图示或内容

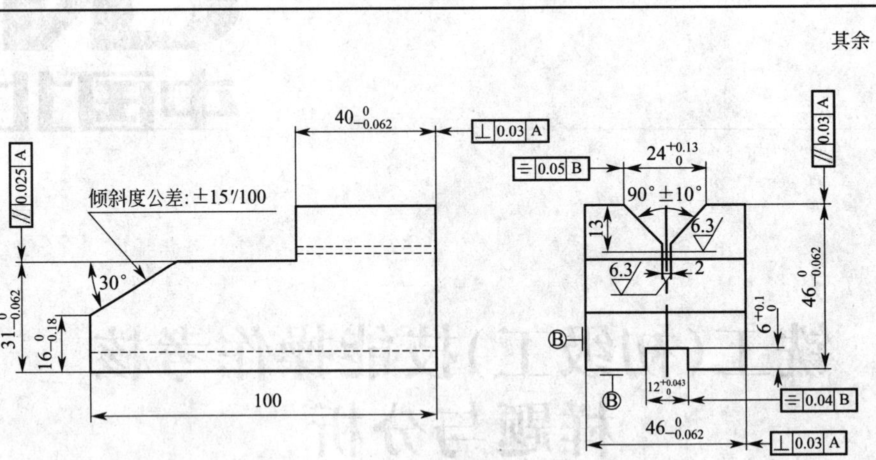

试件1:定位块

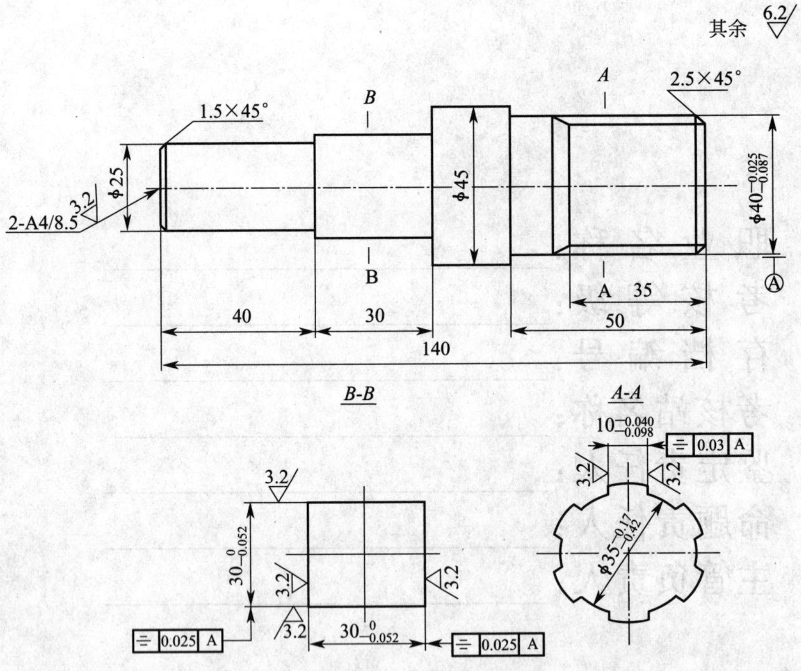

试件2:轴

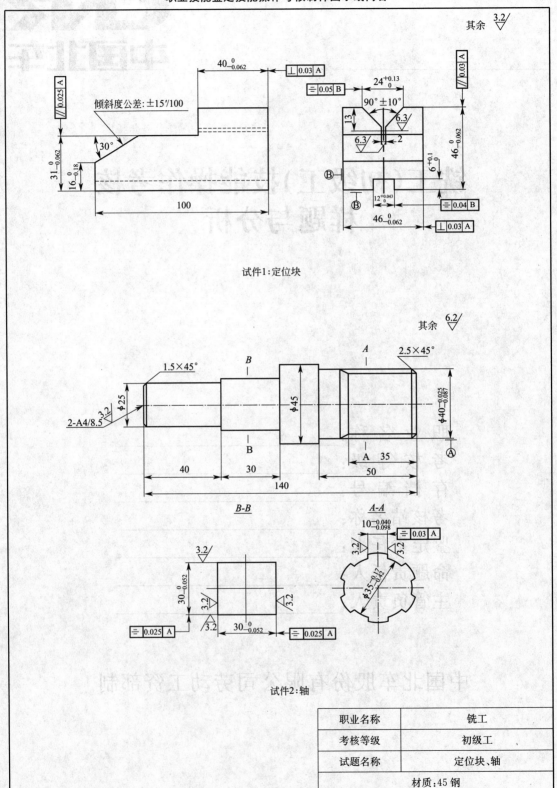

职业名称	铣工
考核等级	初级工
试题名称	定位块、轴
材质:45 钢	

职业技能鉴定技能操作考核准备单

职业名称	铣工
考核等级	初级工
试题名称	定位块、轴

一、材料准备

1. 材料规格

材质:45 钢,定位块采用锻件,轴采用 $\phi50$ 圆钢。

2. 坯件尺寸

定位块:(锻造)110 mm×55 mm×55 mm;轴:按图纸尺寸车加工(30×30 处加工成 $\phi45$)。

二、设备、工、量、卡具准备清单

序号	名称	规格	数量	备注
1	立式铣床	X5032	1	
2	机用平口虎钳	200×160	1	
3	分度头及尾座	125 型	1	
4	垫铁		若干	根据试题要求自定
5	铜棒	200×$\phi40$	1	
6	游标卡尺	0～150 精度 0.02	1	
7	万能角度尺	0°～320° 精度 2′	1	
8	外径千分尺	0～25、25～50 精度 0.01	各 1	
9	矩形角尺	100×63 精度 1 级	1	
10	内测千分尺	5～30 精度 0.01	1	
11	游标深度尺	0～200 精度 0.02	1	
12	高度游标尺	0～300 精度 0.02	1	
13	百分表及磁性表座	0～10 精度 0.01	1	
14	钢直尺	0～150	1	
15	变径快换铣夹头	7∶24 锥度	1	
16	锉刀	200(3 号)	1	
17	活动扳手	12 寸、15 寸	各 1	
18	六方扳手	8	1	

三、考场准备

1. 相应的公用设备、设备与器具的润滑与冷却等

a)考场附近应设置符合要求的磨刀砂轮机。

b)设备附近应设置必备的工、夹、量、刃、检具存放装置。

c)考场应提供起重设施及人员。

d)与鉴定有关的设备、设施在考前应做好检查、检测，保证状态完好、精度符合要求，并做好润滑保养等工作。

2. 相应的场地及安全防范措施

a)考场采光须良好，每台设备配有设备专用照明灯。

b)每台设备必须采用一机一护一闸。

c)考场应干净整洁、空气流通性好，无环境干扰。

3. 其他准备

a)考前由考务人员检查考场各工位应准备的材料、设备、工装夹具是否齐全到位。

b)考前由考务人员检查相关设备、工装夹具技术状态须完好。

四、考核内容及要求

1. 考核内容(按考核制件图示及要求制作)

共考核两件试件："定位块"考核"铣削矩形"、"铣削斜面"、"铣削台阶"、"铣削直角沟槽"、"铣削特形沟槽"；"轴"考核"铣削花键轴"、"铣削角度面"。

2. 考核时限

(1)鉴定考核总时间为300分钟。

(2)提前完成操作不加分，到时停止操作。

3. 考核评分(表)

职业名称	铣工		考核等级	初级工	
试题名称	定位块、轴		考核时限	300分钟	
鉴定项目	考核内容	配分	评分标准	扣分说明	得分
铣削矩形工件	正确定位	1	定位错误不得分		
	正确夹紧	0.5	夹紧错误不得分		
	正确选择刀具	1	刀具选择错误不得分		
	合理选择切削用量	0.5	切削用量不合理不得分		
	$46_{-0.062}$(2处)	2.5	一处超差扣1.5分，扣完为止		
	垂直度0.03	2.5	超差0.01扣1.5分，扣完为止		
	平行度0.03	2	超差0.01扣1分，扣完为止		
	$Ra3.2$(6处)	2	一处达不到扣0.5分，扣完为止		
铣削斜面	铣头转动角度	1	铣头转动角度错误不得分		
	正确选择刀具	0.5	刀具选择错误不得分		
	合理选择切削用量	0.5	切削用量不合理不得分		
	正确夹紧铣削	1	夹紧错误不得分		
	$30°\pm10'$测量	1	测量方法错误不得分		
	$16_{-0.18}$	2	超差0.01扣1分，扣完为止		
	$\pm15'/100$	2	超差不得分		

续上表

鉴定项目	考核内容	配分	评分标准	扣分说明	得分
铣削台阶	正确定位	1	定位错误不得分		
	正确夹紧	1	夹紧错误不得分		
	正确选择刀具	1	刀具选择错误不得分		
	合理选择切削用量	1	切削用量不合理不得分		
	正确夹紧铣削	1	夹紧错误不得分		
	$31_{-0.062}$	2	超差 0.01 扣 1 分,扣完为止		
	$40_{-0.062}$	2	超差 0.01 扣 1 分,扣完为止		
	平行度 0.025	2.5	超差 0.01 扣 1.5 分,扣完为止		
	$Ra3.2$(2 处)	2.5	一处达不到扣 1.5 分,扣完为止		
铣削直角沟槽	正确选择刀具	1	刀具选择错误不得分		
	合理选择切削用量	1	切削用量不合理不得分		
	正确夹紧铣削	1	夹紧错误不得分		
	$12^{+0.043}$	4	超差 0.01 扣 2 分,扣完为止		
	对称度 0.04	4	超差 0.01 扣 2 分,扣完为止		
	$Ra3.2$(3 处)	3	一处达不到扣 1 分		
铣削特形沟槽	正确定位工件	1.5	定位错误不得分		
	正确校正工件	1.5	校正错误不得分		
	正确夹紧工件	1	夹紧错误不得分		
	正确选择刀具	1.5	刀具选择错误不得分		
	合理选择切削用量	1	切削用量不合理不得分		
	铣削方式正确	1.5	铣削方式错误不得分		
	$24^{+0.13}$	5	超差 0.01 扣 2 分,扣完为止		
	对称度 0.04	5	超差 0.01 扣 2 分,扣完为止		
	$Ra3.2$(2 处)	4	一处达不到扣 2 分		
铣削角度面	分度头的安装校正	1	安装校正错误不得分		
	尾座的安装校正	1	安装校正错误不得分		
	合理装夹工件并校正	1	装夹校正错误不得分		
	正确进行分度并铣削	1	分度错误不得分		
	$30_{-0.052}$(2 处)	2	1 处超差扣 1 分		
	对称度 0.025	2	超差 0.01 扣 1 分,扣完为止		
	$Ra3.2$(4 处)	2	一处达不到扣 1 分,扣完为止		
铣削花键轴	正确进行分度计算	1.5	分度计算错误不得分		
	正确选择刀具	1	刀具选择错误不得分		
	合理选择切削用量	1	切削用量不合理不得分		
	刀具对中心准确	1.5	刀具对中心错误不得分		
	$10^{-0.040}_{-0.098}$(6 处)	4	1 处超差扣 1 分,扣完为止		
	$\phi35^{-0.17}_{-0.42}$(6 处)	4	1 处超差扣 1 分,扣完为止		
	对称度 0.03(6 处)	4	1 处超差扣 1 分,扣完为止		
	$Ra3.2$(12 处)	3	一处达不到扣 0.5 分,扣完为止		

续上表

鉴定项目	考核内容	配分	评分标准	扣分说明	得分
质量、安全、工艺纪律、文明生产等综合考核项目	考核时限	不限	每超时10分钟，扣5分；超时30分钟以上，取消考试		
	工艺纪律	不限	依据企业有关工艺纪律管理规定执行，每违反一次扣10分		
	劳动保护	不限	依据企业有关劳动保护管理规定执行，每违反一次扣10分		
	文明生产	不限	依据企业有关文明生产管理规定执行，每违反一次扣10分		
	安全生产	不限	依据企业有关安全生产管理规定执行，每违反一次扣10分，有重大安全事故，取消成绩		

职业技能鉴定技能考核制件(内容)分析

职业名称	铣工
考核等级	初级工
试题名称	定位块、轴
职业标准依据	铣工国家职业技能标准

试题中鉴定项目及鉴定要素的分析与确定

分析事项＼鉴定项目分类	基本技能“D”	专业技能“E”	相关技能“F”	合计	数量与占比说明
鉴定项目总数		10		10	核心职业活动鉴定项目的选取满足不低于 2/3 的原则,选取的鉴定要素数量占比满足不低于 60% 的原则
选取的鉴定项目数量		7		7	
选取的鉴定项目数量占比(%)		70		70	
对应选取鉴定项目所包含的鉴定要素总数		67		67	
选取的鉴定要素数量		41		41	
选取的鉴定要素数量占比(%)		61.2		61.2	

所选取鉴定项目及相应鉴定要素分解与说明

鉴定项目类别	鉴定项目名称	国家职业标准规定比重(%)	《框架》中鉴定要素名称	本命题中具体鉴定要素分解	配分	评分标准	考核难点说明
“E”	铣削矩形工件	20	确定合理的定位和夹紧方式	正确定位	1	定位错误不得分	考核基准选择及定位方面相关知识
				正确夹紧	0.5	夹紧错误不得分	
			正确选择刀具并合理选择切削用量	正确选择刀具	1	刀具选择错误不得分	考核鉴定对象能否根据制件形状及材质正确选用刀具及切削用量
				合理选择切削用量	0.5	切削用量不合理不得分	
			尺寸公差等级:IT9 的保证	$46_{-0.062}$(2 处)	2.5	一处超差扣 1.5 分,扣完为止	考核鉴定对象加工矩形制件时,几何精度位置精度及表面质量的保证能力
			垂直度和平行度:7 级的保证	垂直度 0.03	2.5	超差 0.01 扣 1.5 分,扣完为止	
				平行度 0.03	2	超差 0.01 扣 1 分,扣完为止	
			表面结构 MRR *Ra*3.2 的保证	*Ra*3.2(6 处)	2	一处达不到扣 0.5 分,扣完为止	
	铣削斜面		确定各铣削方法相应的工件装夹找正方法或铣头转动角度	铣头转动角度	1	铣头转动角度错误不得分	考核鉴定对象正确转动铣头角度铣斜面的能力
			正确选择刀具并合理选择切削用量	正确选择刀具	0.5	刀具选择错误不得分	考核鉴定对象能否根据制件形状及材质正确选刀具及切削用量
				合理选择切削用量	0.5	切削用量不合理不得分	
			正确装夹工件并进行铣削	正确夹紧铣削	1	夹紧错误不得分	考核正确装夹工件的能力

续上表

鉴定项目类别	鉴定项目名称	国家职业标准规定比重(%)	《框架》中鉴定要素名称	本命题中具体鉴定要素分解	配分	评分标准	考核难点说明
“E”	铣削斜面	20	使用万能角度尺等测量斜面	30°±10′测量	1	测量方法错误不得分	考核鉴定对象能否正确使用万能角度尺
			尺寸公差等级:IT12 的保证	$16_{-0.18}$	2	超差 0.01 扣 1 分,扣完为止	考核鉴定对象加工斜面时,表面几何精度、位置精度的保证能力
			倾斜度公差±15′/100 的保证	±15′/100	2	超差不得分	
	铣削台阶	50	确定合理的定位和夹紧方式	正确定位	1	定位错误不得分	考核鉴定对象基准选择及定位方面相关知识
				正确夹紧	1	夹紧错误不得分	
			正确选择刀具并合理选择切削用量	正确选择刀具	1	刀具选择错误不得分	考核鉴定对象能否根据制件形状及材质正确选用刀具及切削用量
				合理选择切削用量	1	切削用量不合理不得分	
			正确装夹工件并进行铣削	正确夹紧铣削	1	夹紧错误不得分	考核正确装夹工件的能力
			尺寸公差等级:IT9 的保证	$31_{-0.062}$	2	超差 0.01 扣 1 分,扣完为止	考核鉴定对象加工台阶时,表面几何精度、位置精度及表面质量的保证能力
				$40_{-0.062}$	2	超差 0.01 扣 1 分,扣完为止	
			平行度:7 级	平行度 0.025	2.5	超差 0.01 扣 1.5 分,扣完为止	
			表面结构 MRR $Ra3.2$ 的保证	$Ra3.2$(2 处)	2.5	一处达不到扣 1.5 分,扣完为止	
	铣削直角沟槽		正确选择刀具并合理选择切削用量	正确选择刀具	1	刀具选择错误不得分	考核鉴定对象能否根据制件形状及材质正确选用刀具及切削用量
				合理选择切削用量	1	切削用量不合理不得分	
			正确装夹工件并进行铣削	正确夹紧铣削	1	夹紧错误不得分	考核正确装夹工件的能力
			尺寸公差等级:IT9 的保证	$12^{+0.043}$	4	超差 0.01 扣 2 分,扣完为止	考核鉴定对象加工直角沟槽时,表面几何精度、位置精度及表面质量的保证能力
			对称度:9 级的保证	对称度 0.04	4	超差 0.01 扣 2 分,扣完为止	
			表面结构 MRR $Ra3.2$ 的保证	$Ra3.2$(3 处)	3	一处达不到扣 1 分	
	铣削特形沟槽		能正确选择工件定位、校正和夹紧方式	正确定位工件	1.5	定位错误不得分	考核鉴定对象基准选择及定位方面相关知识
				正确校正工件	1.5	校正错误不得分	
				正确夹紧工件	1	夹紧错误不得分	
			正确选择刀具并合理选择切削用量	正确选择刀具	1.5	刀具选择错误不得分	考核鉴定对象能否根据制件形状及材质正确选用刀具及切削用量
				合理选择切削用量	1	切削用量不合理不得分	
			正确选择铣削方式	铣削方式正确	1.5	铣削方式错误不得分	考核鉴定对象是否正确掌握 V 形槽的铣削方法

续上表

鉴定项目类别	鉴定项目名称	国家职业标准规定比重(%)	《框架》中鉴定要素名称	本命题中具体鉴定要素分解	配分	评分标准	考核难点说明
"E"	铣削特形沟槽	50	尺寸公差等级:IT11的保证	$24^{+0.13}$	5	超差0.01扣2分,扣完为止	考核鉴定对象加工V形槽时,表面几何精度、位置精度及表面质量的保证能力
			对称度:9级的保证	对称度0.04	5	超差0.01扣2分,扣完为止	
			表面结构MRR *Ra*3.2的保证	*Ra*3.2(2处)	4	一处达不到扣2分	
	铣削角度面	30	分度头及尾座的安装校正	分度头的安装校正	1	安装校正错误不得分	考核鉴定对象能否正确掌握分度头的使用方法
				尾座的安装校正	1	安装校正错误不得分	
			合理装夹工件并校正	合理装夹工件并校正	1	装夹校正错误不得分	考核鉴定对象在分度头上装夹及校正工件的能力
			正确进行分度并铣削	正确进行分度并铣削	1	分度错误不得分	考核鉴定对象分度铣削角度的技能
			尺寸公差等级:IT9的保证	$30_{-0.052}$(2处)	2	1处超差扣1分	考核鉴定对象加工角度面时几何、形位精度、表面质量的保证能力
			对称度:8级的保证	对称度0.025	2	超差0.01扣1分,扣完为止	
			表面结构MRR *Ra*6.3～3.2的保证	*Ra*3.2(4处)	2	一处达不到扣1分,扣完为止	
	铣削花键轴		合理选择分度头并正确进行分度计算	正确进行分度计算	1.5	分度计算错误不得分	考核鉴定对象能否正确对花键轴进行分度
			正确选择刀具并合理选择切削用量	正确选择刀具	1	刀具选择错误不得分	考核鉴定对象能否根据花键结构及材质正确选用刀具及切削用量
				合理选择切削用量	1	切削用量不合理不得分	
			刀具对中心准确	刀具对中心准确	1.5	刀具对中心错误不得分	考核鉴定对象是否掌握铣削花键轴时刀具对中的方法
			键宽尺寸公差等级:IT10的保证	$10^{-0.040}_{-0.098}$(6处)	4	1处超差扣1分,扣完为止	考核鉴定对象加工花键时几何、形位精度、表面质量的保证能力
			小径公差等级:IT12的保证	$\phi35^{-0.17}_{-0.42}$(6处)	4	1处超差扣1分,扣完为止	
			对称度9级的保证	对称度0.03(6处)	4	1处超差扣1分,扣完为止	
			表面结构MRR *Ra* 6.3～3.2的保证	*Ra*3.2(12处)	3	一处达不到扣0.5分,扣完为止	

续上表

鉴定项目类别	鉴定项目名称	国家职业标准规定比重(%)	《框架》中鉴定要素名称	本命题中具体鉴定要素分解	配分	评分标准	考核难点说明
质量、安全、工艺纪律、文明生产等综合考核项目				考核时限	不限	每超时10分钟，扣5分；超时30分钟以上，取消考试	
				工艺纪律	不限	依据企业有关工艺纪律管理规定执行，每违反一次扣10分	
				劳动保护	不限	依据企业有关劳动保护管理规定执行，每违反一次扣10分	
				文明生产	不限	依据企业有关文明生产管理规定执行，每违反一次扣10分	
				安全生产	不限	依据企业有关安全生产管理规定执行，每违反一次扣10分，有重大安全事故，取消成绩	

铣工(中级工)技能操作考核框架

一、框架说明

1. 依据《国家职业标准》注，以及中国北车确定的“岗位个性服从于职业共性”的原则，提出铣工(中级工)技能操作考核框架(以下简称:技能考核框架)。

2. 本职业等级技能操作考核评分采用百分制。即:满分为100分,60分为及格,低于60分为不及格。

3. 实施“技能考核框架”时，考核制件(活动)命题可以选用本企业的加工件(活动项目)，也可以结合实际另外组织命题。

4. 实施“技能考核框架”时，考核的时间和场地条件等应依据《国家职业标准》,并结合企业实际确定。

5. 实施“技能考核框架”时，其“职业功能”的分类按以下要求确定：

“平面和连接面的加工”、“台阶直角沟槽和键槽的加工及切断”、“分度头加工工件”、“孔加工”、“牙嵌式离合器的加工”、“复杂件的加工”属于本职业等级技能操作的核心职业活动，其“项目代码”为“E”。

6. 实施“技能考核框架”时，其“鉴定项目”和“选考数量”按以下要求确定：

(1)按照《国家职业标准》有关技能操作鉴定比重的要求，本职业等级技能操作考核制件“E”占100分(其中:“平面和连接面的加工”10分、“台阶、直角沟槽和键槽的加工及切断”25分、“分度头加工工件”20分、“孔加工”15分、“牙嵌式离合器的加工”10分、“复杂件的加工”20分)。

(2)依据中国北车确定的“核心职业活动选取2/3,并向上取整”的规定，在“E”类鉴定项目——“平面和连接面的加工”、“台阶直角沟槽和键槽的加工及切断”、“分度头加工工件”、“孔加工”、“牙嵌式离合器的加工”、“复杂件的加工”的全部14项中，选取10项。

(3)依据中国北车确定的“确定‘选考数量’时，所涉及‘鉴定要素’的数量占比，应不低于对应‘鉴定项目’范围内‘鉴定要素’总数的60%,并向上取整”的规定，考核制件的鉴定要素“选考数量”应按以下要求确定：

在“E”类“鉴定项目”中，在已选的至少10个鉴定项目所包含的全部鉴定要素中，至少选取总数的60%项，并向上保留整数。

举例分析：

按照上述“第6条”要求，若命题时按最少数量选取，即:在“E”类鉴定项目中选取了“铣削矩形工件和铣削斜面”、“铣削台阶和直角沟槽”、“工件的切断加工”、“铣削特形沟槽”、“铣削花键轴和铣削角度面”、“刻线加工”、“钻孔、铰孔”、“镗孔”、“矩形齿离合器的铣削”、“刀具的齿槽加工”等10项，则：

此考核制件所涉及的“鉴定项目”总数为10项，具体包括:“铣削矩形工件和铣削斜面”、“铣削台阶和直角沟槽”、“工件的切断加工”、“铣削特形沟槽”、“铣削花键轴和铣削角度面”、“刻线加工”、“钻孔、铰孔”、“镗孔”、“矩形齿离合器的铣削”、“刀具的齿槽加工”；

此考核制件所涉及的鉴定要素“选考数量”相应为62项，具体包括:“铣削矩形工件和铣削斜面”、“铣削台阶和直角沟槽”、“工件的切断加工”、“铣削特形沟槽”、“铣削花键轴和铣削角度面”、“刻线加工”、“钻孔、铰孔”、“镗孔”、“矩形齿离合器的铣削”、“刀具的齿槽加工”10 个鉴定项目包括的全部 102 个鉴定要素中的 62 项。

7. 本职业等级技能操作需要两人及以上共同作业的，可由鉴定组织机构根据“必要、辅助”的原则，结合实际情况确定协助人员的数量。在整个操作过程中，协助人员只能起必要、简单的辅助作用。否则，每违反一次，至少扣减应考者的技能考核总成绩 10 分，直至取消其考试资格。

8. 实施“技能考核框架”时，应同时对应考者在质量、安全、工艺纪律、文明生产等方面行为进行考核。对于在技能操作考核过程中出现的违章作业现象，每违反一项(次)至少扣减技能考核总成绩 10 分，直至取消其考试资格。

注：按照中国北车规定，各《职业技能操作考核框架》的编制依据现行的《国家职业标准》、或现行的《行业职业标准》、或现行的《中国北车职业标准》的顺序执行。

二、铣工(中级工)技能操作鉴定要素细目表

职业功能	鉴定项目				鉴定要素		
	项目代码	名称	鉴定比重(%)	选考方式	要素代码	名称	重要程度
一、平面和连接面的加工	E	铣削矩形工件和铣削斜面	10	至少选10项	001	正确选择基准面及加工方法步骤，确定合理的定位和夹紧方式	X
					002	能使用铣床通用夹具装夹工件	X
					003	正确选择刀具并合理选择切削用量	X
					004	尺寸公差等级：IT7 的保证	X
					005	平面度：7 级	X
					006	垂直度和平行度：6 级和 5 级的保证	X
					007	表面结构：$Ra1.6\ \mu m$ 的保证	X
					008	用通用量具自测工件	X
					009	制定使用常用铣刀铣削斜面的方法步骤	X
					010	制定使用角度铣刀铣削斜面方法步骤	X
					011	正确计算斜面的角度	X
					012	确定各铣削方法相应的工件装夹找正方法或铣头转动角度	X
					013	正确选择刀具并合理选择切削用量	X
					014	正确装夹工件并进行铣削	X
					015	使用万能角度尺等测量斜面	X
					016	尺寸公差等级：IT10 的保证	X
					017	倾斜度公差：±10′/100 的保证	X
二、台阶直角沟槽和键槽的加工及切断		(一)铣削台阶和直角沟槽	25		001	制定使用常用铣刀铣削台阶的方法步骤	X
					002	制定使用组合铣刀铣削台阶的方法步骤	X
					003	确定合理的定位和夹紧方式并进行铣削	X
					004	正确选用夹具、刀具并合理选择切削用量	X
					005	能校正万能铣床工作台“零位”	X
					006	能校正立式铣床立铣头“零位”	X
					007	尺寸公差等级：IT8 的保证	X
					008	平行度：9 级，对称度：9 级的保证	X
					009	表面结构：$Ra3.2\sim Ra1.6\ \mu m$ 的保证	X
					010	制定用立铣刀、三面刃铣刀铣削直角沟槽及直角斜槽的方法步骤	X
					011	制定用硬质合金立铣刀铣削直角沟槽及直角斜槽的方法步骤	X
					012	确定合理的定位和夹紧方式	X

续上表

职业功能	鉴定项目				鉴定要素		
	项目代码	名称	鉴定比重(%)	选考方式	要素代码	名称	重要程度
二、台阶直角沟槽和键槽的加工及切断	E	(二)铣削键槽	25	至少选10项	001	制定用立铣刀、三面刃铣刀铣削通键槽、半封闭键槽和封闭键槽的方法步骤	X
					002	制定用键槽铣刀、半圆键槽铣刀铣削键槽的方法步骤	X
					003	能正确选用夹具、刀具并合理选择切削用量	X
					004	确定合理的定位和夹紧方式,避免破坏工件外表面、避免应定位造成的加工误差	X
					005	正确校正工件	X
					006	刀具对中心准确	X
					007	合理使用切削液	X
					008	尺寸公差等级:IT8 的保证	X
					009	平行度、对称度:8 级的保证	X
					010	表面结构:$Ra3.2$~$Ra1.6$ μm 的保证	X
					011	采用合理的量具和检测方法对槽宽、深度、对称度等进行检测	X
		(三)工件的切断加工			001	制定用锯片铣刀切断工件的方法步骤	X
					002	制定用锯片铣刀铣削窄槽的方法步骤	X
					003	确定合理的定位和夹紧方式	X
					004	正确选择刀具并合理选择切削用量	X
					005	合理装夹工件,工件切断处与夹紧点的位置正确	X
					006	切断时进刀位置正确	X
					007	正确选择铣削方式	X
					008	掌握防止铣刀折断的措施和方法	X
					009	合理使用切削液	X
					010	尺寸公差等级:IT8 的保证	X
					011	平行度、对称度:8 级的保证	X
					012	表面结构:$Ra6.3$~$Ra3.2$ μm 的保证	X
		(四)铣削特形沟槽			001	制定使用立铣刀、角度铣刀、三面刃铣刀铣削 V 形槽的方法步骤	X
					002	制定使用燕尾槽铣刀、角度铣刀铣削燕尾槽、块的方法步骤	X
					003	能正确选择工件定位、校正和夹紧方式	X
					004	正确选择刀具并合理选择切削用量	X
					005	正确选择铣削方式	X
					006	合理使用切削液	X
					007	尺寸公差等级:IT8 的保证	X
					008	表面结构:$Ra3.2$~$Ra1.6$ μm 的保证	X

续上表

职业功能	鉴定项目				鉴定要素		
	项目代码	名称	鉴定比重（%）	选考方式	要素代码	名称	重要程度
三、分度头加工工件	E	（一）铣削花键轴和铣削角度面	20	至少选10项	001	制定使用花键铣刀在分度头上半精铣、精铣花键的方法步骤	X
					002	合理选择分度头并进行分度计算	X
					003	分度头及尾座的安装校正	X
					004	合理装夹工件并校正、正确选择刀具并合理选择切削用量	X
					005	刀具对中心准确	X
					006	合理使用切削液	X
					007	尺寸公差等级：IT9 的保证	X
					008	铣削花键轴：不等分累积误差不大于0.04 mm（D=50～80 mm）的保证 铣削角度面：不等分累积误差不大于0.08 mm（D=50～80 mm）的保证	X
					009	平行度、对称度：8 级的保证	X
					010	制定使用组合铣刀在分度头上铣削花键的方法步骤	X
					011	制定加工非对称角度面的方法步骤	X
					012	倾斜度公差：±10′/100 的保证	X
		（二）刻线加工			001	制定加工对称角度面的方法步骤	X
					002	合理装夹工件并校正	X
					003	正确选择刀具并合理选择切削用量	X
					004	正确校正工件	X
					005	正确进行分度并铣削	X
					006	尺寸公差等级：IT8 的保证	X
					007	倾斜度公差：±10′/100 的保证	X
					008	制定使用刻线刀在圆柱面上进行刻线加工的方法步骤	X
					009	选择分度精度适合的分度头	X
					010	分度计算并调整	X
					011	刻线刀几何参数计算	X
					012	刻线刀磨制	X
					013	主轴转速调整	X
					014	进给方式确定	X
					015	刻线加工	X
					016	对称度：8 级的保证	X
					017	制定使用刻线刀在圆锥面上进行刻线加工的方法步骤	X
					018	角度公差：±3′的保证	X
					019	制定使用刻线刀在平面上进行刻线加工的方法步骤	X

续上表

职业功能	鉴定项目				鉴定要素		
	项目代码	名称	鉴定比重(%)	选考方式	要素代码	名称	重要程度
四、孔加工	E	(一)钻孔、铰孔	15	至少选10项	001	能按照划线进行钻孔加工,并达到以下要求: (1)尺寸公差等级:IT9 (2)表面结构:Ra6.3 μm	X
					002	能进行扩孔加工,并达到以下要求: (1)尺寸公差等级:IT9 (2)表面结构:Ra3.2 μm	X
					003	能使用手用/机用铰刀对已加工的孔进行铰削加工,并达到以下要求: (1)尺寸公差等级:IT8 (2)表面结构:Ra1.6 μm	X
					004	铰刀的种类、结构和使用方法	X
					005	铰削余量的确定和铰孔切削用量的知识	X
					006	切削液的选用知识	X
		(二)镗孔			001	1.能镗削轴线平行(两孔或多孔在同一直线)的孔系,并达到以下要求: (1)尺寸公差等级:IT8 (2)表面粗糙度:Ra3.2~Ra1.6 μm (3)位置度:8级	X
					002	2.能镗削轴线平行(两孔或多孔不在同一直线)的孔系,并达到以下要求: (1)尺寸公差等级:IT8 (2)表面粗糙度:Ra3.2~Ra1.6 μm (3)位置度:8级	X
					003	镗削余量的确定和镗孔切削用量的知识	X
					004	镗刀的调整、刃磨	X
					005	孔距的控制	X
					006	镗削余量的确定和镗孔切削用量的知识	X
五、牙嵌式离合器的加工		(一)矩形齿离合器的铣削	10		001	铣削奇数齿矩形离合器的要点	X
					002	能使用立铣刀或三面刃铣刀铣削奇数齿离合器,并达到以下要求: (1)等分误差≤±10′ (2)齿侧表面结构:Ra3.2 μm	X
					003	能使用立铣刀或三面刃铣刀铣削偶数齿离合器,并达到以下要求: (1)等分误差:±10′ (2)齿侧表面结构:Ra3.2 μm	X
					004	铣削偶数齿矩形离合器的要点	X
					005	铣削齿侧间隙的要点	X
		(二)梯形齿离合器的铣削和尖形齿离合器的铣削			001	能铣削梯形收缩齿离合器	X
					002	能铣削梯形等高齿离合器	X
					003	能使加工的梯形齿离合器达到以下要求: (1)等分误差:±10′ (2)齿侧表面结构:Ra3.2 μm	X
					004	能铣削尖形齿离合器,并达到以下要求: (1)等分误差:±10′ (2)齿侧表面结构:Ra1.6 μm	X
					005	能铣削锯形齿离合器,并达到以下要求: (1)等分误差:±10′ (2)齿侧表面结构:Ra3.2 μm	X

续上表

职业功能	鉴定项目				鉴定要素		
	项目代码	名称	鉴定比重（%）	选考方式	要素代码	名称	重要程度
六、复杂件的加工	E	(一)齿轮加工	20	至少选10项	001	能铣削直齿圆柱齿轮、齿条、斜齿圆柱齿轮并达到以下要求：精度等级为10FJ	X
					002	能铣削斜齿齿条、直齿齿条	X
		(二)刀具的齿槽加工			001	铣削直齿刀具齿槽的知识	X
					002	能使用单角铣刀铣削圆盘直齿刀具的齿槽	X
					003	能使用双角铣刀铣削圆盘直齿刀具的齿槽，并达到以下要求： (1)刀具前角加工误差≤2° (2)刀齿处棱边尺寸公差：IT15	X
					004	能使用单角铣刀铣削圆柱面直齿刀具的齿槽，并达到以下要求： (1)刀具前角加工误差≤2° (2)刀齿处棱边尺寸公差：IT15	X
					005	能使用双角铣刀铣削圆柱面直齿刀具的齿槽，并达到以下要求： (1)刀具前角加工误差≤2° (2)刀齿处棱边尺寸公差：IT15	X
		(三)螺旋面、槽和曲面的加工			001	能使用分度头铣削圆柱螺旋槽，并达到以下要求： (1)尺寸公差等级：IT9 (2)形状误差≤0.1 mm	X
					002	能使用分度头铣削等速圆柱凸轮，并达到以下要求： (1)尺寸公差等级：IT9 (2)形状误差≤0.1 mm	X
					003	能手动铣削曲面，并达到以下要求： (1)尺寸公差等级：IT12 (2)形状误差≤0.2 mm	X
					004	能使用仿形法铣削曲面，并达到以下要求： (1)尺寸公差等级：IT10 (2)形状误差≤0.1 mm	X
					005	能使用成型铣刀铣削成型曲面，并达到以下要求： (1)尺寸公差等级：IT9 (2)形状误差≤0.05 mm	X

铣工(中级工)技能操作考核样题与分析

职业名称：________________

考核等级：________________

存档编号：________________

考核站名称：________________

鉴定责任人：________________

命题责任人：________________

主管负责人：________________

中国北车股份有限公司劳动工资部制

铣工(中级工)技能操作考核样题与分析

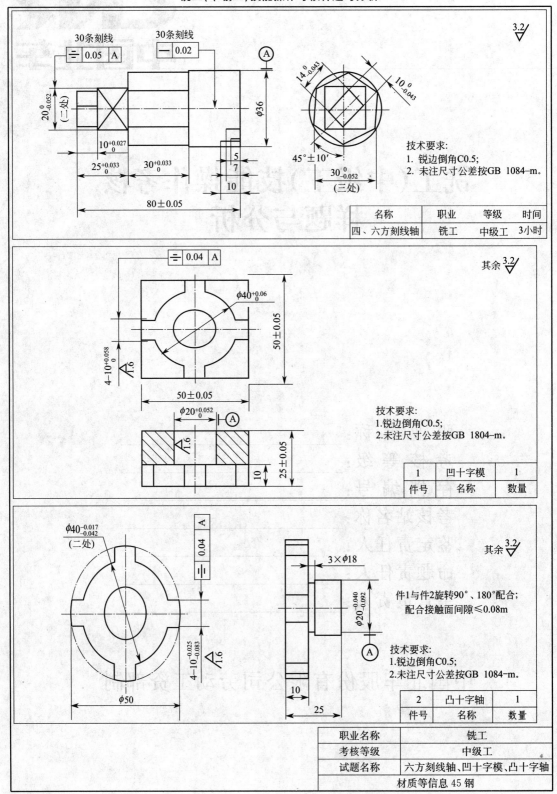

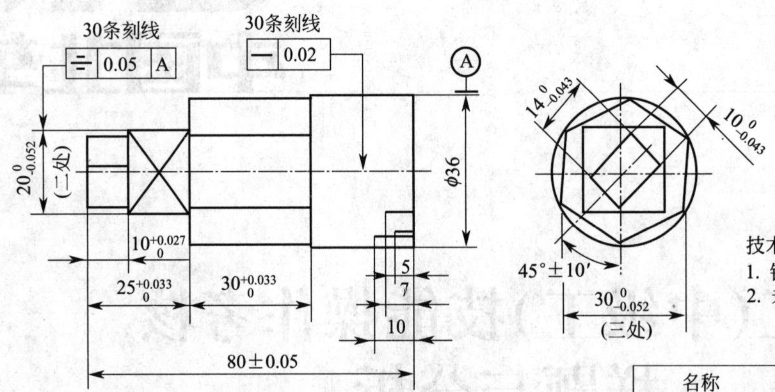

3.2

技术要求:
1. 锐边倒角C0.5;
2. 未注尺寸公差按GB 1084-m。

名称	职业	等级	时间
四、六方刻线轴	铣工	中级工	3小时

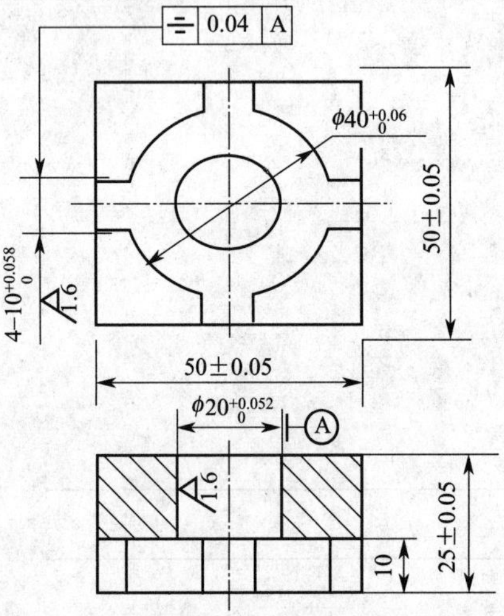

其余 3.2

技术要求:
1.锐边倒角C0.5;
2.未注尺寸公差按GB 1804-m。

件号	名称	数量
1	凹十字模	1

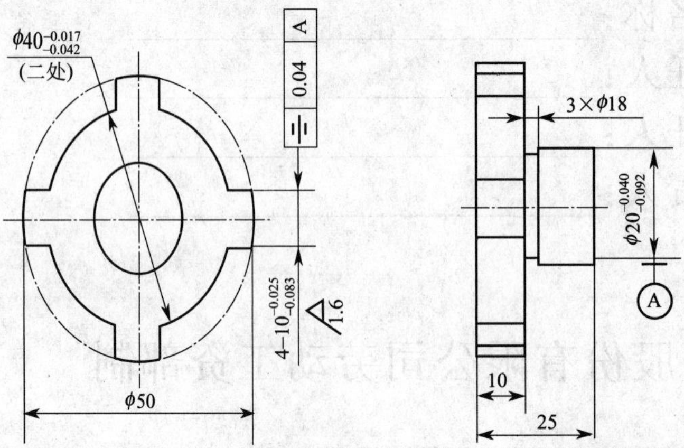

其余 3.2

件1与件2旋转90°、180°配合;
配合接触面间隙≤0.08m

技术要求:
1.锐边倒角C0.5;
2.未注尺寸公差按GB 1084-m。

件号	名称	数量
2	凸十字轴	1

职业名称	铣工
考核等级	中级工
试题名称	六方刻线轴、凹十字模、凸十字轴
材质等信息 45 钢	

职业技能鉴定技能操作考核准备单

职业名称	铣工
考核等级	中级工
试题名称	六方刻线轴、凹十字模、凸十字轴

一、材料准备

1. 材料规格：ϕ36 mm×80 mm，凸、凹十字模 50 mm×50 mm×25 mm。
2. 坯件尺寸：ϕ36 mm×84 mm，凸、凹十字模 55 mm×55 mm×30 mm。
3. 所有材料准备都按坯料尺寸，考试前准备好，凸模可以考前车出外形。

二、设备、工、量、卡具准备清单

序号	名称	规格	数量	备注
1	游标卡尺	0～150	1	0.02
2	高度游标尺	0～300	1	0.02
3	外径千分尺	0～25、25～50	各1	0.01
4	深度千分尺	0～50	1	0.01
5	百分表及磁性表座	0～10	各1	0.01
6	刀口尺	75	1	
7	矩形角尺	100×63	1	
8	万能角度尺	0°～320°	1	$2'$
9	立铣刀及拉杆	ϕ10、ϕ16、ϕ20、ϕ30	各1	
10	铣夹头		1套	
11	分度头		1	
12	钢直尺	150	1	
13	划针、划线规、样冲		各1	
14	榔头、木榔头		各1	
15	中心钻		1	
16	锉刀、活扳手		各1	
17	刻线尖铣刀		2	
18	钢直尺	150	1	
19	内径百分表	18～35、35～50	各1	0.01
20	内测千分尺	5～30	1	0.01
21	矩形角尺	100×63	1	
22	塞尺	0.02～0.5	1	
23	撞刀及撞刀头	ϕ20、ϕ40	各1	
24	麻花钻	ϕ16、ϕ18	各1	
25	铣夹头		1套	

续上表

序号	名称	规格	数量	备注
26	榔头、木榔头		各1	
27	划针、划线规、样冲		各1	
28	锉刀、活扳手		各1	
29	垫铁		若干	
30	立铣刀及拉杆	ϕ8、ϕ10、ϕ20、ϕ30	各1	

三、考场准备

1. 相应的公用设备、设备与器具的润滑与冷却等

a)考场附近应设置符合要求的磨刀砂轮机。

b)设备附近应设置必备的工、夹、量、刃、检具存放装置。

c)考场应提供起重设施及人员。

d)与鉴定有关的设备、设施在考前应做好检查、检测，保证状态完好、精度符合要求，并做好润滑保养等工作。

2. 相应的场地及安全防范措施

a)考场采光须良好，每台设备配有设备专用照明灯。

b)每台设备必须采用一机一护一闸。

c)考场应干净整洁、空气流通性好，无环境干扰。

3. 其他准备

a)考前由考务人员检查考场各工位应准备的材料、设备、工装夹具是否齐全到位。

b)考前由考务人员检查相关设备、工装夹具技术状态须完好。

四、考核内容及要求

1. 考核内容(按考核制件图示及要求制作)

2. 考核时限：鉴定考核总时间为420分钟

3. 考核评分(表)

职业名称	铣工		考核等级	中级工	
试题名称	六方刻线轴、凹十字模、凸十字轴		考核时限	420分钟	
鉴定项目	考核内容	配分	评分标准	扣分说明	得分
铣削矩形工件和铣削斜面	合理选择基准加工面，以基准面定位加工其他面	2	基准面选择不正确扣1分，不以基准面加工其他面扣1分		
	合理选择刀具和切削量不但可提高工件表面质量还可提高效率	2	刀具选择不合理扣1分，切削用量、进给量、切削深度不合理扣1分		
	25±0.05 50±0.05(二处)	2	不符合公差扣2分		
	平面度：7级	1	不符合扣1分		
	保证垂直度0.06	1	不符合扣1分		
	表面结构优于$Ra1.6\ \mu m$	1	不符合扣1分		
	正确使用和测量出工件的尺寸	1	不符合扣1分		

续上表

鉴定项目	考核内容	配分	评分标准	扣分说明	得分
铣削键槽	合理选用铣削通键槽的刀具	1	选用不合理扣1分		
	合理制定加工方法	1	不合理选用加工方法扣1分		
	选用适当夹具提高工作效率	1	不适当扣1分		
	能合理选择铣削速度、进给量、背吃刀深度	0.5	铣削用量不合理扣0.5分		
	正确选择定位基准,正确选择定位和夹紧方式	0.5	定位和夹紧方式不合理扣0.5分		
	利用合理方法使刀具对准中心	1	不合理扣1分		
	根据被加工材料和刀具材质选用切削液	0.5	选用错的切削液扣0.5分		
	$10^{+0.058}_{0}$(四处) $10^{+0.025}_{0.083}$(四处)	2	每超差一处扣0.5分		
	⌯ | 0.04 | A	1	超差扣1分		
	表面结构 Ra 1.6 μm(四处)	0.5	超差扣0.5分		
	正确使用和测量出工件的尺寸	0.5	不符合扣0.5分		
工件的切断加工	将加工的六方刻线进行切断选择合理的加工方法	0.5	方法不当扣0.5分		
	正确选择定位基准,正确选择定位和夹紧方式	0.5	定位和夹紧方式不合理扣0.5分		
	能合理选择铣削速度、进给量、背吃刀深度	0.5	铣削用量不合理扣0.5分		
	合理装卡切断处的位置,使夹紧点没有干涉	0.5	夹紧不当或不合理扣0.5分		
	正确对刀	1	对刀不准扣1分		
	选用合理铣削方式保证被加工件的质量且提高效率	0.5	铣削方式选用不当扣0.5分		
	合理制定操作方法	1	制定操作方法不当扣1分		
	根据被加工材料和刀具材质合理选用切削液	0.5	选用错的切削液扣0.5分		
	80±0.05	1	不符合扣1分		
	平行度、对称度:8级的保证	1	不符合扣1分		
	表面结构 Ra3.2 μm	1	不符合扣1分		
铣削台阶和直角沟槽	正确制定铣削台阶的方法	0.5	不符合扣0.5分		
	检查工件装卡是否合理	1	不符合扣1分		
	合理选用夹具	0.5	不符合扣0.5分		
	合理选用切削用量	0.5	不符合扣0.5分		
	对铣床的工作台调整校正	1	不符合扣1分		
	合理调整校正铣头	1	不符合扣1分		
	$30^{+0.033}_{0}$	1	不符合扣1分		
	平行度:9级;对称度:9级的保证	1	不符合扣1分		
	表面结构 Ra3.2 μm	1	不符合扣1分		

续上表

鉴定项目	考核内容	配分	评分标准	扣分说明	得分
铣削花键轴和铣削角度面	确定合理的方法利用分度头加工花键轴	0.5	不符合扣 0.5 分		
	对分度头的正确计算方法	1	不符合扣 1 分		
	对分度头的维护	0.5	不符合扣 0.5 分		
	检查工件装卡是否合理	1	不符合扣 1 分		
	正确校正工件	0.5	不符合扣 0.5 分		
	能合理选择铣削速度、进给量、背吃刀深度	1.5	铣削用量不合理扣 1.5 分		
	主要利用合理方法使刀具对准中心	0.5	不合理扣 0.5 分		
	根据被加工材料和刀具材质选用切削液	0.5	选用错的切削液扣 0.5 分		
	$10^{-0.025}_{-0.083}$	1	不符合扣 1 分		
	$10^{\ 0}_{-0.043}$，$14^{\ 0}_{-0.043}$	1	不符合扣 1 分		
	90°≤0.08 mm	1	不符合扣 1 分		
	⌯ 0.04 A	1	不符合扣 1 分		
	刀具正确使用	0.5	不符合扣 0.5 分		
	合理确定加工方法	0.5	不符合扣 0.5 分		
	45°±10′	1	不符合扣 1 分		
刻线加工	正确制定加工刻线的方法	0.5	不符合扣 0.5 分		
	选用适合的分度头	0.5	不符合扣 0.5 分		
	对分度头的正确计算方法	1	计算调整错误扣 1 分		
	检查工件装卡是否合理	0.5	不符合扣 0.5 分		
	正确计算刻线刀几何参数	1	不符合扣 1 分		
	工具的矫正	0.5	不符合扣 0.5 分		
	能合理选择铣削速度、进给量、背吃刀深度	0.5	铣削用量不合理扣 0.5 分		
	能合理选择铣削速度、进给量、背吃刀深度	0.5	铣削用量不合理扣 0.5 分		
	短刻线清晰、均匀，中长刻线清晰、均匀	0.5	不符合扣 0.5 分		
	尺寸公差等级：IT8 的保证	0.5	不符合扣 0.5 分		
	⌯ 0.05 A（30 条刻线）	1	不符合扣 1 分		
	— 0.02（30 条刻线）	1	不符合扣 1 分		
钻孔、铰孔	尺寸 40	1.5	不符合扣 1 分		
	表面结构 $Ra6.3\ \mu m$	1	不符合扣 1 分		
	尺寸 $\phi 40^{+0.06}_{\ 0}$	1.5	不符合扣 1.5 分		
	$Ra1.6\ \mu m$	1	不符合扣 1 分		
	刀具的正确选择和使用	1	不符合扣 1 分		
	合理选用切削用量	1	不符合扣 1 分		
	根据被加工材料和刀具材质选用切削液	1	选用错的切削液扣 1 分		

续上表

鉴定项目	考核内容	配分	评分标准	扣分说明	得分
镗孔	保证同一直线孔的	1	不符合扣1分		
	$\phi40^{+0.06}_{0}$	1.5	不符合扣1.5分		
	$Ra3.2\ \mu$m	1	不符合扣1分		
	位置度:8级	1.5	不符合扣1.5分		
	合理选用切削用量	0.5	不符合扣0.5分		
	刀具的准备	0.5	不符合扣0.5分		
	保证与其基准孔的同轴	1	不符合扣1分		
矩形齿离合器的铣削	凸凹模齿和槽的间隙配合	2	不符合扣2分		
	等分误差:±10′	4	不符合扣4分		
	齿侧表面结构:$Ra3.2\ \mu$m	4	不符合扣4分		
刀具的齿槽加工	铣削直齿刀具齿槽的知识	6	不符合扣6分		
	刀具前角加工误差≤2°	7	不符合扣7分		
	刀齿处棱边尺寸公差:IT15				
	刀具前角加工误差≤2°	7	不符合扣7分		
	刀齿处棱边尺寸公差:IT15				
质量、安全、工艺纪律、文明生产等综合考核项目	考核时限	不限	每超时10分钟,扣5分		
	工艺纪律	不限	依据企业有关工艺纪律管理规定执行,每违反一次扣10分		
	劳动保护	不限	依据企业有关劳动保护管理规定执行,每违反一次扣10分		
	文明生产	不限	依据企业有关文明生产管理规定执行,每违反一次扣10分		
	安全生产	不限	依据企业有关安全生产管理规定执行,每违反一次扣10分,有重大安全事故,取消成绩		

职业技能鉴定技能考核制件(内容)分析

职业名称	铣工				
考核等级	中级工				
试题名称	六方刻线轴、凹十字模、凸十字轴				
职业标准依据	国家职业技能标准				
试题中鉴定项目及鉴定要素的分析与确定					
鉴定项目分类 分析事项	基本技能"D"	专业技能"E"	相关技能"F"	合计	数量与占比说明
鉴定项目总数		14		14	
选取的鉴定项目数量		10		10	核心职业活动鉴定项目的选取满足不低于 2/3 的原则，选取的鉴定要素数量占比满足不低于60%的原则
选取的鉴定项目数量占比(%)		71.4		71.4	
对应选取鉴定项目所包含的鉴定要素总数		105		105	
选取的鉴定要素数量		74		74	
选取的鉴定要素数量占比(%)		70		70	

所选取鉴定项目及相应鉴定要素分解与说明

鉴定项目类别	鉴定项目名称	国家职业标准规定比重(%)	《框架》中鉴定要素名称	本命题中具体鉴定要素分解	配分	评分标准	考核难点说明
"E"	铣削矩形工件和铣削斜面	10	正确选择基准面及加工方法步骤，确定合理的定位和加紧方式	合理选择基准加工面，以基准面定位加工其他面	2	基准面选择不正确扣 1 分，不以基准面加工其他面扣 1 分	基准选择及定位
			正确选择刀具并合理选择切削用量	合理选择刀具和切削量不但可提高工件表面质量还可提高效率	2	刀具选择不合理扣 1 分，切削用量、进给量、切削深度不合理扣 1 分	合理选择切削用量
			尺寸公差等级：IT7 的保证	25±0.05 50±0.05(二处)	2	不符合公差扣 2 分	矩形制件加工时相关表面几何精度、位置精度及表面质量的保证
			平面度：7 级	符合公差等级标准	1	不符合扣 1 分	
			垂直度和平行度：6 级和 5 级的保证	保证垂直度 0.06	1	不符合扣 1 分	
			表面结构：$Ra1.6\ \mu m$ 的保证	表面结构优于 $Ra1.6\ \mu m$	1	不符合扣 1 分	
			用通用量具自测工件	正确使用和测量出工件的尺寸	1	不符合扣 1 分	正确使用测量量具和正确读数

续上表

鉴定项目类别	鉴定项目名称	国家职业标准规定比重(%)	《框架》中鉴定要素名称	本命题中具体鉴定要素分解	配分	评分标准	考核难点说明
“E”	铣削键槽	25	制定用立铣刀、三面刃铣刀铣削通键槽、半封闭键槽和封闭键槽的方法步骤	铣削通键槽选用的刀具方法	1	选用不合理扣1分	合理选择刀具
			制定用键槽铣刀、半圆键槽铣刀铣削键槽的方法步骤	合理制定加工方法	1	不合理选用加工方法扣1分	合理制定操作方法
			能正确选用夹具、刀具并合理选择切削用量	选用适当夹具提高工作效率	1	不适当扣1分	合理的操作方法
				能合理选择铣削速度、进给量、背吃刀深度	0.5	铣削用量不合理扣0.5分	合理选择切削用量
			确定合理的定位和夹紧方式，避免破坏工件外表面、避免应定位造成的加工误差	正确选择定位基准，正确选择定位和夹紧方式	0.5	定位和夹紧方式不合理扣0.5分	基准选择及定位
			刀具对中心准确	主要利用合理方法使刀具对准中心	1	不合理扣1分	合理的操作方法
			合理使用切削液	根据被加工材料和刀具材质选用切削液	0.5	选用错的切削液扣0.5分	切削液的选用
			尺寸公差等级：IT8的保证	$10^{+0.058}_{0}$(四处) $10^{-0.025}_{-0.083}$(四处)	2	每超差一处扣0.5分	键槽制件加工时相关表面几何精度、位置精度及表面质量的保证
			平行度、对称度：8级的保证	[⌯ 0.04 A]	1	超差扣1分	
			表面结构：$Ra3.2$～$Ra1.6$ μm的保证	$Ra1.6$ μm(四处)	0.5	超差扣0.5分	
	工件的切断加工		采用合理的量具和检测方法对槽宽、深度、对称度等进行检测	正确使用和测量出工件的尺寸	0.5	不符合扣0.5分	正确使用测量量具和正确读数
			制定用锯片铣刀切断工件的方法步骤	将加工的六方刻线进行切断选择合理的加工方法	0.5	方法不当扣0.5分	合理的操作方法
			确定合理的定位和夹紧方式	正确选择定位基准，正确选择定位和夹紧方式	0.5	定位和夹紧方式不合理扣0.5分	基准选择及定位
			正确选择刀具并合理选择切削用量	能合理选择铣削速度、进给量、背吃刀深度	0.5	铣削用量不合理扣0.5分	合理选择切削用量
			合理装夹工件，工件切断处与夹紧点的位置正确	合理装卡切断处的位置，使夹紧点没有干涉	0.5	夹紧不当或不合理扣0.5分	合理的操作方法
			切断时进刀位置正确	正确对刀	1	对刀不准扣1分	
			正确选择铣削方式	选用合理铣削方式保证被加工件的质量且提高效率	0.5	铣削方式选用不当扣0.5分	
			掌握防止铣刀折断的措施和方法	操作方法的定制	1	制定操作方法不当扣1分	合理的操作方法及合理选择切削用量

续上表

鉴定项目类别	鉴定项目名称	国家职业标准规定比重(%)	《框架》中鉴定要素名称	本命题中具体鉴定要素分解	配分	评分标准	考核难点说明
"E"	工件的切断加工	25	合理使用切削液	根据被加工材料和刀具材质选用切削液	0.5	选用错的切削液扣0.5分	切削液的选用
			尺寸公差等级：IT8的保证	80±0.05	1	不符合扣1分	加工时相关表面几何精度、位置精度及表面质量的保证
			平行度、对称度：8级的保证	符合公差等级标准	1	不符合扣1分	
			表面结构：*Ra*6.3～*Ra*3.2 μm的保证	*Ra*3.2 μm	1	不符合扣1分	
	铣削台阶和直角沟槽		制定使用常用铣刀铣削台阶的方法步骤	正确制定铣削台阶的方法	0.5	不符合扣0.5分	合理的操作方法
			确定合理的定位和夹紧方式并进行铣削	检查工件装卡是否合理	1	不符合扣1分	
			正确选用夹具、刀具并合理选择切削用量	合理选用夹具	0.5	不符合扣0.5分	工装、卡具的选用
				合理选用切削用量	0.5	不符合扣0.5分	合理选择切削用量
			能校正万能铣床工作台"零位"	对铣床的工作台调整校正	1	不符合扣1分	机床的使用与维护
			能校正立式铣床立铣头"零位"	铣头调整校正	1	不符合扣1分	
			尺寸公差等级：IT8的保证	$30^{+0.033}_{0}$	1	不符合扣1分	加工时相关表面几何精度、位置精度及表面质量的保证
			平行度：9级，对称度：9级的保证	符合国家公差等级标准	1	不符合扣1分	
			表面结构：*Ra*3.2～*Ra*1.6 μm的保证	*Ra*3.2 μm	1	不符合扣1分	
	铣削花键轴和铣削角度面	20	制定使用花键铣刀在分度头上半精铣、精铣花键的方法步骤	确定合理的方法利用分度头加工花键轴	0.5	不符合扣0.5分	分度头的使用、维护与保养
			合理选择分度头并进行分度计算	对分度头的正确计算方法	1	不符合扣1分	
			分度头及尾座的安装校正	对分度头的维护	0.5	不符合扣0.5分	
			合理装夹工件并校正、正确选择刀具并合理选择切削用量	检查工件装卡是否合理	1	不符合扣1分	合理的操作方法
				正确校正工件	0.5	不符合扣0.5分	
				能合理选择铣削速度、进给量、背吃刀深度	1.5	铣削用量不合理扣1.5分	合理选择切削用量
			刀具对中心准确	主要利用合理方法使刀具对准中心	0.5	不合理扣0.5分	合理的操作方法
			合理使用切削液	根据被加工材料和刀具材质选用切削液	0.5	选用错的切削液扣0.5分	切削液的选用

续上表

鉴定项目类别	鉴定项目名称	国家职业标准规定比重(%)	《框架》中鉴定要素名称	本命题中具体鉴定要素分解	配分	评分标准	考核难点说明
“E”	铣削花键轴和铣削角度面	15	尺寸公差等级:IT9的保证	$10^{-0.025}_{-0.083}$	1	不符合扣1分	加工时相关表面几何精度、位置精度及表面质量的保证
				$10^{0}_{-0.043}$、$10^{0}_{-0.043}$	1	不符合扣1分	
			铣削花键轴:不等分累积误差不大于0.04 mm(D=50～80 mm)的保证	90°≤0.08 mm	1	不符合扣1分	
			平行度、对称度:8级的保证	⌯ 0.04 A	1	不符合扣1分	
			制定使用组合铣刀在分度头上铣削花键的方法步骤	刀具正确使用	0.5	不符合扣0.5分	合理选择切削用量
			制定加工非对称角度面的方法步骤	合理确定加工方法	0.5	不符合扣0.5分	合理的操作方法
			倾斜度公差:±10′/100°的保证	45°±10′	1	不符合扣1分	加工时相关位置精度的保证
	刻线加工	10	制定使用刻线刀在圆柱面上进行刻线加工的方法步骤	正确制定加工刻线的方法	0.5	不符合扣0.5分	合理的操作方法
			选择分度精度适合的分度头	选用适合的分度头	0.5	不符合扣0.5分	分度头的使用、维护与保养
			分度计算并调整	对分度头的正确计算方法	1	计算调整错误扣1分	
			合理装夹工件并校正	检查工件装卡是否合理	0.5	不符合扣0.5分	合理的操作方法
			刻线刀几何参数计算	正确计算刻线刀几何参数	1	不符合扣1分	
			刻线刀磨制	工具的矫正	0.5	不符合扣0.5分	
			主轴转速调整	能合理选择铣削速度、进给量、背吃刀深度	0.5	铣削用量不合理扣0.5分	合理选择切削用量
			进给方式确定	能合理选择铣削速度、进给量、背吃刀深度	0.5	铣削用量不合理扣0.5分	
			刻线加工	短刻线清晰、均匀,中长刻线清晰、均匀	0.5	不符合扣0.5分	合理的操作方法
			尺寸公差等级:IT8的保证	按公差等级标准	0.5	不符合扣0.5分	加工时相关表面几何精度、位置精度及表面质量的保证
			对称度:8级的保证	⌯ 0.05 A(30条刻线)	1	不符合扣1分	
			倾斜度公差:±10′/100的保证	— 0.02(30条刻线)	1	不符合扣1分	
	钻孔、铰孔	15	能按照划线进行钻孔加工,并达到以下要求:(1)尺寸公差等级:IT9;(2)表面结构:Ra6.3 μm	尺寸40	1.5	不符合扣1分	加工时相关表面几何精度、位置精度及表面质量的保证
				表面结构Ra6.3 μm	1	不符合扣1分	

续上表

鉴定项目类别	鉴定项目名称	国家职业标准规定比重(%)	《框架》中鉴定要素名称	本命题中具体鉴定要素分解	配分	评分标准	考核难点说明
"E"	钻孔、铰孔	15	能使用手用/机用铰刀对已加工的孔进行铰削加工,并达到以下要求:(1)尺寸公差等级:IT8;(2)表面结构:$Ra1.6$ μm	尺寸 $\phi40^{+0.06}_{0}$	1.5	不符合扣1.5分	加工时相关表面几何精度、位置精度及表面质量的保证
				$Ra1.6$ μm	1	不符合扣1分	
			铰刀的种类、结构和使用方法	刀具的正确选择和使用	1	不符合扣1分	刀具的使用
			铰削余量的确定和铰孔切削用量的知识	合理选用切削用量	1	不符合扣1分	合理选择切削用量
			切削液的选用知识	根据被加工材料和刀具材质选用切削液	1	选用错的切削液扣1分	切削液的选用
	镗孔		能镗削轴线平行(两孔或多孔在同一直线)的孔系,并达到以下要求:(1)尺寸公差等级:IT8;(2)表面粗糙度:$Ra3.2 \sim Ra1.6$ μm;(3)位置度:8级	保证同一直线孔的	1	不符合扣1分	合理的操作方法
				$\phi40^{+0.06}_{0}$	1.5	不符合扣1.5分	加工时相关表面几何精度、位置精度及表面质量的保证
				$Ra3.2$ μm	1	不符合扣1分	
				位置度:8级	1.5	不符合扣1.5分	
			镗削余量的确定和镗孔切削用量的知识	合理选用切削用量	0.5	不符合扣0.5分	合理选择切削用量
			镗刀的调整、刃磨	刀具的准备	0.5	不符合扣0.5分	刀具的使用
			孔距的控制	保证与其基准孔的同轴	1	不符合扣1分	合理的操作方法
	弱矩形齿离合器的铣削	10	铣削齿侧间隙的要点	凸凹模齿和槽的间隙配合	2	不符合扣2分	加工时相关表面几何精度、位置精度及表面质量的保证
			能使用立铣刀或三面刃铣刀铣削偶数齿离合器,并达到以下要求:(1)等分误差:±10′;(2)齿侧表面结构:$Ra3.2$ μm	等分误差:±10′	4	不符合扣4分	
				齿侧表面结构:$Ra3.2$ μm	4	不符合扣4分	
	刀具的齿槽加工	20	铣削直齿刀具齿槽的知识	铣削直齿刀具齿槽的知识	6	不符合扣6分	刀具的使用
			能使用双角铣刀铣削圆盘直齿刀具的齿槽,并达到以下要求:(1)刀具前角加工误差≤2°;(2)刀齿处棱边尺寸公差:IT15	刀具前角加工误差≤2°	7	不符合扣7分	刀具的使用
				刀齿处棱边尺寸公差:IT15			
			能使用双角铣刀铣削圆柱面直齿刀具的齿槽,并达到以下要求:(1)刀具前角加工误差≤2°;(2)刀齿处棱边尺寸公差:IT15	刀具前角加工误差≤2°	7	不符合扣7分	刀具的使用
				刀齿处棱边尺寸公差:IT15			

续上表

鉴定项目类别	鉴定项目名称	国家职业标准规定比重(%)	《框架》中鉴定要素名称	本命题中具体鉴定要素分解	配分	评分标准	考核难点说明
质量、安全、工艺纪律、文明生产等综合考核项目				考核时限	不限	每超时10分钟，扣5分	
				工艺纪律	不限	依据企业有关工艺纪律管理规定执行，每违反一次扣10分	
				劳动保护	不限	依据企业有关劳动保护管理规定执行，每违反一次扣10分	
				文明生产	不限	依据企业有关文明生产管理规定执行，每违反一次扣10分	
				安全生产	不限	依据企业有关安全生产管理规定执行，每违反一次扣10分，有重大安全事故，取消成绩	

铣工(高级工)技能操作考核框架

一、框架说明

1. 依据《国家职业标准》注，以及中国北车确定的“岗位个性服从于职业共性”的原则，提出铣工(高级工)技能操作考核框架(以下简称：技能考核框架)。

2. 本职业等级技能操作考核评分采用百分制。即：满分为100分，60分为及格，低于60分为不及格。

3. 实施“技能考核框架”时，考核制件(活动)命题可以选用本企业的加工件(活动项目)，也可以结合实际另外组织命题。

4. 实施“技能考核框架”时，考核的时间和场地条件等应依据《国家职业标准》、并结合企业实际确定。

5. 实施“技能考核框架”时，其“职业功能”的分类按以下要求确定：

“平面和连接面的加工”、“台阶及沟槽的加工”、“分度头加工工件”、“孔加工”、“齿轮加工”、“牙嵌式离合器的加工”、“典型件的加工”、“复杂工件的加工”、“铣床精度检验”属于本职业等级技能操作的核心职业活动，其“项目代码”为“E”。

6. 实施“技能考核框架”时，其“鉴定项目”和“选考数量”按以下要求确定：

(1)按照《国家职业标准》有关技能操作鉴定比重的要求，本职业等级技能操作考核制件(活动)的“鉴定项目”均为核心职业活动“E”，其考核配分比例相应为：“E”占100分(其中：平面和连接面的加工10分，台阶及沟槽的加工10分，分度头加工工件10分，孔加工15分，齿轮加工10分，牙嵌式离合器的加工5分，典型件的加工20分，复杂工件的加工15分，铣床精度检验5分)。

(2)依据中国北车确定的“核心职业活动选取2/3，并向上取整”的规定，在“E”类鉴定项目——“平面和连接面的加工”、“台阶及沟槽的加工”、“分度头加工工件”、“孔加工”、“齿轮加工”、“牙嵌式离合器的加工”、“典型件的加工”、“复杂工件的加工”、“铣床精度检验”的全部14项中，至少选取10项。

(3)依据中国北车确定的“确定‘选考数量’时，所涉及‘鉴定要素’的数量占比，应不低于对应‘鉴定项目’范围内‘鉴定要素’总数的60%，并向上取整”的规定，考核制件(活动)的鉴定要素“选考数量”应按以下要求确定：

在“E”类“鉴定项目”中，在已选的至少10个鉴定项目所包含的全部鉴定要素中，至少选取总数的60%项，并向上保留整数。

举例分析：

按照上述“第6条”要求，若命题时按最少数量选取，即：在“E”类鉴定项目中选取了“铣削连接面”、“铣削台阶”、“铣削角度面”、“镗削坐标孔系”、“铣削台阶孔、盲孔”、“齿形的铣削”、“直齿离合器的铣削”、“典型件的加工”、“模具型腔、型面和组合体的加工”、“几何精度、工作精度检验”等10项，则：

此考核制件(活动)所涉及的“鉴定项目”总数为10项，具体包括：“铣削连接面”、“铣削台阶”、“铣削角度面”、“镗削坐标孔系”、“铣削台阶孔、盲孔”、“齿形的铣削”、“直齿离合器的铣削”、“典型件的加工”、“模具型腔、型面和组合体的加工”、“几何精度、工作精度检验”；

此考核制件(活动)所涉及的鉴定要素“选考数量”相应为44项，具体包括：“铣削连接面”、“铣削台阶”、“铣削角度面”、“镗削坐标孔系”、“铣削台阶孔、盲孔”、“齿形的铣削”、“直齿离合器的铣削”、“典型件的加工”、“模具型腔、型面和组合体的加工”、“几何精度、工作精度检验”等 10 个鉴定项目包括的全部 73 个鉴定要素中的 44 项。

7. 本职业等级技能操作需要两人及以上共同作业的，可由鉴定组织机构根据“必要、辅助”的原则，结合实际情况确定协助人员的数量。在整个操作过程中，协助人员只能起必要、简单的辅助作用。否则，每违反一次，至少扣减应考者的技能考核总成绩 10 分，直至取消其考试资格。

8. 实施“技能考核框架”时，应同时对应考者在质量、安全、工艺纪律、文明生产等方面行为进行考核。对于在技能操作考核过程中出现的违章作业现象，每违反一项(次)至少扣减技能考核总成绩 10 分，直至取消其考试资格。

注：按照中国北车规定，各《职业技能操作考核框架》的编制依据现行的《国家职业标准》、或现行的《行业职业标准》、或现行的《中国北车职业标准》的顺序执行。

二、铣工(高级工)技能操作鉴定要素细目表

职业功能	鉴定项目				鉴定要素		
	项目代码	名称	鉴定比重(%)	选考方式	要素代码	名称	重要程度
一、平面和连接面的加工	E	(一)铣削连接面	10	至少选10项	001	能制定铣削宽高比 $B/H \geqslant 10$ 的薄形制件平面和连接面的铣削步骤	X
					002	能制定铣削各种难切削(不锈钢、纯铜、淬火钢、钛合金等)材料的平面和连接面的铣削步骤和控制措施	X
					003	能正确选用夹具并确定合理的定位和夹紧方式，避免装夹变形	X
					004	能保证尺寸公差等级不低于 IT7	X
					005	能保证平面度、垂直度、平行度不低于 8 级	X
					006	能保证表面结构优于 $Ra1.6\ \mu m$	X
		(二)铣削斜面			001	能制定使用垫铁和可倾虎钳(或转动立铣头和机用虎钳，或利用斜垫铁和带回转盘的机用虎钳)铣削复合斜面的铣削步骤	X
					002	能正确计算复合斜面的旋转角度	X
					003	能保证尺寸公差等级不低于 IT10	X
					004	能保证表面结构优于 $Ra3.2 \sim Ra1.6\ \mu m$	X
二、台阶直角沟槽和键槽的加工及切断		(一)铣削台阶	10		001	能制定使用常用铣刀(或组合铣刀)铣削台阶的步骤	X
					002	能正确选用夹具并确定合理的定位和夹紧方式	X
					003	能制定加工精度不低于 7 级的保证措施	X
					004	能保证表面结构优于 $Ra3.2\ \mu m \sim Ra1.6\ \mu m$	X
		(二)铣削沟槽			001	能制定铣削等分圆弧槽(或大半径弧形沟槽)的步骤，正确选择等分方法	X
					002	能制定使用立铣刀、三面刃铣刀、键槽铣刀铣削通键槽、半封闭键槽和封闭键槽的步骤	X
					003	能制定使用立铣刀、角度铣刀、三面刃铣刀铣削 V 形槽的步骤	X
					004	能制定使用燕尾槽铣刀、角度铣刀铣削燕尾槽、块的步骤	X
					005	能确定合理的定位和夹紧方式	X
					006	能正确校正制件并正确进行刀具对中心	X
					007	能保证尺寸公差等级不低于 IT7	X
					008	能保证形位公差等级不低于 7 级	X
					009	能保证表面结构优于 $Ra3.2\ \mu m \sim Ra1.6\ \mu m$	X
					010	能采用合理的量具和检测方法进行检测计算	X

续上表

职业功能	鉴定项目				鉴定要素		
	项目代码	名称	鉴定比重(%)	选考方式	要素代码	名称	重要程度
三、分度头加工工件		(一)铣削角度面	10	至少选10项	001	能正确装夹、校正制件	X
					002	能正确分度并铣削角度面	X
					003	能保证尺寸公差等级不低于IT9	X
					004	能保证倾斜度公差±10′/100	X
					005	能合理选择检测器具并进行测量	X
					006	能保证表面结构优于 $Ra3.2\ \mu m$	X
		(二)刻线加工			001	能制定使用刻线刀在圆柱面(或圆锥面或平面)上进行刻线加工的步骤	X
					002	能合理装夹制件并校正	X
					003	能保证尺寸公差等级不低于IT7	X
					004	能保证对称度不低于8级	X
					005	能保证角度公差±3′	X
四、孔加工		(一)镗削坐标孔系	15		001	能制定镗削直角、极坐标平行孔系的步骤	X
					002	能合理装夹制件并校正	X
					003	能保证尺寸公差等级不低于IT7	X
					004	能保证孔距公差等级不低于IT8	X
					005	能正确进行孔径及孔距测量	X
					006	能保证表面结构优于 $Ra3.2\ \mu m$	X
		(二)镗削台阶孔、盲孔			001	能制定镗削台阶孔、盲孔的步骤	X
					002	能合理装夹制件并校正	X
					003	能保证尺寸公差等级不低于IT8	X
					004	能保证孔距公差等级不低于IT8	X
					005	能正确进行孔径及孔距测量	X
					006	能保证表面结构优于 $Ra3.2\ \mu m$	X
五、齿轮加工		齿形的铣削	10		001	能制定铣削直齿圆柱齿轮(或斜齿圆柱齿轮或 $m \geq 16mm$ 直齿齿条或斜齿齿条的步骤	X
					002	能正确进行齿坯检查	X
					003	能正确进行分度方法选择、分度计算、分度调整	X
					004	能正确进行制件安装、校正	X
					005	能制定精度等级不低于8FJ的保证措施	X
					006	能合理选择检测器具对齿轮(齿条)加工精度进行检测	X
					007	能保证表面结构优于 $Ra3.2\ \mu m$	X
六、牙嵌式离合器的加工		(一)直齿离合器的铣削	5		001	能制定铣削矩形齿(或梯形等高齿、收缩齿或尖形齿、锯形齿)离合器的步骤	X
					002	能正确进行分度计算并调整	X
					003	能合理装夹制件并校正	X
					004	能正确进行对刀方法选择及刀具对中心调整	X
					005	能保证等分误差≤±3′	X
					006	能保证齿侧表面结构优于 $Ra3.2\ \mu m$~$Ra1.6\ \mu m$	X
					007	能选择合理的检测器具对加工精度进行正确的检测	X

续上表

职业功能	鉴定项目				鉴定要素		
	项目代码	名 称	鉴定比重(%)	选考方式	要素代码	名 称	重要程度
六、牙嵌式离合器的加工		(二)螺旋齿离合器的铣削			001	能制定铣削导程 $P_h \leqslant 17$ mm 的螺旋齿离合器步骤	X
					002	能正确进行分度计算并调整	X
					003	能正确进行导程及配换齿轮计算	X
					004	能合理装夹制件并校正	X
					005	能正确选择对中心方法并进行对刀调整	X
					006	能保证等分误差≤±3′	X
					007	能保证齿侧表面结构优于 $Ra3.2\ \mu m \sim Ra1.6\ \mu m$ 的保证措施	X
					008	能选择合理的检测器具对加工精度进行正确的检测	X
七、典型件的加工		典型件的加工	20	至少选10项	001	能制定铣削圆柱螺旋槽的步骤(能制定铣削平面螺旋面的步骤)	X
					002	能制定铣削等速圆柱凸轮的步骤(能制定铣削等速圆盘凸轮的步骤、能制定铣削非等速凸轮的步骤)	X
					003	能制定铣削球面的步骤	X
					004	能制定铣削错齿三面刃铣刀齿槽的步骤(能制定铣削圆柱铰刀齿槽的步骤、能制定铣削角度铣刀齿槽的步骤、能制定铣削立铣刀的螺旋齿齿槽的步骤)	X
					005	能正确检查制件实际加工尺寸,选择合理加工方法	X
					006	能掌握刀具对中心方法及对刀调整	X
					007	能正确进行制件安装、校正及夹紧	X
					008	能保证螺旋槽、凸轮加工尺寸公差等级不低于IT8	X
					009	能保证球面加工尺寸公差等级不低于IT9	X
					010	能保证刀具齿槽加工尺寸公差不低于IT15	X
					011	能保证刀具前角加工误差≤2°	X
					012	能保证螺旋面、曲面加工形状误差≤0.1 mm	X
					013	能选择合理的检测器具对加工精度进行正确的检测	X
					014	能保证表面结构优于 $Ra3.2\ \mu m$	X
八、复杂工件的加工		模具型腔、型面和组合体的加工	15		001	能制定铣削模具型腔(型面)的步骤	X
					002	能合理选择铣削方式,确定各形体铣削顺序、切入点、切出点及铣削方向	X
					003	能正确进行制件安装、校正及夹紧	X
					004	能制定尺寸公差等级不低于IT8的保证措施	X
					005	能制定铣削型腔时形位公差等级不低于8级、铣削型面时不低于7级的保证措施	X
					006	能保证铣削型腔时表面结构优于 $Ra6.3 \sim Ra3.2\ \mu m$、铣削型面时表面结构优于 $Ra3.2\ \mu m$	X
					007	能制定加工带有台阶、沟槽、T形槽、燕尾槽、圆弧、孔、角度等的3件以上组合体制件的铣削工艺	X
					008	能保证组合体加工的平行度、对称度不低于8级	X
					009	能选择合理的检测器具对加工精度进行正确的检测	X

续上表

职业功能	鉴定项目				鉴定要素		
	项目代码	名称	鉴定比重(%)	选考方式	要素代码	名称	重要程度
九、铣床精度检验		几何精度、工作精度检验	5		001	能检验主轴锥孔轴线的径向圆跳动	X
					002	能检验主轴的轴向窜动	X
					003	能检验主轴轴肩支撑面的端面圆跳动	X
					004	能检验主轴定心轴颈的径向圆跳动	X
					005	能检验主轴旋转轴线对工作台横向移动的平行度	X
					006	能检验主轴旋转轴线对工作台中央基准T形槽的垂直度	X
					007	能检验悬梁导轨对主轴旋转轴线的平行度	X
					008	能检验主轴旋转轴线对工作台面的平行度	X
					009	能检验刀杆支架孔轴线对主轴旋转轴线的重合度	X
					010	能检验主轴旋转轴线对工作台面的垂直度	X
					011	能通过对试件的铣削，完成机床在工作状态下的综合性检验	X
					012	能正确完成试件加工质量的检测	X
					013	能通过加工质量准确分析、评价铣床相关工作精度	X

中国北车

铣工(高级工)技能操作考核
样题与分析

职 业 名 称：________________

考 核 等 级：________________

存 档 编 号：________________

考核站名称：________________

鉴定责任人：________________

命题责任人：________________

主管负责人：________________

中国北车股份有限公司劳动工资部制

职业技能鉴定技能操作考核制件图示或内容

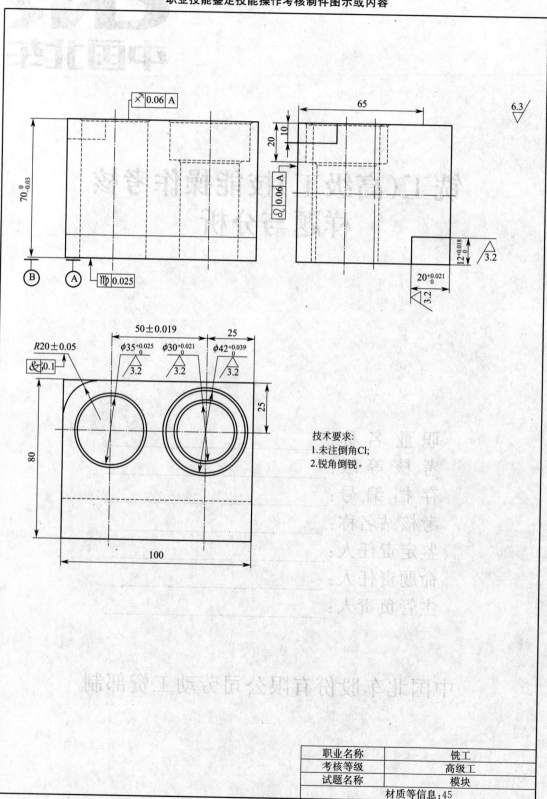

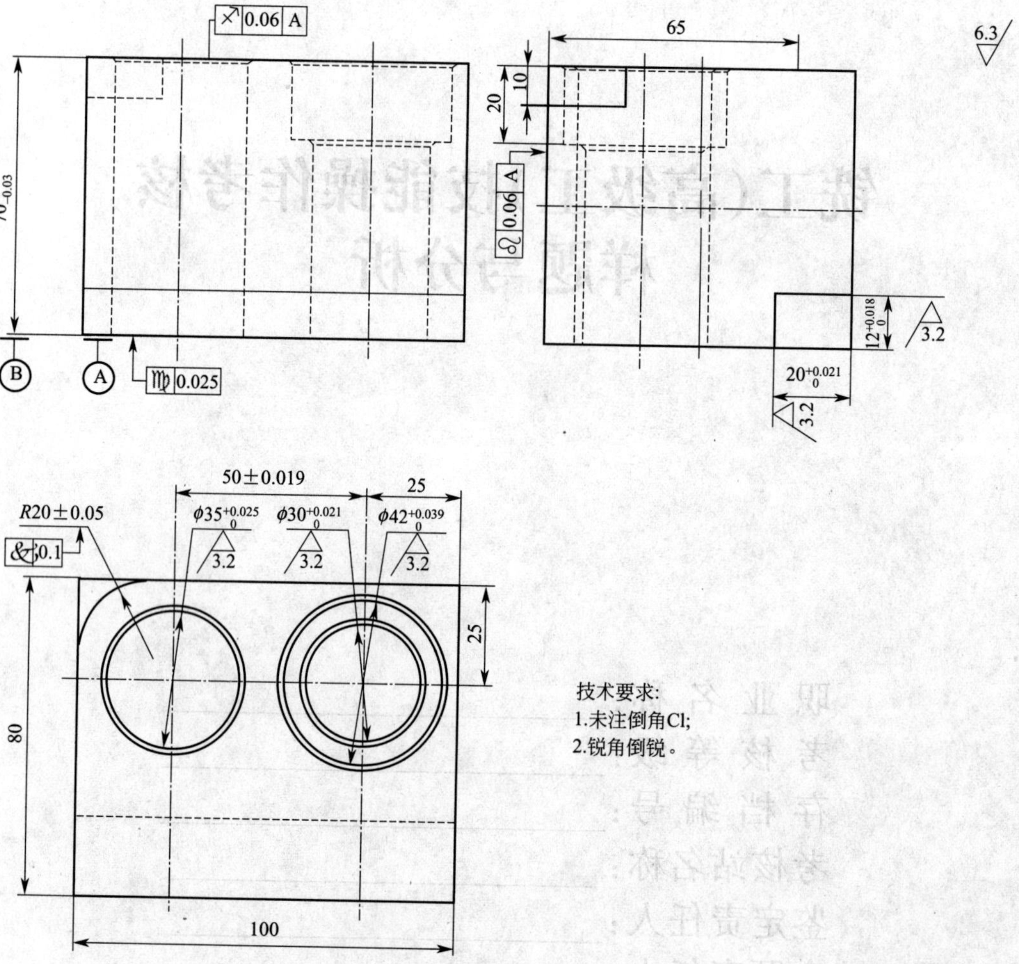

技术要求：
1.未注倒角Cl;
2.锐角倒锐。

职业名称	铣工
考核等级	高级工
试题名称	模块
材质等信息：45	

职业技能鉴定技能操作考核制件图示或内容

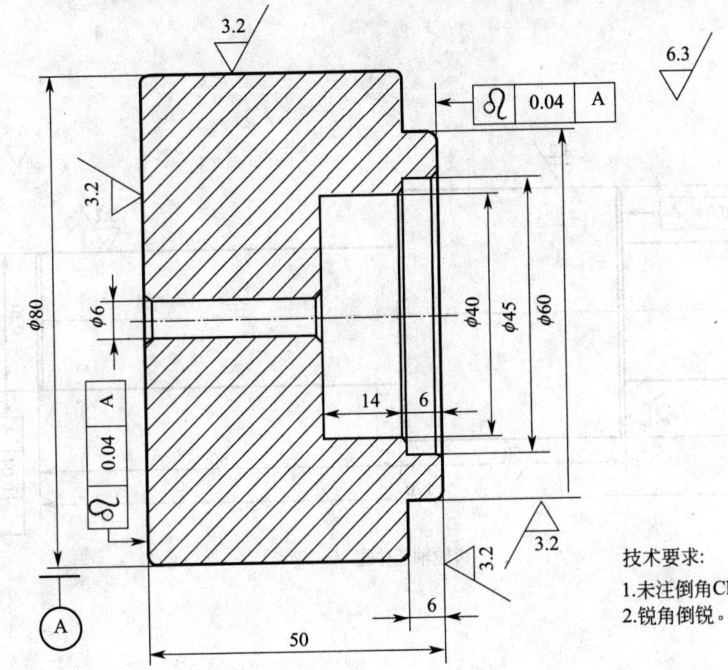

技术要求:

1.未注倒角C1;

2.锐角倒锐。

球面离合器坏件图

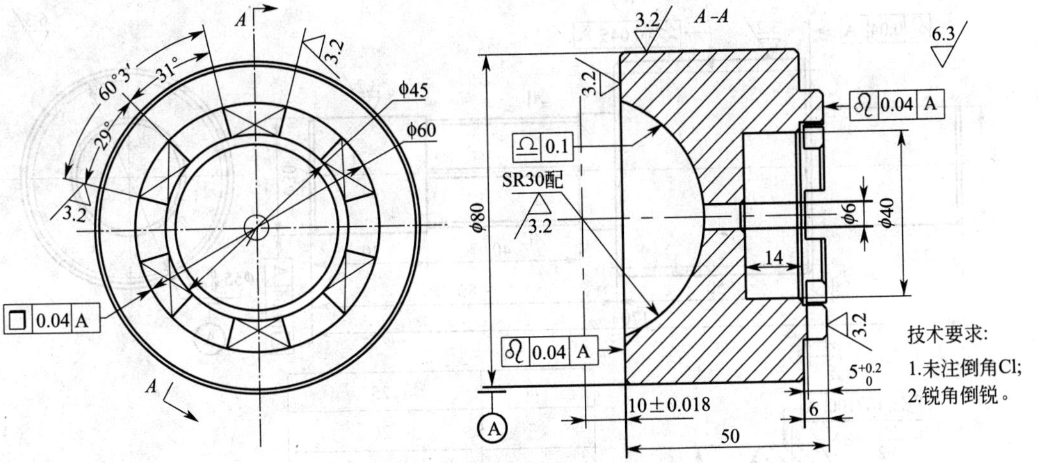

技术要求:

1.未注倒角C1;

2.锐角倒锐。

球面离合器制件图

职业名称	铣工
考核等级	高级工
试题名称	齿轮加工
材质等信息:45	

职业技能鉴定技能操作考核制件图示或内容

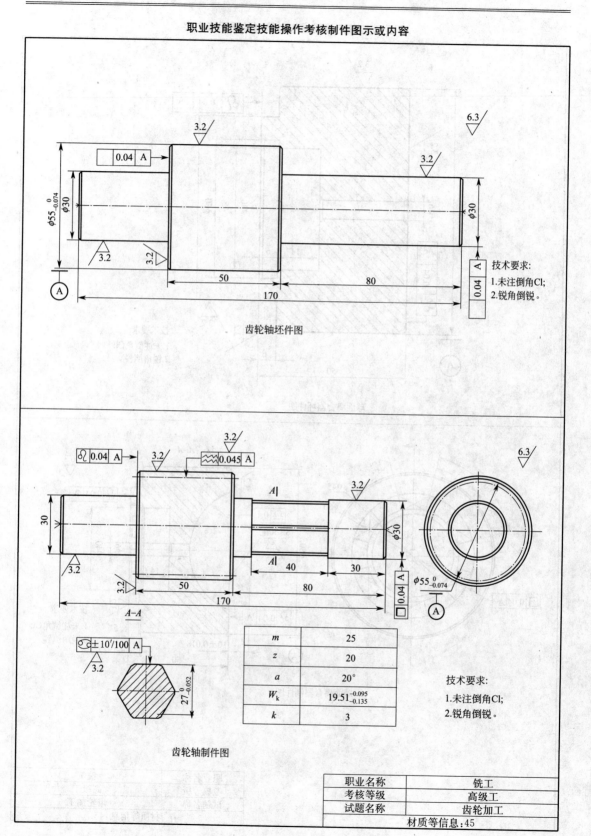

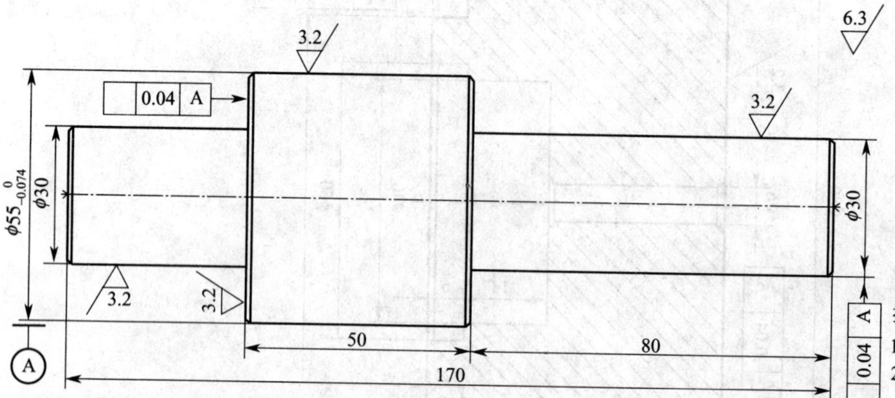

技术要求:

1.未注倒角C1;

2.锐角倒锐。

齿轮轴坯件图

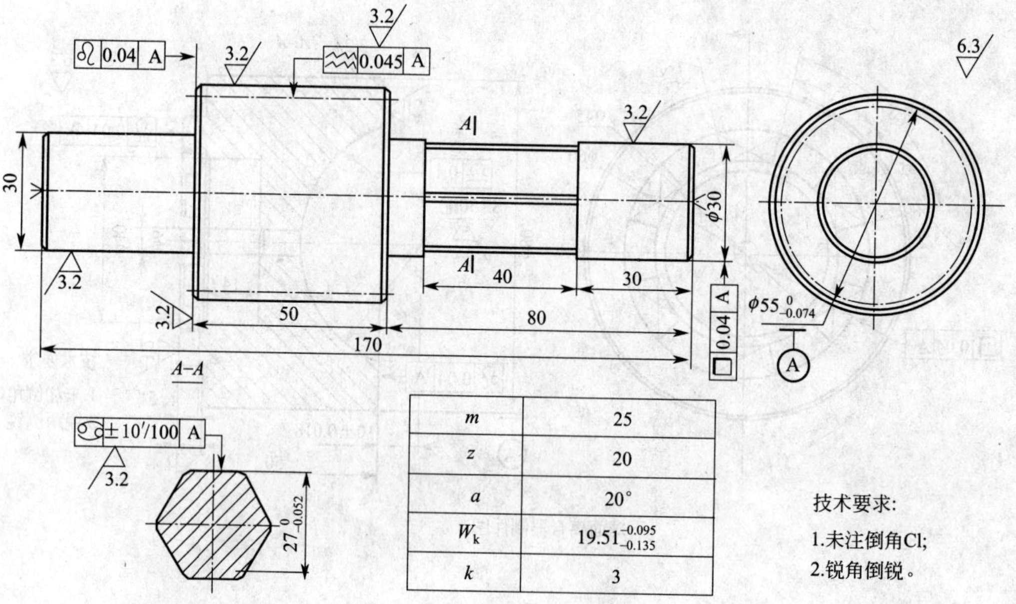

m	25
z	20
a	20°
W_k	$19.51_{-0.135}^{-0.095}$
k	3

技术要求:

1.未注倒角C1;

2.锐角倒锐。

齿轮轴制件图

职业名称	铣工
考核等级	高级工
试题名称	齿轮加工
材质等信息:45	

职业技能鉴定技能操作考核准备单

职业名称	铣工
考核等级	高级工
试题名称	模块、球面离合器、齿轮轴

一、材料准备

1. 材料规格

模块：材质为45钢，规格为80 mm×90 mm×110 mm，数量为1件；

球面离合器：材质为45钢，规格为ϕ90 mm×60 mm，数量为1件；

齿轮轴：材质为45钢，规格为ϕ60 mm×180 mm，数量为1件。

2. 坯件尺寸

模块：75 mm×85 mm×105 mm；球面离合器与齿轮轴见图。

二、设备、工、量、卡具准备清单

序号	名称	规格	数量	备注
1	立式升降台铣床	X5032	1	
2	卧式万能升降台铣床	X6132	1	
3	铣床用平口虎钳	Q12160	1	
4	钳口铜垫	自选	1副	
5	铜板	自选	自定	
6	万能分度头(含顶尖座)	F11125A	1	
7	铜皮	自选	自定	
8	紧固螺栓	自选	自定	
9	压板	自选	自定	
10	扳手	27～24	1	
11	等高垫铁	自选	自定	
12	活扳手	300×36	1	
13	钳工锉	自选	1套	
14	铜锤	自选	1	
15	铣夹头	自选	1套	
16	划线工具	自选	1套	
17	游标卡尺	0～150(0.02)	1	
18	深度游标卡尺	0～200(0.02)	1	
19	外径千分尺	25～50(0.01)	1	
20	外径千分尺	50～75(0.01)	1	
21	外径千分尺	75～100(0.01)	1	
22	外径千分尺	100～125(0.01)	1	

续上表

序号	名称	规格	数量	备注
23	深度千分尺	0～25(0.01)	1	
24	宽座角尺	125×80(1级)	1	
25	粗糙度比较样块	自选	1套	
26	万能角度尺	0～320°(2′)	1	
27	半径样板	*R*20	1	
28	半径样板	*R*30	1	
29	内径百分表	18～35(0.01)	1	
30	内径百分表	35～50(0.01)	1	
31	量块	83块(1级)	1	
32	检验用心棒	自选	2	
33	外球体	自选	1	
34	塞尺	0.02～1	1套	
35	数显高度尺	0～300(0.01)	1	
36	高度游标卡尺	0～300(0.02)	1	
37	齿厚游标卡尺	1～16(0.02)	1	
38	公法线千分尺	0～25(0.01)	1	
39	磁力表座	C37型	1	
40	百分表	0～10(0.01)	1	
41	杠杆百分表	0～1(0.01)	1	
42	铣床几何精度检具	自选	1套	

三、考场准备

1. 相应的公用设备、设备与器具的润滑与冷却等

1)考场附近应设置符合要求的磨刀砂轮机。

2)设备附近应设置必备的工、夹、量、刃、检具存放装置。

3)考场应提供起重设施及人员。

4)与鉴定有关的设备、设施在考前应做好检查、检测，保证状态完好、精度符合要求，并做好润滑保养等工作。

2. 相应的场地及安全防范措施

1)考场采光须良好，每台设备配有设备专用照明灯。

2)每台设备必须采用一机一护一闸。

3)考场应干净整洁、空气流通性好，无环境干扰。

3. 其他准备

1)考前由考务人员检查考场各工位应准备的材料、设备、工装夹具是否齐全到位。

2)考前由考务人员检查相关设备、工装夹具技术状态须完好。

四、考核内容及要求

1. 考核内容(按考核制件图示及要求制作)
2. 考核时限:鉴定考核总时间为600分钟
3. 考核评分(表)

职业名称	铣工		考核等级	高级工	
试题名称	模块、球面离合器、齿轮轴		考核时限	600分钟	
鉴定项目	考核内容	配分	评分标准	扣分说明	得分
铣削连接面	正确选择定位基准,正确选择定位和夹紧方式	0.5	定位和夹紧方式不合理扣0.5分		
	保证尺寸$70_{-0.03}^{0}$	3	超差扣3分		
	保证平面度0.025	1	超差扣1分		
	保证垂直度0.06	2	超差扣2分		
	保证平行度0.06	2	超差扣2分		
	表面结构优于$Ra1.6\ \mu m$	1.5	不符合扣1.5分		
铣削台阶	正确选择定位基准,正确选择定位和夹紧方式	1	定位和夹紧方式不合理扣1分		
	保证尺寸$20_{0}^{+0.021}$	3	超差扣3分		
	保证尺寸$12_{0}^{+0.018}$	3	超差扣3分		
	表面结构优于$Ra3.2$~$Ra1.6\ \mu m$	3	不符合扣3分		
铣削角度面	能正确装夹制件并调整顶紧力	1	装夹不正确扣1分		
	保证尺寸$27_{-0.052}^{0}$	3	超差扣3分		
	保证倾斜度±10′/100	3	超差扣3分		
	合理选择器具	1	选择错误不得分		
	表面结构优于$Ra3.2\ \mu m$	2	不符合扣2分		
镗削坐标孔系	能正确选择定位基准、夹紧方式及校正方法	0.5	不合理扣0.5分		
	保证尺寸$\phi30_{0}^{+0.021}$	2.5	超差扣2.5分		
	保证尺寸$\phi35_{0}^{+0.025}$	2.5	超差扣2.5分		
	表面结构优于$Ra3.2\ \mu m$	2.5	不符合扣2.5分		
	保证尺寸50±0.019	2	超差扣2分		
镗削台阶孔、盲孔	能正确选择定位基准、夹紧方式及校正方法	0.5	不合理扣0.5分		
	保证尺寸$42_{0}^{+0.039}$	2.5	超差扣2.5分		
	表面结构优于$Ra3.2\ \mu m$	2	不符合扣2分		
齿形的铣削	能正确检测齿坯外径	0.5	不正确扣0.5分		
	能根据齿数正确进行分度计算及分度调整	0.5	不正确扣0.5分		
	能正确装夹制件、调整顶紧力,正确校正制件	0.5	装夹校正不正确扣0.5分		
	保证公法线长度$19.51_{-0.135}^{-0.095}$	4	超差扣4分		
	齿圈径向跳动0.045	2.5	超差扣2.5分		
	表面结构优于$Ra3.2\ \mu m$	2	不符合扣2分		

续上表

鉴定项目	考核内容	配分	评分标准	扣分说明	得分
直齿离合器的铣削	能根据齿数正确进行分度计算及分度调整	0.5	不正确扣 0.5 分		
	能正确装夹制件,正确校正制件	0.5	装夹校正不正确扣 0.5 分		
	能根据制件齿数、加工精度选择对刀方法并调整	0.5	不正确扣 0.5 分		
	保证尺寸 $60°\pm3'$	1	超差扣 1 分		
	选择合理器具	1	不正确不得分		
	表面结构优于 $Ra3.2 \sim Ra1.6\ \mu m$	1.5	不符合扣 1.5 分		
典型件的加工	能正确检查制件直径、厚度	1	不正确扣 1 分		
	能正确装夹制件,正确校正制件	2	装夹校正不正确扣 2 分		
	能正确进行刀具对中心及调整	2	不正确扣 2 分		
	保证尺寸 10 ± 0.018	7	超差扣 7 分		
	保证面轮廓度 0.1	3	超差扣 3 分		
	选择合理的器具	1	选择错误不得分		
	表面结构优于 $Ra3.2\ \mu m$	4	不符合扣 4 分		
模具型腔、型面和组合体的加工	能合理选择铣削方式、铣削步骤	1.5	不正确扣 1.5 分		
	能正确选择基准面、夹具并正确校正	1.5	不正确扣 1.5 分		
	保证尺寸 $R20\pm0.05$	4	超差扣 4 分		
	保证线轮廓度 0.1	4	超差扣 4 分		
	选择合理的器具	1	选择错误不得分		
	表面结构优于 $Ra6.3\ \mu m$	3	不符合扣 3 分		
几何精度、工作精度检验	能检验主轴锥孔轴线的径向圆跳动	1.5	不正确扣 1.5 分		
	能检验主轴的轴向窜动	1.5	不正确扣 1.5 分		
	能检验主轴轴肩支撑面的端面圆跳动	1	不正确扣 1 分		
	能检验主轴旋转轴线对工作台面的平行度	1	不正确扣 1 分		
时限、质量、安全、工艺纪律、文明生产等综合考核项目	考核时限	不限	每超时 10 分钟,扣 5 分;超时 30 分钟以上,取消考试		
	工艺纪律	不限	依据企业有关工艺纪律管理规定执行,每违反一次扣 10 分		
	劳动保护	不限	依据企业有关劳动保护管理规定执行,每违反一次扣 10 分		
	文明生产	不限	依据企业有关文明生产管理规定执行,每违反一次扣 10 分		
	安全生产	不限	依据企业有关安全生产管理规定执行,每违反一次扣 10 分,有重大安全事故,取消成绩		

职业技能鉴定技能考核制件(内容)分析

职业名称	铣工
考核等级	高级工
试题名称	模块、球面离合器、齿轮轴
职业标准依据	铣工国家职业技能标准

试题中鉴定项目及鉴定要素的分析与确定

分析事项 \ 鉴定项目分类	基本技能“D”	专业技能“E”	相关技能“F”	合计	数量与占比说明
鉴定项目总数		14		14	核心职业活动鉴定项目的选取满足不低于 2/3 的原则，选取的鉴定要素数量占比满足不低于 60%的原则
选取的鉴定项目数量		10		10	
选取的鉴定项目数量占比(%)		71.4		71.4	
对应选取鉴定项目所包含的鉴定要素总数		78		78	
选取的鉴定要素数量		47		47	
选取的鉴定要素数量占比(%)		60.3		60.3	

所选取鉴定项目及相应鉴定要素分解与说明

鉴定项目类别	鉴定项目名称	国家职业标准规定比重(%)	《框架》中鉴定要素名称	本命题中具体鉴定要素分解	配分	评分标准	考核难点说明
“E”	铣削连接面	10	能正确选用夹具并确定合理的定位和夹紧方式，避免装夹变形	正确选择定位基准，正确选择定位和夹紧方式	0.5	定位和夹紧方式不合理扣 0.5 分	基准选择及定位方面相关知识
			能保证尺寸公差等级不低于 IT7	保证尺寸 $70_{-0.03}^{0}$	3	超差扣 3 分	矩形制件加工时相关表面几何精度、位置精度及表面质量的保证能力
			能保证平面度、垂直度、平行度不低于 8 级	保证平面度 0.025	1	超差扣 1 分	
				保证垂直度 0.06	2	超差扣 2 分	
				保证平行度 0.06	2	超差扣 2 分	
			能保证表面结构优于 $Ra1.6$ μm	表面结构优于 $Ra1.6$ μm	1.5	不符合扣 1.5 分	
	铣削台阶	10	能正确选用夹具并确定合理的定位和夹紧方式	正确选择定位基准，正确选择定位和夹紧方式	1	定位和夹紧方式不合理扣 1 分	基准选择及定位方面相关知识
			能制定加工精度不低于 7 级的保证措施	保证尺寸 $20_{0}^{-0.021}$	3	超差扣 3 分	台阶加工时几何精度、表面质量的保证能力
				保证尺寸 $12_{0}^{-0.018}$	3	超差扣 3 分	
			能保证表面结构优于 $Ra3.2$～$Ra1.6$ μm	表面结构优于 $Ra1.6$ μm	1.5	不符合扣 1.5 分	
	铁销角度面	10	能正确装夹、校正制件	能正确装夹制件并调整顶紧力	1	装夹不正并调整顶紧力	卡-顶制件的技能
			能保证尺寸公差等级不低于 IT9	保证尺寸 $27_{-0.052}^{0}$	3	超差扣 3 分	角度面加工时几何精度、形位精度、表面质量的保证能力
			能保证倾斜度公差 ±10′/100	保证倾斜度±10′/100	3	超差扣 3 分	
			能合理选择检测器具并进行检测	合理选择器具	1	选择错误不得分	
			能保证表面结构优于 $Ra3.2$ μm	表面结构优于 $Ra3.2$ μm	2	不符合扣 2 分	

续上表

鉴定项目类别	鉴定项目名称	国家职业标准规定比重(%)	《框架》中鉴定要素名称	本命题中具体鉴定要素分解	配分	评分标准	考核难点说明
	镗削坐标孔系	15	能合理装夹制件并校正	能正确选择定位基准、夹紧方式及校正方法	0.5	不合理扣0.5分	孔系加工时定位及校正知识
			能保证尺寸公差等级不低于IT7	保证尺寸$\phi30^{+0.021}_{0}$	2.5	超差扣2.5分	孔系加工时几何精度、表面质量的保证能力
				保证尺寸$\phi35^{+0.025}_{0}$	2.5	超差扣2.5分	
			能保证表面结构优于$Ra3.2\mu m$	表面结构优于$Ra3.2\mu m$	2.5	不符合扣2.5分	
			能保证孔距公差等级不低于IT8	保证尺寸50±0.019	2	超差扣2分	
	镗削台阶孔、盲孔		能合理装夹制件并校正	能正确选择定位基准、夹紧方式及校正方法	0.5	不合理扣0.5分	台阶孔加工时定位及校正知识
			能保证尺寸公差等级不低于IT8	保证尺寸$42^{+0.039}_{0}$	2.5	超差扣2.5分	台阶孔加工时几何精度、表面质量的保证能力
			能保证表面结构优于$Ra3.2\ \mu m$	表面结构优于$Ra3.2\ \mu m$	2	不符合扣2分	
	齿形的铣削	10	能正确进行齿坯检查	能正确检测齿坯外径	0.5	不正确扣0.5分	齿坯检测、加工余量计算知识
			能正确进行分度方法选择、分度计算、分度调整	能根据齿数正确进行分度计算及分度调整	0.5	不正确扣0.5分	分度计算及调整技能
			能正确进行制件安装、校正	能正确装夹制件、调整顶紧力,正确校正制件	0.5	装夹校正不正确扣0.5分	卡一顶制件及校正的技能
			能制定精度等级不低于8FJ的保证措施	保证公法线长度$19.51^{-0.095}_{-0.135}$	4	超差扣4分	齿形加工时几何精度、位置精度、表面质量的保证能力
				齿圈径向跳动0.045	2.5	超差扣2.5分	
			能保证表面结构优于$Ra3.2\ \mu m$	表面结构优于$Ra3.2\ \mu m$	2	不符合扣2分	
	直齿离合器的铣削	5	能正确进行分度计算并调整	能根据齿数正确进行分度计算及分度调整	0.5	不正确扣0.5分	分度计算及调整技能
			能合理装夹制件并校正	能正确装夹制件,正确校正制件	0.5	装夹校正不正确扣0.5分	制件装夹及校正的技能
			能正确进行对刀方法选择及刀具对中心调整	能根据制件齿数、加工精度选择对刀方法并调整	0.5	不正确扣0.5分	离合器加工时刀具对中技能
			能保证等分误差≤±3′	保证尺寸60°±3′	1	超差扣1分	离合器加工时几何精度、表面质量的保证能力
			能选择合理的检测器具对加工精度进行正确的检测	选择合理器具	1	不正确不得分	
			能保证齿侧表面结构优于$Ra3.2\ \mu m$～$Ra1.6\ \mu m$	表面结构优于$Ra3.2$～$Ra1.6\ \mu m$	1.5	不符合扣1.5分	

续上表

鉴定项目类别	鉴定项目名称	国家职业标准规定比重(%)	《框架》中鉴定要素名称	本命题中具体鉴定要素分解	配分	评分标准	考核难点说明
	典型件的加工	20	能正确检查制件实际加工尺寸,选择合理加工方法	能正确检查制件直径、厚度	1	不正确扣1分	球面加工时毛坯检测技能
			能正确进行制件安装、校正及夹紧	能正确装夹制件,正确校正制件	2	装夹校正不正确扣2分	制件装夹及校正的技能
			能掌握刀具对中心方法及对刀调整	能正确进行刀具对中心及调整	2	不正确扣2分	刀具对中心技能
			能保证球面加工尺寸公差等级不低于IT9	保证尺寸10±0.018	7	超差扣7分	内球面加工时几何精度、形状精度、表面质量的保证能力
			能保证螺旋面、曲面加工形状误差≤0.1 mm	保证面轮廓度0.1	3	超差扣3分	
			能选择合理的检测器具对加工精度进行正确的检测	选择合理的器具	1	选择错误不得分	
			能保证表面结构优于$Ra3.2\ \mu m$	表面结构优于$Ra3.2\ \mu m$	4	不符合扣4分	
	模具型腔、型面和组合体的加工	15	能合理选择铣削方式,确定各形体铣削顺序、切入点、切出点及铣削方向	能合理选择铣削方式、铣削步骤	1.5	不正确扣1.5分	复杂型面形体铣削工艺分析知识
			能正确进行制件安装、校正及夹紧	能正确选择基准面、夹具并正确校正	1.5	不正确扣1.5分	复杂型面加工时定位、装夹技能
			能制定尺寸公差等级不低于IT8的保证措施	保证尺寸R20±0.05	4	超差扣4分	曲面加工时几何精度、形状精度、表面质量的保证能力
			能制定铣削型腔时形位公差等级不低于8级、铣削型面时不低于7级的保证措施	保证线轮廓度0.1	4	超差扣4分	
			能选择合理的检测器具对加工精度进行正确的检测	选择合理的器具	1	选择错误不得分	
			能保证铣削型面时表面结构优于$Ra6.3\sim Ra3.2\ \mu m$	表面结构优于$Ra6.3\ \mu m$	3	不符合扣3分	
	几何精度、工作精度检验	5	能检验主轴锥孔轴线的径向圆跳动	能检验主轴锥孔轴线的径向圆跳动	1.5	不正确扣1.5分	铣床几何精度检验技能
			能检验主轴的轴向窜动	能检验主轴的轴向窜动	1.5	不正确扣1.5分	
			能检验主轴轴肩支撑面的端面圆跳动	能检验主轴轴肩支撑面的端面圆跳动	1	不正确扣1分	
			能检验主轴旋转轴线对工作台面的平行度	能检验主轴旋转轴线对工作台面的平行度	1	不正确扣1分	

续上表

鉴定项目类别	鉴定项目名称	国家职业标准规定比重(%)	《框架》中鉴定要素名称	本命题中具体鉴定要素分解	配分	评分标准	考核难点说明
质量、安全、工艺纪律、文明生产等综合考核项目				考核时限	不限	每超过10分钟，扣5分；超过30分钟以上，取消考试	
				工艺纪律	不限	依据企业有关工艺纪律管理规定执行，每违反一次扣10分	
				劳动保护	不限	依据企业有关劳动保护管理规定执行，每违反一次扣10分	
				文明生产	不限	依据企业有关文明生产管理定执行，没违反一次扣10分	
				安全生产	不限	依据企业有关安全生产管理规定执行，每违反一次扣10分，有重大安全事故，取消成绩	

参考文献

[1] 中国人民共和国国家质量监督检验检疫总局，中国国家标准化管理委员会．GB/T 131—2006 产品几何技术规范(GPS)技术产品文件中表面结构的表示法[S]. 北京：中国标准出版社，2007.

[2] 中国人民共和国国家质量监督检验检疫总局，中国国家标准化管理委员会．GB/T 1182—2008 产品几何技术规范(GPS)几何公差 形状、方向、位置和跳动公差标注[S]. 北京：中国标准出版社，2008.

[3] 中国人民共和国国家质量监督检验检疫总局．GB/T 4458.1—2002 机械制图 图样画法 视图[S]. 北京：中国标准出版社，2003.

[4] 中国人民共和国国家质量监督检验检疫总局，中国国家标准化管理委员会．GB/T 1.1—2009 标准化工作导则 第1部分：标准的结构和编写[S]. 北京：中国标准出版社，2009.

[5] 杨叔子．机械加工工艺师手册[M]. 北京：机械工业出版社，2004.

[6] 成大先．机械设计手册[M]. 第4卷．第4版．北京：化学工业出版社，2004.

[7] 机械工业职业技能鉴定指导中心．铣工技能鉴定考核试题库[M]. 北京：机械工业出版社，2004.

[8] 徐浩．中华人民共和国职业分类与技能培训及鉴定标准规范实施手册[M]. 第3卷．安徽：安徽电子音像出版社，2004.

[9] 江苏省机械工程学会．铣工应知应会[M]. 江苏：江苏科学技术出版社，1982.

[10] 周华雄．铣工国家职业技能鉴定指南[M]. 北京：电子工艺出版社，2012.

[11] 孙彬年．铣工国家职业技能鉴定指导[M]. 北京：中国劳动社会保障出版社，2005.